高等职业教育计算机类课程新形态一体化规划教材

Photoshop CC 中文版标准教程

（第5版）

主　编　雷　波
副主编　周　颐

高等教育出版社·北京

内容提要

本书主要内容包括 Photoshop 基本的界面操作、图形图像基础理论、选区的创建与调整、图像修饰与润色、文字输入与编辑和滤镜的使用技巧，尤其对于 Photoshop 的重点知识（如图层、通道等）进行了较为深入的讲解。此外，附录还给出了第 1 章至第 10 章选择题的参考答案。本书配套了数字课程网站，内容包括 PPT 课件、微视频、题库和资源文件。其中，微视频添加了二维码标志，读者可通过移动终端方便地扫码观看。

本书适合于高等职业学校、高等专科学校和成人高等学校电子信息类专业教学使用，也可供技能型紧缺人才培养相关专业作为教材。

图书在版编目（CIP）数据

Photoshop CC中文版标准教程 / 雷波主编. --5版. -- 北京：高等教育出版社，2016.3（2019.1重印）
ISBN 978-7-04-044035-5

Ⅰ. ①P… Ⅱ. ①雷… Ⅲ. ①图像处理软件-高等职业教育-教材 Ⅳ. ①TP391.41

中国版本图书馆CIP数据核字(2015)第245241号

策划编辑	陈　皓	责任编辑	曹雪伟	封面设计	赵　阳	版式设计	杜微言
责任校对	吕红颖	责任印制	毛斯璐				

出版发行	高等教育出版社	网　　址	http://www.hep.edu.cn
社　　址	北京市西城区德外大街4号		http://www.hep.com.cn
邮政编码	100120	网上订购	http://www.landraco.com
印　　刷	北京玥实印刷有限公司		http://www.landraco.com.cn
开　　本	850mm×1168mm　1/16		
印　　张	21.25	版　　次	2007年4月第1版
字　　数	550千字		2016年3月第5版
购书热线	010-58581118	印　　次	2019年1月第6次印刷
咨询电话	400-810-0598	定　　价	39.80元

本书如有缺页、倒页、脱页等质量问题，请到所购图书销售部门联系调换
版权所有　侵权必究
物　料　号　44035-00

前言

Photoshop 是一款优秀的图形图像处理软件,在平面设计、网页设计、三维设计、数字照片处理等诸多领域被广泛应用。Photoshop 同时是一款实践操作性很强的软件,用户在学习此软件时都必须在练中学、学中练,才能够掌握具体的软件操作知识。

目前,许多学校都开设了"图形图像初步"或"图形图像处理基础"之类的课程。这些课程开设的原因有些是因为所开设的专业涉及图形图像处理的软件,有些属于学生的选修课程。无论是何原因,内容上如何取舍,其重点都离不开 Photoshop 基础知识的讲解。本书就是这样一本以讲解 Photoshop 基础知识为主的标准入门教程,因而具有较为广泛的适用性。

特别需要指出的是,本书讲解的许多基础知识,例如图像文件的格式、颜色模式、分辨率、位图与矢量图的区别等,不仅对于学习 Photoshop 有比较重要的意义,而且对于学习其他同类型的软件也有相当重要的理论铺垫作用。

为了配合广大学生和工程技术人员尽快掌握 Photoshop 的使用方法,本书以通俗的语言、大量的插图和实例,由浅入深详细地讲解了 Photoshop 的强大功能。本书的主要特点如下:

1)考虑了 Photoshop 软件在使用时的操作性问题,针对图书内容进行了优化安排,根据读者的特点,讲解的顺序循序渐进,知识点逐渐展开,基础较薄弱的读者也可以轻松入门。

2)所举实例不仅注重技术性,更注重实用性与艺术性,使读者通过学习,能够举一反三,从而达到事半功倍的学习效果。

3)突出教学性,在以实例讲解功能、知识要点时,配有大量的案例以及详细的操作步骤,并在每一章后面安排了相应的操作题,使其内容更易操作和掌握。

4)提供了多媒体视频学习资料,对于书中部分疑难知识,可以通过观看这些视频文件进行学习。

5)为了方便广大教师在教学中使用本书,本书特别邀请了参与平面设计师认证考试题库建设的相关人员为本书编写了 200 道考试题目。

本书共分 11 章,以循序渐进的方式与通俗易懂的语言讲解了 Photoshop 的大部分基础知识,其中包括基本的界面操作、图形图像基础理论、选区的创建与调整、图像的修饰与润色、文字的输入与编辑和滤镜的使用技巧。本书重点对 Photoshop 的知识(如图层、通道等)进行了较为深入的讲解。

由于编者水平有限,本书在操作步骤、效果及表述方面定然存在不少不尽如人意之处,希望广大读者批评指正,编者的邮件是 lb26@263.net 及 lbuser@126.com。

本书由雷波任主编,东北农业大学的周颐任副主编,黄心渊老师对本书进行了审阅,在此表示感谢。

本书适合于高等院校、高职高专等院校工科相关专业作为教材使用,也可作为广大工程技术人员的参考书。

本书配套课程网站中的所有文件只可用于自学,不可用于其他任何商业用途,不得在网络中传播。

编 者
2015年9月

目录

第1章　Photoshop的基础知识　001

1.1　Photoshop的工作环境　002
- 1.1.1　菜单　002
- 1.1.2　工具箱　002
- 1.1.3　工具选项栏　003
- 1.1.4　面板　003
- 1.1.5　状态栏　005
- 1.1.6　当前操作的图像　005
- 1.1.7　工作区控制器　006

1.2　图像文件基本操作　006
- 1.2.1　新建图像文件　006
- 1.2.2　打开图像文件　007
- 1.2.3　直接保存图像文件　007
- 1.2.4　另存图像文件　008
- 1.2.5　关闭图像文件　008

1.3　图像尺寸与分辨率　009
- 1.3.1　在像素总量不变的情况下改变图像尺寸　009
- 1.3.2　在像素总量变化的情况下改变图像尺寸　010
- 1.3.3　常用分辨率　010

1.4　改变图像画布尺寸　011
- 1.4.1　裁剪工具详解　011
- 1.4.2　使用裁剪工具突出图像重点　012
- 1.4.3　使用透视裁剪工具改变画布尺寸　013
- 1.4.4　使用"画布大小"命令改变画布尺寸　014
- 1.4.5　翻转图像　015

1.5　位图图像与矢量图形　016
- 1.5.1　位图图像　016
- 1.5.2　矢量图形　016

1.6　常用颜色模式　017
- 1.6.1　Lab颜色模式　017
- 1.6.2　RGB模式　017
- 1.6.3　CMYK模式　018

1.7　掌握颜色的设置方法　018
- 1.7.1　用前景/背景色块设置颜色　018
- 1.7.2　使用"颜色"面板　019
- 1.7.3　使用"色板"面板　019

1.8　浏览图像　020
- 1.8.1　缩放工具　020
- 1.8.2　缩放命令　020
- 1.8.3　快捷键　020
- 1.8.4　"导航器"面板　021
- 1.8.5　抓手工具　021

1.9　纠正错误操作　021
- 1.9.1　使用命令纠错　021
- 1.9.2　使用"历史记录"面板进行纠错　022

1.10　实战演练　023
- 1.10.1　新建并保存壁纸图像文件　023
- 1.10.2　按照洗印尺寸裁剪照片　023

习题　024

第2章　操作选区　027

2.1　制作规则形选区　028
- 2.1.1　矩形选框工具　028
- 2.1.2　椭圆选框工具　029

2.2　制作不规则形选区　029
- 2.2.1　使用套索工具组　029
- 2.2.2　使用魔棒工具组　031
- 2.2.3　使用色彩范围命令　034

2.3　编辑与调整选区　036
- 2.3.1　移动选区　036
- 2.3.2　取消选择区域　037
- 2.3.3　再次选择刚刚选取的选区　037
- 2.3.4　反选　037
- 2.3.5　羽化　038
- 2.3.6　调整边缘　039

2.4　变换选择区域　041

2.5　实战演练　042

2.5.1　选择并美化照片色彩　042
2.5.2　制作梦幻人物图像　044
习题　045

第3章　图层　049

3.1　认识图层　050
3.1.1　了解图层的功能　050
3.1.2　了解"图层"面板　051

3.2　图层的基本操作　052
3.2.1　新建图层　052
3.2.2　选择图层　054
3.2.3　显示/隐藏图层、图层组或图层效果　055
3.2.4　复制图层　055
3.2.5　重命名图层　056
3.2.6　改变图层顺序　057
3.2.7　快速选择图层中的非透明区域　058
3.2.8　锁定图层属性　058
3.2.9　删除无用图层　059
3.2.10　图层搜索　060

3.3　图层蒙版　060
3.3.1　了解图层蒙版　060
3.3.2　创建图层蒙版　061
3.3.3　编辑图层蒙版　062
3.3.4　应用与删除图层蒙版　064
3.3.5　查看与屏蔽图层蒙版　065

3.4　剪贴蒙版　066

3.5　图层组及其相关操作　067
3.5.1　新建图层组　067
3.5.2　复制图层组　067
3.5.3　删除图层组　068

3.6　对齐选中的或链接的图层　068
3.6.1　与图层对齐　068
3.6.2　与选区对齐　069
3.6.3　对齐快捷操作　069

3.7　分布选中的或链接的图层　069
3.7.1　根据图层进行分布　069
3.7.2　分布快捷操作　070

3.8　合并图层　070
3.8.1　合并选中图层　070
3.8.2　合并可见图层　070
3.8.3　拼合图像　071

3.9　图层样式详解　071
3.9.1　图层样式共性　071
3.9.2　各图层样式详解　072
3.9.3　显示或隐藏图层样式　081
3.9.4　复制、粘贴图层样式　081
3.9.5　缩放图层样式　082
3.9.6　删除图层样式　083

3.10　图层混合模式　083

3.11　变换图像　086
3.11.1　缩放　087
3.11.2　旋转　087
3.11.3　斜切　089
3.11.4　扭曲　089
3.11.5　透视　090
3.11.6　精确变换　091
3.11.7　再次变换　092
3.11.8　翻转操作　094
3.11.9　操控变形　095

3.12　智能对象图层　097
3.12.1　创建智能对象图层　097
3.12.2　编辑智能对象图层　098
3.12.3　编辑智能对象图层源文件　098
3.12.4　导出智能对象图层　099
3.12.5　栅格化智能对象图层　099

3.13　3D功能概述　099
3.13.1　设定图形处理器　099
3.13.2　认识3D图层　100
3.13.3　栅格化3D图层　100

3.14　3D模型操作基础　100
3.14.1　创建3D明信片　101
3.14.2　创建3D体积网格　101
3.14.3　创建3D凸纹模型　102
3.14.4　从文字生成3D模型　103

3.15　调整3D模型　103
3.15.1　使用3D轴编辑模型　104
3.15.2　使用工具调整模型　105

3.16　3D模型的网格　105
3.16.1　3D网格的含义　105
3.16.2　重命名3D网格　106
3.16.3　显示/隐藏网格　106
3.16.4　选择网格　106
3.16.5　编辑与设定网格属性　107

  3.16.6 复制对象与创建对象实例 107
3.17 3D模型的材质、纹理与纹理贴图 108
3.18 3D模型光源操作 110
  3.18.1 在"3D"面板中显示光源 111
  3.18.2 添加光源 111
  3.18.3 删除光源 112
3.19 3D模型的渲染设置 112
  3.19.1 3D模型渲染概述 112
  3.19.2 选择渲染预设 112
  3.19.3 自定渲染设置 112
  3.19.4 渲染横截面效果 113
3.20 实战演练 114
  3.20.1 戒指宣传设计 114
  3.20.2 制作包装盒立体效果 118
习题 120

第4章 调整图像色彩 124

4.1 使用调整工具 125
  4.1.1 使用减淡工具提亮图像 125
  4.1.2 使用加深工具增加图像对比度 126
4.2 色彩调整的基本方法 127
  4.2.1 "去色"命令 127
  4.2.2 "反相"命令 127
  4.2.3 "阈值"命令 128
4.3 色彩调整的中级方法 128
  4.3.1 "亮度／对比度"命令 128
  4.3.2 "色彩平衡"命令 129
  4.3.3 "照片滤镜"命令 131
  4.3.4 "阴影／高光"命令 132
  4.3.5 "黑白"命令 133
4.4 色彩调整的高级方法 135
  4.4.1 "色阶"命令 135
  4.4.2 "曲线"命令 140
  4.4.3 "色相／饱和度"命令 145
  4.4.4 "可选颜色"命令 148
4.5 实战演练 149
  4.5.1 制作艺术单色照片 149
  4.5.2 校正照片偏色 150
习题 151

第5章 绘制与修饰图像 155

5.1 画笔工具 156
5.2 "画笔"面板 156
  5.2.1 认识"画笔"面板 156
  5.2.2 选择画笔 157
  5.2.3 编辑画笔的常规参数 158
  5.2.4 编辑画笔的动态参数 159
  5.2.5 分散度属性参数 161
  5.2.6 颜色动态参数 162
  5.2.7 传递参数 164
  5.2.8 附加参数 164
  5.2.9 存储画笔 165
  5.2.10 载入预设的画笔 165
  5.2.11 新建画笔 165
  5.2.12 复位画笔 166
  5.2.13 删除画笔 166
5.3 绘制渐变图像 166
  5.3.1 渐变工具选项栏 166
  5.3.2 创建实色渐变 167
  5.3.3 创建透明渐变 169
  5.3.4 渐变管理命令 169
5.4 填充图像 170
5.5 描边图像 171
5.6 擦除像素 172
  5.6.1 橡皮擦工具 172
  5.6.2 背景橡皮擦工具 172
  5.6.3 魔术橡皮擦工具 174
5.7 修复图像 174
  5.7.1 仿制图章工具 174
  5.7.2 修复画笔工具 176
  5.7.3 污点修复画笔工具 177
  5.7.4 修补工具 178
5.8 实战演练 179
  5.8.1 修除乱发 179
  5.8.2 Hello Kitty主题海报设计 181
习题 184

第6章 绘制路径和形状 187

6.1 绘制路径 188
  6.1.1 钢笔工具 188
  6.1.2 自由钢笔工具 189
  6.1.3 添加锚点工具 189
  6.1.4 删除锚点工具 190

6.1.5 转换点工具	190
6.2 选择路径	191
6.2.1 路径选择工具	191
6.2.2 直接选择工具	191
6.3 "路径"面板	192
6.3.1 新建路径	193
6.3.2 保存"工作路径"	193
6.3.3 隐藏路径线	193
6.3.4 选择路径	194
6.3.5 删除路径	194
6.3.6 复制路径	195
6.4 转换路径	195
6.4.1 将选区转换为路径	195
6.4.2 将路径转换为选区	196
6.5 绘制规则形状图像	197
6.5.1 几何图形工具组	197
6.5.2 精确创建图形	198
6.5.3 调整形状大小	198
6.5.4 创建自定义形状	199
6.6 为路径设置填充与描边	200
6.6.1 填充路径	200
6.6.2 描边路径	200
6.7 为形状设置填充与描边	201
6.8 路径运算	203
6.9 实战演练	206
6.9.1 手机音乐播放器界面设计	206
6.9.2 连体特效文字——变形连合	208
习题	213

第7章　通道　216

7.1 关于通道	217
7.2 "通道"面板	218
7.3 颜色通道	218
7.4 Alpha通道	219
7.4.1 新建Alpha通道	219
7.4.2 将通道作为选区载入	220
7.4.3 编辑Alpha通道	221
7.5 实战演练	221
7.5.1 给人物换个唯美的虚拟背景	221
7.5.2 淘宝女装广告设计	227
习题	228

第8章　输入或格式化文字　232

8.1 输入文字	233
8.1.1 输入水平或垂直文字	233
8.1.2 转换横排文字与直排文字	234
8.2 点文字与段落文字	235
8.2.1 输入点文字	235
8.2.2 输入段落文字	235
8.2.3 转换点文字与段落文字	236
8.3 格式化文字	236
8.3.1 格式化文字	236
8.3.2 字符样式	239
8.3.3 格式化段落	240
8.3.4 段落样式	241
8.4 转换文字	242
8.4.1 将文字图层转换为普通图层	242
8.4.2 由文字生成路径	244
8.4.3 将文字图层转换为形状图层	244
8.5 变形文字	246
8.6 沿路径排文	247
8.7 异形区域文字	248
8.8 实战演练	250
8.8.1 数字环绕效果	250
8.8.2 中国传统艺术设计招贴	252
习题	254

第9章　滤镜　257

9.1 滤镜库	258
9.2 液化	259
9.3 "自适应广角"滤镜	261
9.4 油画	264
9.5 场景模糊	265
9.6 光圈模糊	267
9.7 防抖	268
9.8 Camera RAW滤镜	270
9.9 内置滤镜概述	273
9.10 智能滤镜	274
9.10.1 添加智能滤镜	274
9.10.2 编辑智能蒙版	275
9.10.3 编辑智能滤镜	276
9.10.4 编辑智能滤镜混合选项	276

9.10.5	停用/启用智能滤镜	277	10.4	使用"图像处理器"命令处理多个文件	290
9.10.6	删除智能滤镜	277	习题		291
9.11	实战演练	277			
9.11.1	星球爆炸	277	**第11章**	**实战演练**	**292**
9.11.2	炫光效果	280	11.1	照片修饰：日系清新美女色调	293
习题		283	11.2	照片修饰：制作数码照片的梦幻效果	295
			11.3	iPhone 6S桌面主题UI设计	298
第10章	**使用动作及自动化命令**	**285**	11.4	金属质感标志设计	304
10.1	"动作"面板	286	11.5	"遥客"汽车主题广告	310
10.2	录制并编辑动作	286	11.6	倍柔雅化妆品广告设计	317
10.2.1	录制动作	286	11.7	IT图书封面设计	321
10.2.2	修改动作中命令的参数	287			
10.2.3	继续录制动作	287	**附录**	**选择题参考答案**	**329**
10.3	批处理	288			

第 1 章

Photoshop CC 中文版标准教程

Photoshop的基础知识

知识要点：

- 图像文件基本操作
- 改变图像画布尺寸
- 了解位图与矢量图
- 了解常用颜色模式及相关概念
- 掌握颜色的基本用法
- 熟悉图像浏览操作
- 掌握纠正错误操作

课题导读：

　　本章对 Photoshop 中的文件基础操作，例如新建、打开以及保存等基础知识进行详细的讲解。
　　另外，本章还对 Photoshop 中的部分关键性概念进行讲解，例如，设置颜色、图像分辨率、位图图像、矢量图形以及纠正错误等。

PPT：Photoshop 的基础知识

1.1 Photoshop的工作环境

启动 Photoshop CC 后，将显示如图 1.1 所示的界面。

图 1.1 Photoshop CC 界面

> 笔 记

观察图 1.1，可以看出，Photoshop CC 的工作界面主要包括当前操作的图像文件、菜单栏、面板栏、工具箱、工具选项栏、状态栏等元素。下面分别介绍 Photoshop CC 软件界面中各个部分的功能及使用方法。

1.1.1 菜单

Photoshop 包括了 11 个菜单共上百个命令。听起来虽然有些复杂，但只要了解每个菜单命令的特点，通过这些特点就能够很容易地掌握这些菜单中的命令。

许多菜单命令能够通过快捷键调用，部分菜单命令与面板菜单中的命令重合，因此在操作过程中真正使用菜单命令的情况并不太多，读者无需因为这上百个数量之多的命令产生学习方面的心理负担。

1.1.2 工具箱

执行"窗口"|"工具"命令，可以显示或者隐藏工具箱。

Photoshop 工具箱中的工具极为丰富，其中许多工具都非常有特点，使用这些工具可以完成绘制图像、编辑图像、修饰图像、制作选区等操作。

1. 启用工具箱中的隐藏工具

在工具箱中可以看到，部分工具的右下角有一个小三角图标，这表示该工具组中尚有隐藏工具未显示。

下面以"多边形套索工具"为例，讲解如何选择及隐藏工具。

1）将鼠标指针移动到"套索工具"的图标上，该工具图标呈高亮显示，如图 1.2 所示。

2）在此工具上单击鼠标右键。

3）此时 Photoshop 会显示出该工具组中所有工具的图标，如图 1.3 所示。

4）拖动鼠标指针至"多边形套索工具"的图标上，如图 1.4 所示，即可将其激活为当前使用的工具。

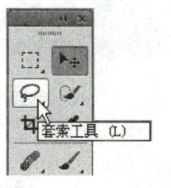

图 1.2
摆放光标

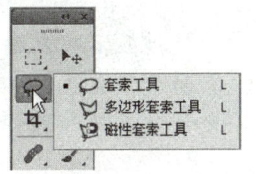

图 1.3
弹出工具

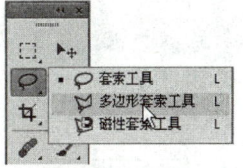

图 1.4
选择工具

上面所讲述的操作适用于选择工具箱中的任何隐藏工具。

2. 伸缩工具箱

为了使操作界面更加人性化、便捷化，Photoshop 中的工具箱被设计成能够进行灵活伸缩的状态，用户可以根据操作需求将工具箱改变为单栏或双栏显示。

控制工具箱伸缩性功能的是工具箱最上面呈灰色显示的区域，其左侧有两个小"三角"形，称为伸缩栏。下面讲解如何将工具箱的双栏改为单栏。

1）当工具箱显示为双栏时，两个小"三角"形的显示方向为左侧，双击顶部的伸缩栏（灰色区域）或单击"三角"形图标，如图 1.5 所示。

2）通过上一步的操作，即可将工具箱转换为单栏显示状态，如图 1.6 所示。

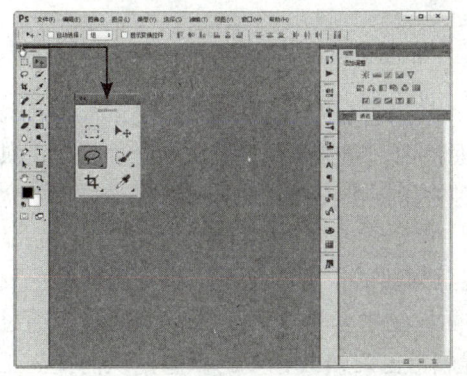

图 1.5
双栏时的工具箱

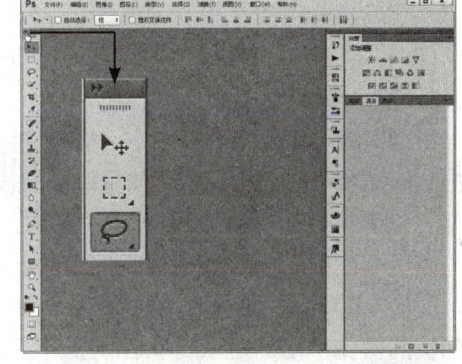

图 1.6
单栏时的工具箱

1.1.3 工具选项栏

选择工具后，在大多数情况下还需要设置其工具选项栏中的参数，这样才能够更好地使用工具。在工具选项栏中列出的通常是单选按钮、下拉菜单、参数数值框等，其使用方法都非常简单，在本书相关章节中将会进行讲解。

1.1.4 面板

Photoshop 具有多个面板，每个面板都有其各自不同的功能。例如，与图层相关的操作大部分都被集成在"图层"面板中，而如果要对路径进行操作，则需要显示"路径"面板。

虽然面板的数量不少，但在实际工作中使用最频繁的只有其中的几个，即"图层"面板、

"通道"面板、"路径"面板、"历史记录"面板、"画笔"面板和"动作"面板。掌握这些面板的使用，基本上就能够完成工作中复杂的操作。

要显示这些面板，可以在"窗口"菜单中寻找相对应的命令。

> **提 示**
>
> 除了选择相应的命令显示面板，也可以使用各面板的快捷键显示或者隐藏面板。例如，按【F7】键可以显示"图层"面板。记住用于显示各个面板的快捷键，有助于加快操作的速度。

1. 拆分面板

当要单独拆分出一个面板时，可以选中对应的图标或标签并按住鼠标左键，然后将其拖动至工作区中的空白位置，如图1.7所示。图1.8所示就是被单独拆分出来的面板。

图 1.7
拖动面板

图 1.8
独立后的面板

2. 组合面板

组合面板可以将两个或多个面板合并到一个面板中，当需要调用其中某个面板时，只需单击其标签名称即可，否则，如果每个面板都单独占用一个窗口，用于进行图像操作的空间就会大大减少，甚至会影响到正常的工作。

要组合面板，可以拖动位于外部的面板标签至想要的位置，直至该位置出现蓝色反光时，如图1.9所示，释放鼠标左键后，即可完成面板的拼合操作，如图1.10所示。通过组合面板的操作，用户可以将软件的操作界面布置成自己习惯或喜爱的状态，从而提高工作效率。

图 1.9
拖动面板

图 1.10
合并后的面板

3. 创建新的面板栏

除了 Photoshop 默认的面板外，也可以根据自己的需要增加更多面板栏。首先，拖动一个面板至原有面板栏的最左侧边缘位置，其边缘会出现灰蓝相间的高光显示条，如图 1.11 所示，释放鼠标即可创建一个新的面板栏，如图 1.12 所示。

图 1.11
拖动面板

图 1.12
新建一栏后的状态

4. 隐藏 / 显示面板

在 Photoshop 中，按【Tab】键可以隐藏工具箱及所有已显示的面板，再次按【Tab】键可以全部显示。如果仅隐藏所有面板，则可按【Shift+Tab】键；同样，再次按【Shift+Tab】键可以全部显示。

1.1.5 状态栏

状态栏位于窗口最底部，如图 1.13 所示。它能够提供当前文件的显示比例、文件大小、内存使用率、操作运行时间、当前工具等提示信息。在显示比例区的文本框中输入数值，可改变图像窗口的显示比例。

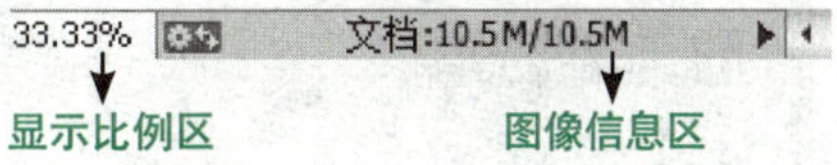

图 1.13
状态栏

1.1.6 当前操作的图像

当前操作的图像为将要或正在用 Photoshop 进行处理的对象。在本节中将讲解如何显示和管理当前操作的图像。

只打开一幅图像文件时，它总是被默认为当前操作的图像；打开多幅图像时，如果要将某个图像文件激活为当前操作的对象，则可以执行下面的操作之一。

- 在图像文件的标题栏或图像上单击即可切换至该图像，并将其设置为当前操作的图像。
- 按【Ctrl+Tab】键可以在各个图像文件之间进行切换，并将其激活为当前操作的图像，但该操作的缺点就是，在图像文件较多时操作起来较为烦琐。
- 选择"窗口"菜单命令，在菜单的底部将出现当前打开的所有图像的名称，此时选择需要激活的图像文件名称，如图 1.14 所示，即可将其设置为当前操作的图像。

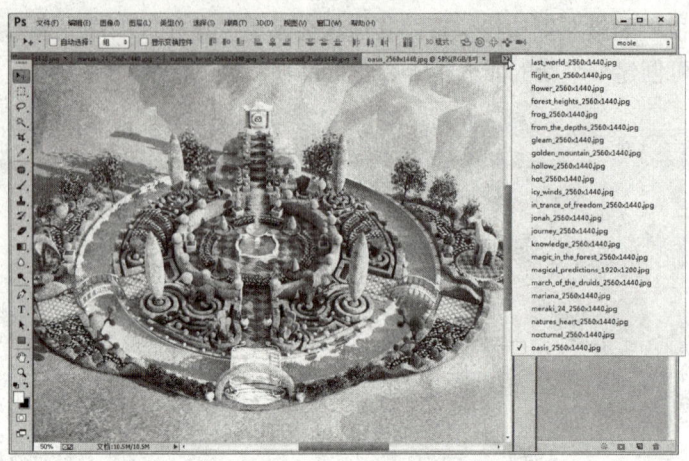

图 1.14
选择图像文件

1.1.7 工作区控制器

工作区控制器，顾名思义，它可用于控制 Photoshop 的工作界面，具体来说，就是用户可以按照自己的喜好布置工作界面，并将其保存为自定义的工作界面。如果在工作一段时间后，工作界面变得很零乱，可以选择调用自定义工作界面的命令，将工作界面恢复至自定义后的状态。

1. 保存自定义的工作界面

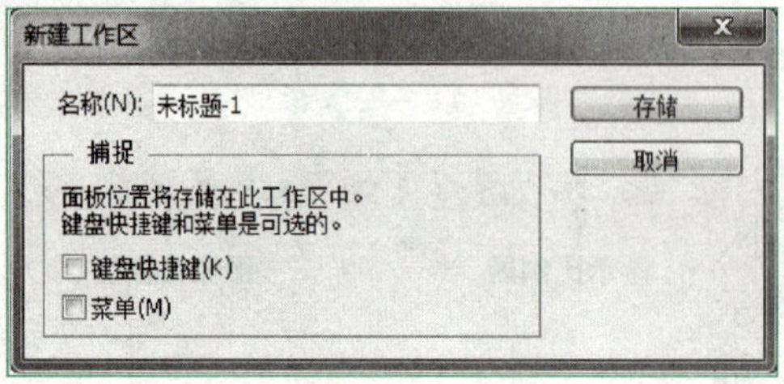

图 1.15
"新建工作区"对话框

用户按自己的爱好布置好工作界面后，如果要保存自定义的工作界面，可以单击工作区控制器，在弹出的菜单中选择"新建工作区"命令，也可以在菜单栏中选择"窗口"|"工作区"|"新建工作区"命令，在弹出的"新建工作区"对话框中输入自定义的名称，然后单击"存储"按钮即可，如图 1.15 所示。

2. 调用预设及自定义的工作界面

要调用已保存的工作界面，可以单击工作区控制器，在弹出的菜单中选择自定义工作界面的名称即可。用户也可以选择"窗口"|"工作区"子菜单中的自定义工作界面名称，调用相应的工作界面方案。

1.2 图像文件基本操作

1.2.1 新建图像文件

获得图像文件最常用的方法是建立新文件。执行"文件"|"新建"命令后，弹出如图 1.16

所示的"新建"对话框。在此对话框中可以设置新文件的"宽度""高度""颜色模式""背景内容"等参数，单击"确定"按钮，即可获取一个新的图像文件。

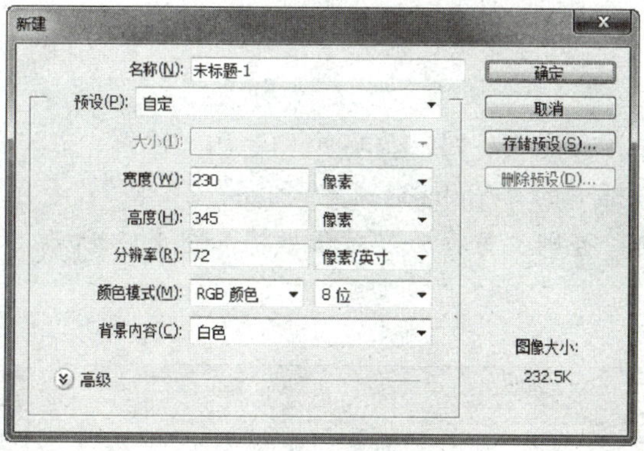

- "预设"：在此下拉列表中已经预设好了创建文件的常用尺寸，以方便用户操作。
- "宽度""高度""分辨率"：在对应的数值框中键入数值即可分别设置新文件的宽度、高度和分辨率；在这些数值框右侧的下拉菜单中可以选择相应的单位。

图 1.16 "新建"对话框

- "颜色模式"：在其选择框的下拉菜单中可以选择新文件的颜色模式；在其右侧选择框的下拉菜单中可以选择新文件的位深度，用以确定使用颜色的最大数量。
- "背景内容"：在其下拉菜单中可以设置新文件的背景颜色。
- "存储预设"：单击此按钮，可以将当前设置的参数保存成为预置选项，以便从"预设"下拉菜单中调用此设置。

创建新文件是新工作的开始，正所谓好的开端是成功的一半。在使用此命令创建新文件时，正确设置图像文件的尺寸及分辨率是非常重要的。

> **提 示**
>
> 如果在执行新建文件前曾做过复制图像的操作，则"新建"对话框中显示的文件尺寸与所复制的对象大小相同，只需单击"确定"按钮，即可得到与复制图像大小相同的新文件；如果想得到上一次（即最近一次）新建文件时的尺寸，可以按住【Alt】键执行"文件"|"新建"命令，或者直接按【Ctrl+Alt+N】键。

1.2.2 打开图像文件

要在 Photoshop 中打开图像文件时，可以按照下面的方法操作。
- 选择"文件"|"打开"命令。
- 按【Ctrl+O】键。
- 双击 Photoshop 操作空间的空白处。

使用以上 3 种方法，都可以在弹出的对话框中选择要打开的图像文件。

另外，直接将要打开的图像拖至 Photoshop 工作界面中也可以打开文件。但需要注意的是，从 Photoshop CS5 开始，必须置于当前图像窗口以外，如菜单区域、面板区域或软件的空白位置等，如果置于当前图像的窗口内，会创建为智能对象。

1.2.3 直接保存图像文件

若要保存当前操作的文件，选择"文件"|"储存"命令，弹出如图 1.17 所示的"另存为"

对话框，输入文件名，单击"保存"按钮即可。

> **提 示**
>
> 只有当前操作的文件具有通道、图层、路径、专色、注解，在"格式"下拉列表中选择支持保存这些信息的文件格式时，对话框中的"Alpha 通道""图层""注解""专色"选项才会被激活，可以根据需要选择是否需要保存这些信息。否则"另存为"对话框将如图 1.18 所示。

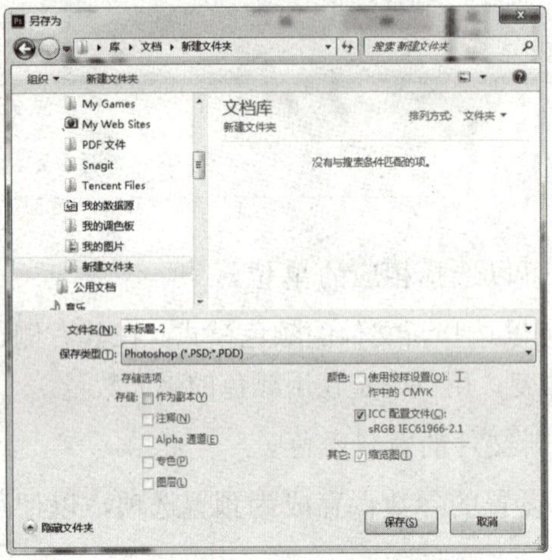

图 1.17
"另存为"对话框 1

图 1.18
"另存为"对话框 2

> **提 示**
>
> 注意养成随时保存文件的好习惯，仅是举手之劳，但在很多时候可能挽回不必要的损失。此操作的快捷键是【Ctrl+S】。

1.2.4 另存图像文件

若要将当前操作文件以不同的格式、或不同名称、或不同存储"路径"再保存一份文件，可以选择"文件"|"存储为"命令，在弹出的"另存为"对话框中根据需要更改选项并保存。

例如，要将 Photoshop 中制作的产品宣传册通过电子邮件给客户看小样，因其结构复杂、有多个图层和通道，文件所占空间很大，通过电子邮件很可能传送不过去，此时，就可以将 PSD 格式的原稿另存为 JPEG 格式，让客户能及时又准确地看到宣传册效果。

> **提 示**
>
> 初学者在直接打开图片并对其进行修改的时候，最好能在第一时间先对其使用"另存为"命令，并在后面的操作过程中随时保存。这样做既可以保存用户的操作，又不会覆盖素材原文件。

1.2.5 关闭图像文件

关闭文件应该是最简单的操作，直接单击图像窗口右上角的关闭图标，或选择"文件"|"关闭"命令，或直接按【Ctrl+W】键即可。

但对于 Photoshop 这样的图像处理软件来说，关闭文件即表示确认了图像效果，这样不可以再使用"历史记录"面板或按【Ctrl+Z】键查看前面的操作步骤了，因此，关闭前要确定是自己所要的效果。

对于操作完成后没有保存的图像，执行关闭文件操作后，会弹出提示框，询问用户是否需要保存文件，可以根据需要选择其中一个选项。

另外，除了关闭文件外，还有"文件"|"退出"命令，此命令不仅会关闭图像文件，同时将退出 Photoshop 软件系统。也可以直接使用快捷键【Ctrl+Q】退出。

1.3 图像尺寸与分辨率

如果需要改变图像尺寸，则可以使用"图像"|"图像大小"命令，弹出的对话框如图 1.19 所示。

使用此命令时，首先要考虑的因素是是否需要使图像的像素发生变化，这一点将从根本上影响图像大小被修改后的状态。

如果图像的像素总量不变，提高分辨率将降低其打印尺寸，提高其打印尺寸将降低其分辨率。

但图像像素总量发生变化时，可以在提高其打印尺寸的同时保持图像的分辨率不变，反之亦然。

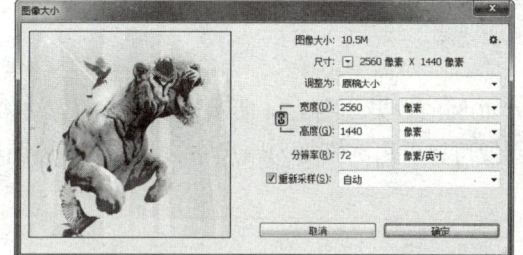

图 1.19
"图像大小"对话框

在此分别以在像素总量不变的情况下改变图像尺寸，及在像素总量变化的情况下改变图像尺寸为例，讲解如何使用此命令。

1.3.1 在像素总量不变的情况下改变图像尺寸

在像素总量不变的情况下改变图像尺寸的操作方法如下。

1）在"图像大小"对话框中取消选中"重新取样"复选框，此时对话框如图 1.20 所示。在 Photoshop CC 中，在左侧新增了图像的预览功能，用户在改变尺寸或进行缩放后，可以在此看到调整后的效果。

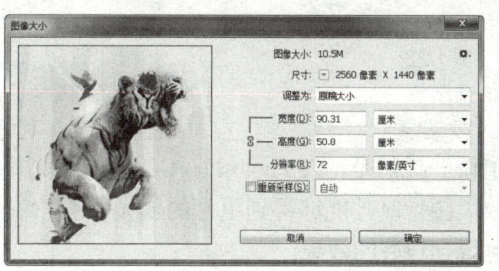

图 1.20
"图像大小"对话框

2）在对话框的"宽度""高度"文本框右侧选择合适的单位。

3）分别在对话框的"宽度""高度"两个文本框中输入小于原值的数值，即可降低图像的尺寸，此时输入的数值无论大小，对话框中"像素大小"中的数值都不会有变化。

4）如果在改变其尺寸时，需要保持图像的长宽比，则选中"约束比例"复选框，否则取消其选中状态。

1.3.2 在像素总量变化的情况下改变图像尺寸

在像素总量变化的情况下改变图像尺寸的操作方法如下。

1）确认"图像大小"对话框中的"重新取样"复选框处于选中状态，然后继续下一步的操作。

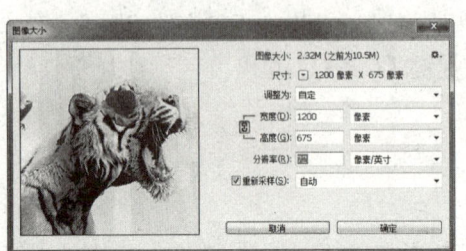

图 1.21
"图像大小"对话框

2）在"宽度""高度"文本框右侧选择合适的单位，然后在两个文本框中输入不同的数值，如图 1.21 所示。

如果在像素总量发生变化的情况下，将图像的尺寸变小，然后以同样方法将图像的尺寸放大，则不会得到原图像的细节，因为 Photoshop 无法恢复已损失的图像细节，这是最容易被初学者忽视的问题之一。

图 1.22 所示为原图像，图 1.23 所示为在像素总量发生变化的情况下，将图像尺寸变为原尺寸 40% 的效果，图 1.24 所示为以同样的方法将尺寸恢复为原尺寸后的效果。比较缩放前后的图像可以看出，恢复为原尺寸的图像没有原图像清晰。

图 1.22
原图

图 1.23
缩小后的图像

图 1.24
再次放大后的图像效果

值得一提的是，在 Photoshop CC 中，优化并更新了"重新取样"下拉菜单中的选项，使得在放大图像时，能够得到更好的放大质量与锐化效果。通常情况下，用户选择"自动"选项即可得到较好的效果。

1.3.3 常用分辨率

要确定使用的图像分辨率，可以考虑图像最终的用途，根据用途不同应该对图像设置不同的分辨率。

- 如果所制作的图像用于网络，分辨率只需满足典型的显示器分辨率（72 像素/英寸或 96 像素/英寸）即可；
- 如果图像用于打印、输出，则需要满足打印机或其他输出设置的要求；
- 对于印刷用图，图像分辨率不应该低于 300 像素/英寸。

因此，在使用"文件"|"新建"命令创建新文件时，根据该图像的不同用途，需要在对话框"分辨率"数值输入框中输入不同的数值。

1.4 改变图像画布尺寸

对于画布操作,可以在原图像大小的基础上,在图片四周增加空白部分,以便于在图像之外添加其他内容。如果画布比图像小,就会裁去图像超出画布的部分。

在 Photoshop 中,可以使用 3 种方法改变画布尺寸,分别是使用裁剪工具、透视裁剪工具及"画布大小"命令,下面分别讲解其具体使用方法。

1.4.1 裁剪工具详解

使用"裁剪工具" ,用户除了可以根据需要裁掉不需要的像素外,还可以使用多种网格线进行辅助裁剪、在裁剪过程中进行拉直处理以及决定是否删除被裁剪掉的像素等,其工具选项条如图 1.25 所示。下面讲解其中各选项的使用方法。

图 1.25　裁剪工具选项条

- 裁剪比例:在此下拉菜单中,可以选择"裁剪工具" 在裁剪时的比例。另外,若是选择"新建裁剪预设"命令,在弹出的对话框中可以将当前所设置的裁剪比例、像素数值及其他选项保存成为一个预设,以便于以后使用;若是选择"删除裁剪预设"命令,在弹出的对话框中可以将用户存储的预设删除。
- 设置自定长宽比:在此处的数值输入框中,可以输入裁剪后的宽度及高度像素数值,以精确控制图像的裁剪。
- "高度和宽度互换"按钮 :单击此按钮,可以互换当前所设置的高度与宽度的数值。
- "拉直"按钮 :单击此按钮后,可以在裁剪框内进行拉直校正处理,特别适合裁剪并校正倾斜的画面。在使用时,可以将光标置于裁剪框内,然后沿着要校正的图像拉出一条直线,如图 1.26 所示,释放鼠标后,即可自动进行图像旋转,以校正画面中的倾斜。图 1.27 所示是按【Enter】键确认裁剪后的校正处理效果。

图 1.26　拖动校正直线

图 1.27　校正后的效果

- 设置叠加选项按钮：单击此按钮，在弹出的菜单中，可以选择裁剪图像时的显示设置，该菜单共分为 3 栏，如图 1.28 所示。第一栏用于设置裁剪框中辅助框的形态，如对角、三角形、黄金比例以及金色螺线等；在第 2 栏中，可以设置是否在裁剪时显示辅助线；在第 3 栏中，若选择"循环切换叠加"命令或按【O】键，则可以在不同的裁剪辅助线之间进行切换，若选择"循环切换取向"命令或按【Shift+O】键，则可以切换裁剪辅助线的方向。

- "裁剪选项"按钮：单击此按钮，将弹出如图 1.29 所示的下拉菜单。在其中可以设置一些裁剪图像时的选项；选择"使用经典模式"模式，则使用 Photoshop CS5 及更旧版中的裁剪预览方式，在选中此选项后，下面的两个选项将变为不可用状态；若是选择"显示裁剪区域"选项，则在裁剪过程中，会显示被裁剪掉的区域，反之，若是取消选中该选项，则隐藏被裁剪掉的图像；若选择"自动居中预览"选项，则在裁剪的过程中，裁剪后的图像会自动置于画面的中央位置，以便于观看裁剪后的效果；若选中"启用裁剪屏蔽"选项，则可以在裁剪过程中对裁剪掉的图像进行一定的屏蔽显示，在其下面的区域中可以设置屏蔽时的选项。

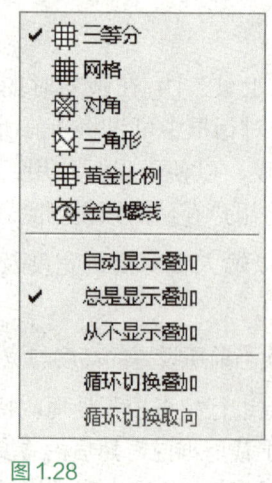

图 1.28
叠加选项菜单

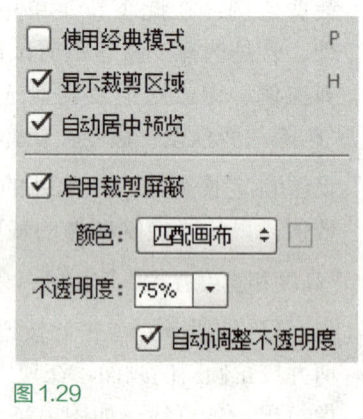

图 1.29
裁剪选项菜单

- 删除裁剪的像素：选择此选项时，在确认裁剪后，会将裁剪框以外的像素删除；反之，若是未选中此选项，则可以保留所有被裁剪掉的像素。当再次选择裁剪工具时，只需要单击裁剪控制框上任意一个控制句柄，或执行任意的编辑裁剪框操作，即可显示被裁剪掉的像素，以便于重新编辑。

1.4.2 使用裁剪工具突出图像重点

通过"裁剪工具"对图像画布进行裁剪，可以得到重点突出的图像，其操作步骤如下：

1）打开本书配套课程网站中的资源文件"第 1 章\1.4.2-素材 .jpg"，将看到整个图片，如图 1.30 所示。

微视频：使用裁剪工具突出图像重点

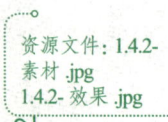

资源文件：1.4.2-素材 .jpg
1.4.2- 效果 .jpg

2）在工具箱中选择"裁剪工具" ，在图片中调整裁剪区域，如图1.31所示。
3）按【Enter】键确认，裁剪后的相片如图1.32所示。

图 1.30
照片素材

图 1.31
裁剪图像时的状态

图 1.32
裁剪后的效果

如果在得到裁剪框后需要取消裁剪操作，则可以按【Esc】键。

1.4.3 使用透视裁剪工具改变画布尺寸

在Photoshop中，使用"透视裁剪工具" 可以非常方便地校正照片中的透视问题，其工具选项栏如图1.33所示。

图 1.33
透视裁剪工具选项栏

下面通过一个简单的实例讲解此工具的使用方法。
1）打开本书配套课程网站中的资源文件"第1章\1.4.3-素材.jpg"，如图1.34所示。在本例中，将针对其中变形的图像进行校正处理。
2）选择"透视裁剪工具" ，将光标置于建筑的左上角位置，如图1.35所示。
3）单击鼠标左键添加一个透视控制柄，然后向上移动鼠标指针至下一个点，并配合两点之间的辅助线，使之与左侧的建筑透视相符，如图1.36所示。

资源文件: 1.4.3-素材.jpg

图 1.34
照片素材

图 1.35
在左上角创建第一个锚点

图 1.36
在左下角创建第2个锚点

4）按照上一步的方法，在水平方向上添加第3个变形控制柄，如图1.37所示。由于此处没有辅助线可供参考，因此只能目测其倾斜的位置添加变形控制柄，在后面的操作中再对其进行更正。
5）将鼠标指针移到图像右下角的位置，以完成一个透视裁剪框，如图1.38所示。

图 1.37
在右下角创建第 3 个锚点

图 1.38
创建完成以后的透视裁剪框

6）对右侧的透视裁剪框进行编辑，使之更符合右侧的透视校正需要，如图 1.39 所示。

7）确认裁剪完毕后，按【Enter】键确认变换，得到如图 1.40 所示的最终效果。

图 1.39
调整后的效果

图 1.40
最终效果

1.4.4 使用"画布大小"命令改变画布尺寸

画布尺寸与图像的视觉质量没有太大的关系，但会影响图像的打印效果及应用效果。

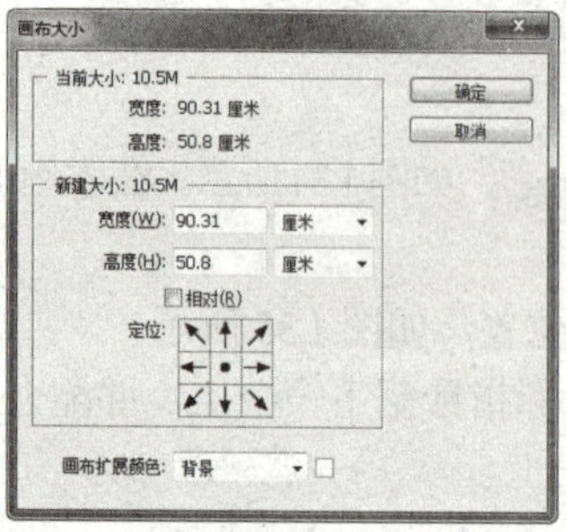

执行"图像"|"画布大小"命令，弹出如图 1.41 所示的对话框。

"画布大小"对话框中各参数释义如下。

- 当前大小：显示图像当前的大小、宽度及高度。

- 新建大小：在此数值框中可以键入图像文件的新尺寸数值。刚打开"画布大小"对话框时，此选项区数值与"当前大小"选项区数值相同。

图 1.41
"画布大小"对话框

- 相对：选择此选项，在"宽度"及"高度"数值框中显示图像新尺寸与原尺寸的差值，此时在"宽度""高度"数值框中如果键入正值则放大图像画布，键入负值则裁剪图像画布。

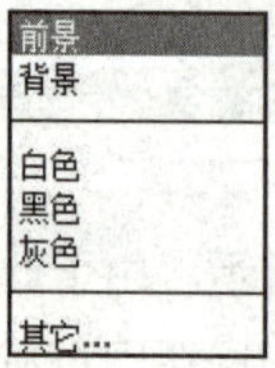

- 定位：单击"定位"框中的箭头，用以设置新画布尺寸相对于原尺寸的位置，其中空白框格中的黑色圆点为缩放的中心点。

- 画布扩展颜色：单击▼按钮，弹出如图 1.42 所示的菜单，在此可以选择扩展画布后新画布的颜色，也可以单击其右侧的色块，在弹出的"拾色器（画布扩展颜色）"对话框中选择一种颜色，为扩展后的画布设置扩展区域的颜色。图 1.43 所示为原图像，图 1.44 所示为在画布扩展颜色为黑色的情况下，扩展图像画布并添加文字后的效果。

图 1.42
下拉列表

> **提 示**
> 如果在"宽度"及"高度"数值框中键入小于原画布大小的数值，将弹出信息提示对话框，单击"继续"按钮，Photoshop 将对图像进行剪切。

图 1.43
照片素材

图 1.44
裁剪并添加文字后的效果

1.4.5　翻转图像

如果图像在视觉上是倾斜的，可以执行"图像"|"图像旋转"命令进行角度调整，其子菜单命令如图 1.45 所示。

在如图 1.45 所示的菜单中，各命令的功能释义如下。

- 180 度：画布旋转 180°。
- 90 度（顺时针）：画布顺时针旋转 90°。
- 90 度（逆时针）：画布逆时针旋转 90°。
- 任意角度：可以选择画布的任意方向和角度进行旋转。
- 水平翻转画布：将画布进行水平方向上的镜像处理。
- 垂直翻转画布：将画布进行垂直方向上的镜像处理。

图 1.46 所示就是水平及垂直翻转画布的示例。

图 1.45
"图像旋转"子菜单

（a）原图像

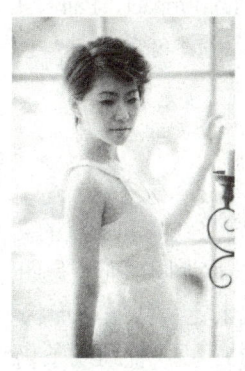
（b）水平翻转

（c）垂直翻转

图 1.46
翻转图像示例

> **提示**
>
> 上述命令可以对整幅图像进行操作，包括图层、通道、路径等。

1.5 位图图像与矢量图形

位图图像与矢量图形是每一个从事与图像有关的设计工作都会遇到的两类图像文件，因此，了解这两类图像文件的特点具有非常重要的意义。

1.5.1 位图图像

位图图像以像素构成，可以表达出色彩丰富、过渡自然的效果，位图的缺点是在保存图像时，计算机需要记录每个像素点的位置和颜色，所以图像像素点越多（分辨率越高），图像越清晰，而文件所占硬盘空间也越大，在处理图像时计算机运算速度也就越慢。

一幅尺寸固定的位图图像中所包含的像素数目是固定的，如果将图像放大，其相应的像素点也会放大，当像素点被放大到一定程度后，图像就会变得不清晰，边缘会出现锯齿。

图 1.47 所示为位图图像原始效果，图 1.48 所示是放大显示比例以观察眼睛图像时的状态，此时不难看出，图像放大后显示出非常明显的像素块。

图 1.47
原图像

图 1.48
放大观察眼睛图像

位图图像一般由 Photoshop 和 PhotoImpact、Paint、Cool3D 等位图图像软件绘制生成，当然，使用矢量软件也可以输出位图图像，除此之外，使用数码相机所拍摄的照片和使用扫描仪扫描的图像也都以位图形式保存。

1.5.2 矢量图形

矢量图形是一种以数学公式来定义线条和形状的文件，这种文件适合于保存色块和形状感明显的视觉图形，这也是之所以被称为图形而不是图像的原因。

由于矢量图软件是用数学公式来定义线条、形状和文本的，所以这些对象的线条非常光滑、流畅，放大观察矢量图形时，可以看到线条仍然保持良好的光滑度及比例相似性，图 1.49 所示为使用矢量软件 Illustrator 所绘制的图形及其被放大后的效果。

图 1.49
矢量图的原始效果及其放大后的效果

矢量图软件的优点是,这类文件所占据的磁盘空间相对较小,其文件尺寸取决于图像中所包含的对象的数量和复杂程度。文件大小与输出介质的尺寸几乎没有什么关系,这一点与位图图像的处理相反。

1.6 常用颜色模式

对于图像而言,颜色模式的重要性不亚于图像的分辨率,不同的颜色模式有不同的用途,例如,RGB 颜色模式适用于屏幕显示的图像,CMYK 颜色模式的图像适用于印刷,这就要求一个优秀的图形图像工作人员,了解不同颜色模式的特点及应用领域。

常见的颜色模式有 RGB(红色、绿色、蓝色)、CMYK(青色、洋红、黄色、黑色)和 Lab。

1.6.1 Lab颜色模式

Lab 颜色模式由亮度或光亮度分量(L)和两个色度分量组成,即 a 分量(从绿到红)和 b 分量(从蓝到黄),图 1.50 是 Lab 颜色模式原理图,其中,A 代表 Lab 的色域,B 代表 RGB 色域,而 C 代表 CMYK 色域。

Lab 颜色模式的最大优点是与设备无关,无论使用什么设备(如显示器、打印机、计算机或扫描仪)创建或输出图像,这种颜色模式所产生的颜色都可以保持一致。

> **提 示**
> 从图 1.50 可以看出,RGB 色域与 CMYK 色域并不重合,且都包含于 Lab 颜色模式的色域内。这就解释了什么相互转换 RGB 及 CMYK 颜色模式时颜色会有损失。

1.6.2 RGB模式

RGB 颜色模式是 Photoshop 中工作最常用的颜色模式,绝大部分可见光谱中的颜色可以用红、绿和蓝(RGB)三色光按不同比例和强度混合后生成,当三种颜色两两混合可以分别产生青色、洋红和黄色,如图 1.51 所示。

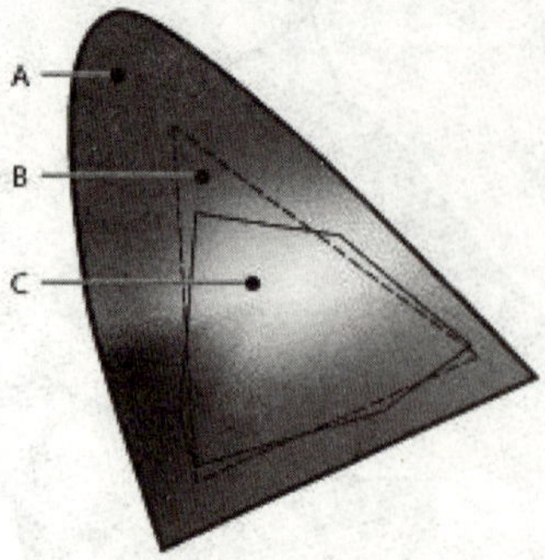

图1.50
Lab 颜色模式

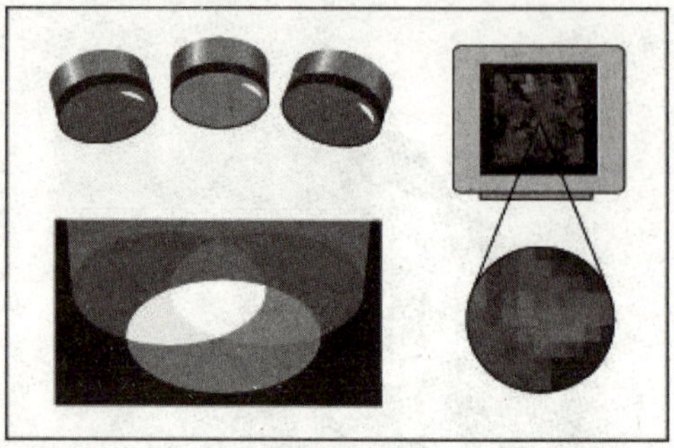

图1.51
RGB 颜色原理图

由于 RGB 三种颜色合成后产生白色，因此这种颜色模式也被称为加色模式。

1.6.3 CMYK模式

CMYK 颜色模式以打印在纸张上的油墨的光线吸收特性为理论基础，是一种印刷工业所使用的颜色模式，由图像分色后得到的青色（C）、洋红（M）黄色（Y）和黑色（K）四种颜色组成。

由于这四种颜色能够通过合成得到可以吸收所有颜色的黑色，因此这种模式也被称为减色模式。

虽然在理论上 C、M、Y 三种颜色等量混合应该产生黑色，但由于所有打印油墨都会或多或少地含有一些杂质，因此这三种油墨在混合后实际上只能够得到一种土灰色，正因如此，必须加入黑色（K）油墨才能产生真正的黑色，这也是四色油墨的由来。

1.7 掌握颜色的设置方法

使用 Photoshop 的绘图工具进行绘图时，选择正确的作图色至关重要。

1.7.1 用前景/背景色块设置颜色

在 Photoshop 中选择颜色的工作是在工具箱下方的颜色选择区中进行的，此区域中可以分别选择前景色和背景色。前景色又被称为绘图色，背景色则被称为画布色。工具箱下方的颜色选择区由前景色色块、背景色色块、切换前景色与背景色转换按钮⤴及默认前景色/背景色按钮▇组成，如图 1.52 所示。

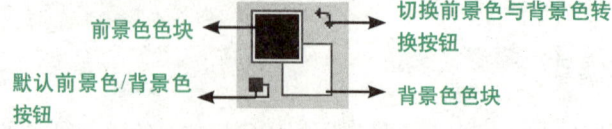

图1.52
前景和背景色设置

- 切换前景色与背景色转换按钮⤴：单击该按钮，可以交换前景色和背景色的颜色。

- 默认前景色/背景色按钮：单击该按钮可恢复为前景色为黑色、背景色为白色的默认状态。

单击前景色色块或背景色色块，可以弹出"拾色器（前景色）"对话框，如图1.53所示。

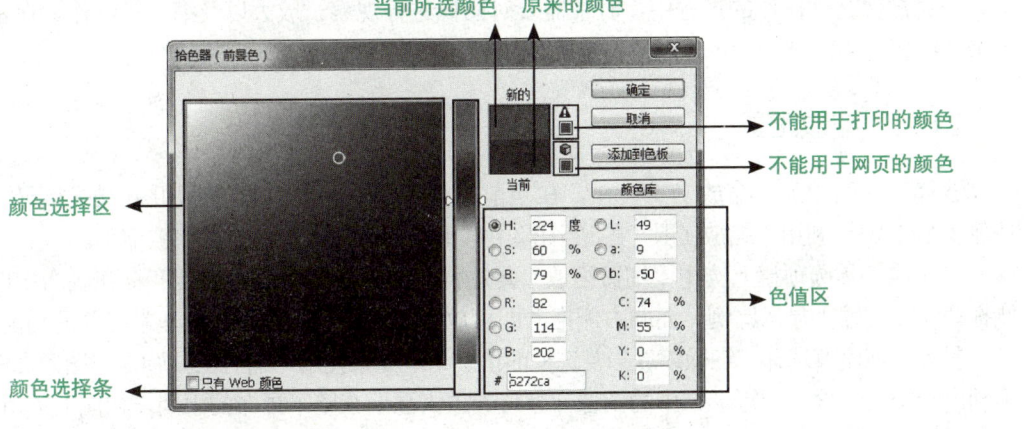

图1.53 "拾色器"对话框

在"拾色器（前景色）"对话框中单击任何一点即可选择一种颜色，如果拖动颜色条上的三角形滑块，就可以选择不同颜色范围中的颜色。

1.7.2 使用"颜色"面板

"颜色"面板的左上角显示了前景色色块和背景色色块，如图1.54所示，用鼠标单击任意一个色块，然后拖动右边的滑块可对选中的样本块颜色进行设置。

另外，用户还可以通过单击面板底部的颜色条直接采取色样，此时鼠标指针变成吸管状。

1.7.3 使用"色板"面板

"色板"面板（如图1.55所示）的主要功能是用于保存颜色，以便于再次需要时进行调用。

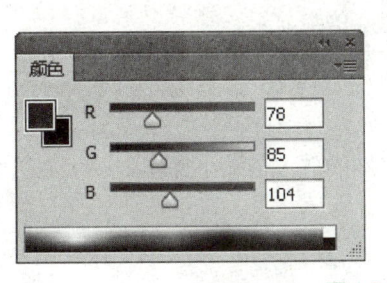

图1.54 "颜色"面板

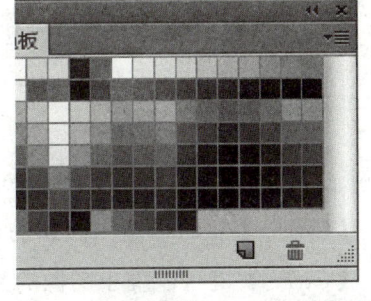

图1.55 "色板"面板

使用"色板"面板设置前景色时，只需单击"色板"面板中的颜色，若要设置背景色，可以按住【Ctrl】键并单击"色板"面板中的颜色。

若要使用此面板保存当前背景色的颜色，则在面板中单击创建前景色的新色板按钮。

1.8 浏览图像

在对图像文件操作的过程中，时常需要对图像进行观察、放大以及缩小等操作。在本节中将介绍相关的工具、命令以及快捷键的使用方法来提高效率。

1.8.1 缩放工具

选择工具箱中的"缩放工具"，在当前图像文件中单击，即可增加图像的显示倍率，按住【Alt】键，利用"缩放工具"在图像中单击，图像文件的显示倍率被缩小。

在缩放工具选项栏上选中"细微缩放"复选框，此时使用"缩放工具"在画布中向左侧拖动，即可缩小显示比例，而向右侧拖动即可放大显示比例，这是一项非常方便的功能。

另外，在没有选择"细微缩放"复选框的情况下，如果使用"缩放工具"在图像文件中拖动出一个矩形框，则矩形框中的图像部分将被放大显示在整个画布的中间，如图1.56所示。

图 1.56
调整显示比例示例

1.8.2 缩放命令

选择"视图"|"放大"命令，可增大当前图像的显示倍率。
选择"视图"|"缩小"命令，可缩小当前图像的显示倍率。
选择"视图"|"按屏幕大小缩放"命令，可满屏显示当前图像。
选择"视图"|"实际像素"命令，当前图像以 100% 倍率显示。

1.8.3 快捷键

配合以下快捷键，可以更快速地完成对图像显示比例的放大与缩小操作。

- 按【Ctrl++】键可以放大图像的显示比例。
- 按【Ctrl+-】键可以缩小图像的显示比例。
- 在按【Ctrl++】或【-】键缩放图像显示比例时，如果同时按下【Alt】键，可以使画布与窗口同时缩放。
- 双击"抓手工具"或者按【Ctrl+0】键，可以按屏幕大小进行缩放。
- 双击"缩放工具"、按【Ctrl+Alt+0】键或按【Ctrl+1】键，可以快速切换至 100% 的显示比例。

- 按【Ctrl + 空格】键，可切换到"缩放工具"的放大模式。
- 按【Alt + 空格】键，切换到"缩放工具"的缩小模式。

1.8.4 "导航器"面板

执行"窗口"|"导航器"命令，弹出"导航器"面板，其中显示有当前图像文件的缩览图，如图 1.57 所示。利用此面板，可以非常直观地控制图像的显示状态，如放大图像的显示比例或者缩小图像的显示比例等。

拖动"导航器"面板下方的滑块，其左侧的数值发生变化，当前图像的显示状态也发生变化。向左拖动滑块，可以减小图像的显示比例；向右拖动滑块，可以放大图像的显示比例。单击左侧的▲按钮，缩小图像的显示比例；单击右侧的▲按钮，放大图像的显示比例。

图 1.57
"导航器"面板

1.8.5 抓手工具

如果放大后的图像大于画布的尺寸，或者图像的显示状态大于当前的显示屏幕，则可以使用"抓手工具"在画布中进行拖动，用以观察图像的各个位置。在其他工具为当前操作工具时，按住键盘上的空格键，可以暂时将其他工具切换为"抓手工具"。

1.9 纠正错误操作

1.9.1 使用命令纠错

使用 Photoshop 绘图的一大好处就是很容易纠正操作中的错误，它提供了许多用于纠错的命令，其中包括"文件"|"恢复"命令，"编辑"|"还原"命令、"重做""前进一步"和"后退一步"命令等，下面将分别讲解这些命令的作用。

1. 恢复命令

选择"文件"|"恢复"命令，可以返回到最近一次保存文件时图像的状态，但如果刚刚对文件进行保存是无法执行"恢复"操作的。

需要注意的是，如果当前文件没有保存到磁盘，则"恢复"命令也是不可用的。

2. 还原与重做命令

选择"编辑"|"还原"命令可以向后回退一步，选择"编辑"|"重做"命令，可以重做被执行了还原命令的操作。

两个命令交互显示在编辑菜单中，执行"还原"命令后，此处将显示为"重做"命令，反之亦然。

> **提 示**
>
> 由于两个命令被集成在一个命令显示区域中，故掌握两个命令的快捷键【Ctrl+Z】对于快速操作非常有好处。

笔记

3. 前进一步和后退一步命令

选择"编辑"|"后退一步"命令，可以将对图像所做的操作向后返回一次，多次选择此命令可以一步一步取消已做的操作。

在已经执行了"编辑"|"后退一步"命令后，"编辑"|"前进一步"命令才会被激活，选择此命令，可以向前重做已执行过的操作。

1.9.2 使用"历史记录"面板进行纠错

"历史记录"面板具有依据历史记录进行纠错的强大功能。如果使用 1.9.1 小节介绍的简单命令无法得到需要的纠错效果，则需要使用此面板进行操作。

此面板几乎记录了进行的每一步操作。通过观察此面板，可以清楚地了解到以前所进行的操作步骤，并决定具体回退到哪一个位置，如图 1.58 所示。

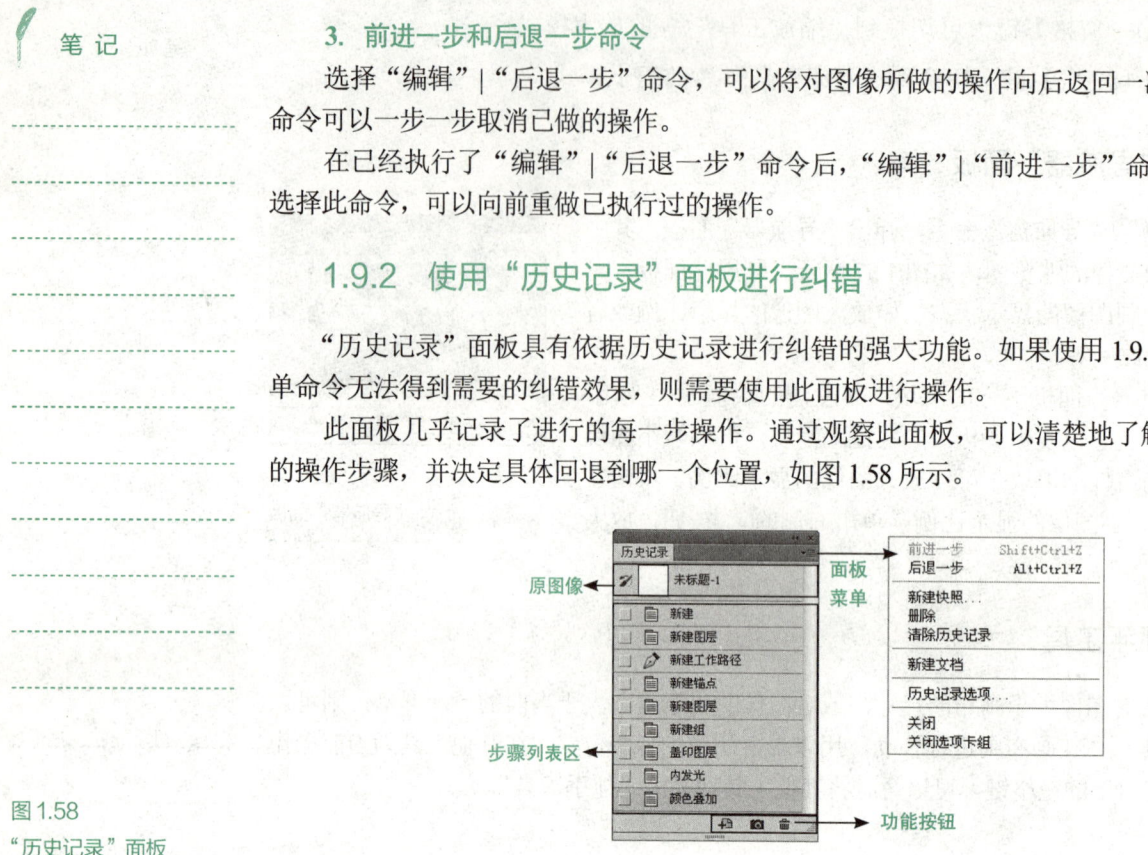

图 1.58
"历史记录"面板

在进行一系列操作后，如果需要后退至某一个历史状态，则直接在历史记录列表区中单击该历史记录的名称，即可使图像的操作状态返回至此，此时在所选历史记录后面的操作都将以灰度显示。例如，要回退至"新建锚点"的状态，可以直接在此面板中单击"新建锚点"历史记录，如图 1.59 所示。

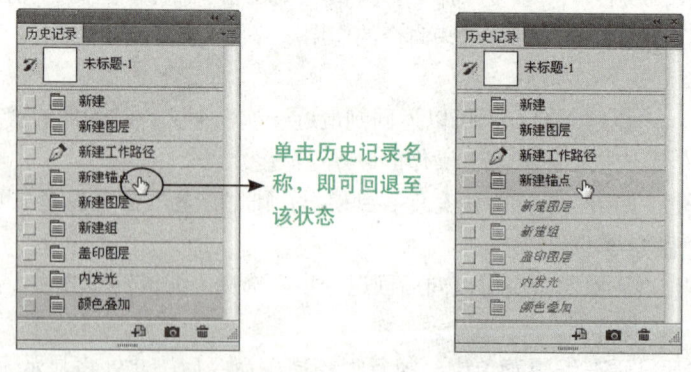

图 1.59
选择后退的位置及后退后的状态

在默认状态下，"历史记录"面板只记录最近 20 步的操作，要改变记录步骤，可选择"编辑"|"首选项"|"性能"命令或按【Ctrl+K】键，在弹出的"首选项"对话框中改变"历史记录状态"数值即可。

1.10 实战演练

1.10.1 新建并保存壁纸图像文件

下面通过示例展示如何在 Photoshop 中新建一个用于制作电脑壁纸的图像文件,并将其保存起来。

- 按【Ctrl+N】键或选择"文件"|"新建"命令。
- 由于小型壁纸图像文件的规格是大小为 1 024 像素×768 像素,分辨率是 72 像素/英寸,因此在弹出对话框中的"预设"下拉列表中选择"Web"选项,并在"大小"下拉列表中选择"1 024×768"选项,如图 1.60 所示。不同的电脑,其屏幕分辨率可能会有不同,可根据实际需要在"大小"下拉列表中选择合适的尺寸,如 1 600 像素×1 200 像素。

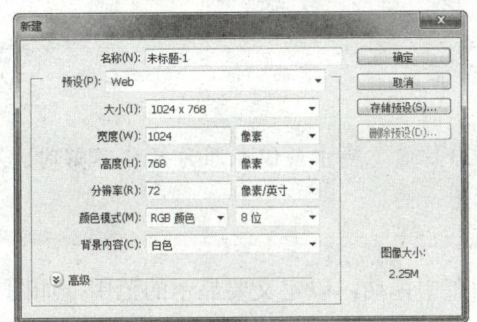

图 1.60 "新建"对话框

- 确认设置完毕后,单击"确定"按钮退出对话框。
- 对于新建且没有做任何修改的文件,"文件"|"存储"命令是不可用的,但用户可以使用"文件"|"存储为"命令将当前的空白文件保存起来。
- 按【Ctrl+Shift+S】键或选择"文件"|"存储为"命令,在弹出的对话框中选择文件保存的路径,并设置文件保存的名称及类型等参数。
- 确认设置完毕后,单击"保存"按钮即可保存文件。

> **提 示**
> 通过以后的学习掌握绘画工具及图像编辑功能后,在这个图像文件中进行绘制或图像编辑操作后,即可通过 ACDSee 的墙纸功能将其保存为自己的计算机桌面壁纸。

1.10.2 按照洗印尺寸裁剪照片

当需要进行打印输出时,需要根据照片的输出尺寸进行裁剪,同时还应该对分辨率进行适当的设置。在使用裁剪工具 时,可以将这一系列工作都完成。下面以洗印照片为例,讲解其具体操作方法。

- 打开本书配套课程网站中的资源文件"第 1 章\1.10.2- 素材 .jpg",将看到整个图像如图 1.61 所示。
- 在工具箱中选择裁剪工具 ,在工具选项栏中单击 右侧的三角按钮 ,在弹出的预设选择框中选择一个合适的尺寸,如图 1.62 所示,或在右侧的宽度及高度输入框中

资源文件:1.10.2-素材 .jpg

手动输入照片的尺寸。

图 1.61
素材图像

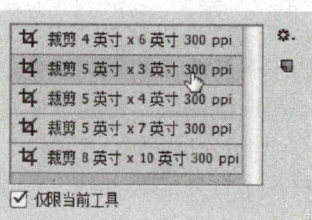

图 1.62
选择工具预设

> **提 示**
> 对于"分辨率"数值，默认情况下是 300 像素/英寸，但在照片尺寸不够时，也可以适当缩小，只不过分辨率越低，洗印出来的照片效果就会越差一些。

- 使用裁剪工具 在画布中拖动，以定义要显示的范围，如图 1.63 所示。
- 按【Enter】键确认，确定裁剪照片后的最终效果如图 1.64 所示。

图 1.63
裁剪照片

图 1.64
裁剪后的效果

习题

一、选择题

1. Photoshop 可以将文件存储的图像格式包括（　　）。
   A．PSD 格式　　　　　　　　　　B．JPEG 格式
   C．GIF 格式　　　　　　　　　　D．PDF 格式

2. 下列方法中能够调用"新建"对话框的是（　　）。
A. 按【Ctrl+N】键　　　　　　　　B. 按【Ctrl】键双击 Photoshop 的空白区域
C. 按【Ctrl+Alt+Shift+N】键　　　D. 按【Ctrl】键单击 Photoshop 的空白区域
3. 下列关于打开图像文件的操作中，正确的包括（　　）。
A. 按【Ctrl+O】键　　　　　　　　B. 将要打开的图像拖至 Photoshop 中
C. 双击 Photoshop 的空白区域　　　D. 按【Ctrl+N】键
4. 下列属于图像颜色模式的包括（　　）。
A. CMYK 模式　　　B. RGB 模式　　　C. Lab 模式　　　D. 灰度模式
5. 下列可以用于定义前景色的方法包括（　　）。
A. 单击工具箱底部的前景色色块，在弹出的对话框中选择颜色
B. 在"颜色"面板中选择前景色色块，然后拖动滑块以设置颜色
C. 在"颜色"面板中选择前景色色块，然后在底部的色谱色吸取颜色
D. 单击工具箱底部的任意一个色块，在弹出的"拾色器"中选择颜色
6. 下列可以改变画布大小的功能包括（　　）。
A. 裁剪工具　　　　　　　　　　　B. 移动工具
C. "索引颜色"命令　　　　　　　　D. "画布大小"命令
7. 下列可以用于选择颜色的功能包括（　　）。
A. "拾色器（前景色）"对话框　　　B. "颜色"面板
C. "色板"面板　　　　　　　　　　D. "拾色器（背景色）"对话框
8. 还原与重做命令的快捷键分别是（　　）。
A.【Ctrl+Z】键和【Ctrl+Shift+Z】键　　B.【Ctrl+Shift+Z】键和【Ctrl+Z】键
C.【Ctrl+Z】键和【Ctrl+I】键　　　　　D.【Ctrl+Shift+Z】键和【Ctrl+Shift】键

二、操作题

1. 新建一个尺寸为 800 像素 ×600 像素、分辨率为 96 像素/英寸，其他属性随意的文件，并将其保存在"我的文档"中。

2. 打开本书配套课程网站中的资源文件"第 1 章 \1.12-2- 素材 .jpg"，如图 1.65 所示，结合本章讲解的裁剪工具 ⊠ 将其裁剪为如图 1.66 所示的状态。

图 1.65　　　　　　　　　　　　　　　　　　图 1.66
原图像　　　　　　　　　　　　　　　　　　裁剪后的图像

3. 打开本书配套课程网站中的资源文件"第 1 章 \1.12-3- 素材 .jpg",如图 1.67 所示,利用"画布大小"命令制作如图 1.68 所示的边框效果。

图 1.67
原图像

图 1.68
增加边框后的图像

> **提 示**
>
> 本章所用到的素材及效果文件位于本书配套课程网站"第 1 章"的资源文件内,其文件名与章节号对应。

Photoshop CC 中文版标准教程

第 2 章

操作选区

知识要点：

- 创建规则形选区
- 创建不规则形选区
- 移动选区
- 取消选择区域
- 反选
- 羽化选区
- 调整边缘
- 变换选择区域

课题导读：

选区是 Photoshop 中的一个非常重要的图像选择功能，其主要作用就是限制操作过程中的图像范围。利用各种不同的选区创建工具及命令，用户可以将很多图像轻易地选择出来，从而使要进行的操作限定该区域中进行。

本章讲解关于选区的若干项操作，掌握这些操作知识有助于得到正确的操作效果。

另外，本章还将对在 Photoshop 中变换选区及变换图像的操作方法进行详细的讲解。

2.1 制作规则形选区

PPT：操作选区

2.1.1 矩形选框工具

使用"矩形选框工具" 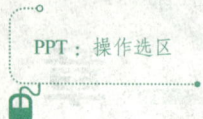可建立矩形选区，其操作非常简单，只要用鼠标拖过要选择的区域即可。在此需要重点讲解的是选项选区工具选项栏"样式"下拉列表菜单中的选项，如图2.1所示。

图2.1
"矩形选框工具"选项条

此工具的使用方法较为简单，直接在图像中拖动即可得到一个矩形选区。

> **提示**
> 如当前图像中没有选区，拖动鼠标时按住【Shift】键，将创建一个正方形选区，按【Shift+Alt】键，以单击点为中心创建一个正方形选区。

笔记

在工具选项栏的"样式"下拉菜单中有"正常""固定比例"和"固定大小"三个选项，默认状态下选择"正常"选项，此时利用"矩形选框工具"可以绘制任意大小的选区，另外两个选项的作用如下所述。

- 固定比例：选择此选项后，"宽度"和"高度"数值输入框将被激活，在其中输入数值可以固定选区"高度"与"宽度"的比例，此时利用"矩形选框工具"可以创建大小不同但比例相同的选区，如图2.2所示。

- 固定大小：选择此选项后，在"宽度"和"高度"数值输入框中输入选区所需要的高、宽值，用"矩形选框工具"在页面中单击，可创建大小固定的选区。图2.3所示为选择"固定大小"选项后，按住【Shift】键直接在图像中单击所创建的多个大小完全相同的选区。

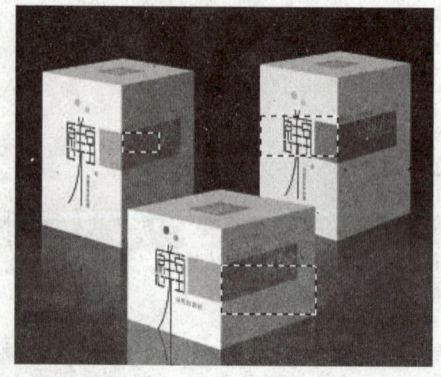

图2.2
比例均为2:1的选区

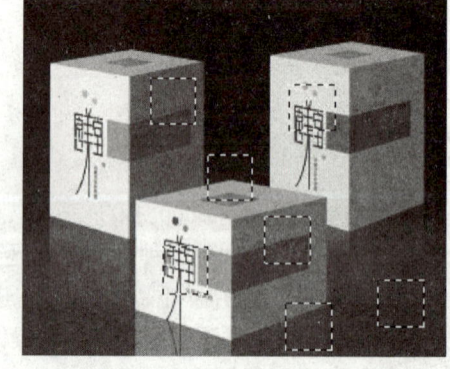

图2.3
创建大小固定的选区

> **提示**
>
> 　　如果在绘制选区时，未释放鼠标左键的情况下，按住空格键移动鼠标可以移动正在绘制的选择区域，用这种方法可以将选择区域从当前所处位置移至另一处。此技巧对于以下将要讲述的其他选择工具同样适用。

2.1.2 椭圆选框工具

在所选工具图标上单击右键，将显示与其工具同处一组的隐藏工具，如图 2.4 所示，在其中选择"椭圆选框工具" 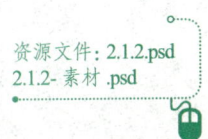即可创建椭圆形选区，图 2.5 所示为使用此工具所创建的多个椭圆选区。

资源文件：2.1.2.psd
2.1.2-素材.psd

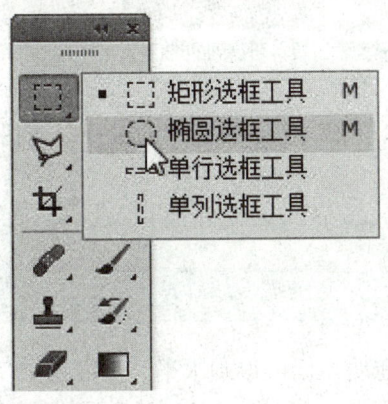

图 2.4
选择"椭圆选框工具"

图 2.5
椭圆选区

选择"椭圆选框工具"后，工具选项栏如图 2.6 所示，其中多数参数与"矩形选框工具"选项条相同。

图 2.6
"椭圆选框工具"选项条

2.2 制作不规则形选区

2.2.1 使用套索工具组

套索工具组中的工具主要用于创建不规则的选区，在此工具组中共包括三个工具。

1. 套索工具

"套索工具"是通过自由地移动鼠标来创建选区的工具，选区形状完全由用户自行控制，其工具选项栏选项的意义与"椭圆选框工具"的相似，这里不再重述。

2. 多边形套索工具

"多边形套索工具"主要用于创建具有直边的选区，操作时在需选择对象的每个拐角

资源文件：
2.2.1-1 套索工具.psd

资源文件：
2.2.1-2 多边形套索工具.psd

微视频：多边形套索工具的使用方法

处单击鼠标，如图2.7所示，直至最后一个单击点与第一个单击点的位置重合时，得到闭合的选区，如图2.8所示。

图2.7
"多边形套索工具"使用示例

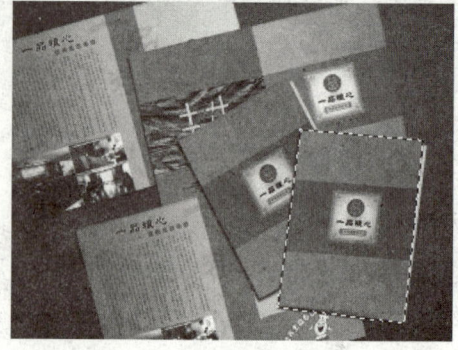

图2.8
使用"多边形套索工具"所得到的选区

在绘制过程中如果按住【Delete】键可以向前删除最近一次单击确定的选择区域拐点，从而修改最终得到的选择区域的形状。

> **提 示**
>
> 如果无法找到第一点，在页面中双击鼠标左键也可以闭合选区。

资源文件：
2.2.1-3.psd;
2.2.1-3.jpg

使用此工具创建多边形选区时，按住【Shift】键拖动光标可得到水平、垂直或45°方向的选择线。按住【Alt】键可以暂时切换至"套索工具" ，从而开始绘制任意形状的选区，释放【Alt】键可再次切换至"多边形套索工具" 。

3. 磁性套索工具

"磁性套索工具" 能自动捕捉具有反差颜色的图像的边缘，从而基于图像边缘来创建选区，因此此工具特别适合于选择背景复杂，但对象边缘对比度强烈的图像，例如图2.9、图2.10中的人物图像。

微视频：磁性套索工具的使用方法

笔 记

图2.9
具有强烈对比边缘的图像1

图2.10
具有强烈对比边缘的图像2

要使用"磁性套索工具" 可以按下述步骤操作：

1）打开本书配套课程网站中的资源文件"第2章 \2.2.1-3-素材.psd"，在选择图像边缘单击以确定起始点，本例中要选择的是图中的短裤。

2）沿要选择图像的边缘拖动光标，此时光标自动在颜色对比明显的地方创建选区，并将得到的选区线显示为具有小节点为的线段，如图2.11所示。

3）当光标拖至与第一点重合的位置时，光标右下角出现一个小圆，此时单击鼠标即可得到闭合选区，如图2.12所示。

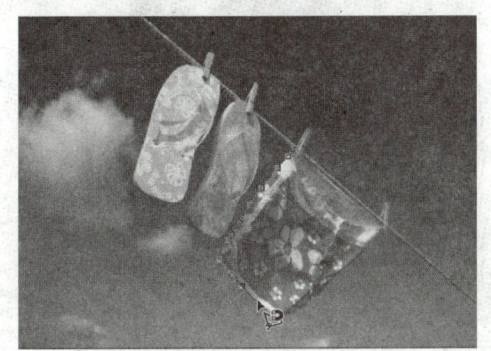

图2.11 选择创建过程中

图2.12 用"磁性套索工具"创建选区

"磁性套索工具" 的工具选项栏如图2.13所示，在创建选区时还需要根据实际情况对工具选项栏中的参数进行设置。

图2.13 "磁性套索工具"选项条

"磁性套索工具" 选项条中的重要参数解释如下。

- 宽度：在此数值框中输入数值，可以控制"磁性套索工具" 探测的图像边缘的宽度。
- 对比度：在此数值框中输入数值，可设置"磁性套索工具" 对颜色反差的敏感程度。数值越高，敏感度越低，即不容易捕捉到准确的边界点。
- 频率：在此数值框中输入的数值，可以设置"磁性套索工具" 在定义选择边界线时插入节点的数量。数值越高插入的定位节点越多，得到的选区也越精确。

> **提 示**
>
> 1. 在绘制过程中按住【Alt】键可以暂时切换至"套索工具" 。如果要随时闭合选区，可以按住【Ctrl】键使光标转换为 形，然后单击即可，也可以在任意位置双击鼠标以闭合选区。
>
> 2. 在创建选区的过程中，"磁性套索工具" 会根据颜色的对比度自动添加一些节点，如果认为已创建的节点位置不正确，可以按住【Delete】键将其删除，每按一次【Delete】键可以向前删除一个节点。

2.2.2 使用魔棒工具组

1. 魔棒工具

使用"魔棒工具" 能迅速在图像中选择颜色大致相同的区域，其操作非常简单，只需要用"魔棒工具" 在要选择的区域单击鼠标即可。

笔记

图2.14所示，用"魔棒工具"单击图像中的灰色区域，即可选择图像中所有灰色背景；如果此时在选区中填充图案，则可以将图像背景更换为图案效果，如图2.15所示。

图2.14
用"魔棒工具"选择

图2.15
将背景更换为图案效果

选择"魔棒工具"后其工具选项栏如图2.16所示。

图2.16
"魔棒工具"选项条

"魔棒工具"选项条中的重要参数解释如下。

- 容差：此数值输入框中的数值，用于控制"魔棒工具"操作一次时的选择范围。"容差"值越大，选择的颜色范围越广。如果要精确选择某一种颜色，"容差"应该设置得小一些。图2.17所示是选择不同"容差"值所创建的选区，可以看出此数值越大，得到的选择区域也越大。

图2.17
应用不同容差值的选择效果

（a）容差值：32　　　　　　　　　（b）容差值：10

- 连续：选择此选项，使用"魔棒工具"仅可以选择颜色相连接的区域。如图2.18所示，用此工具单击七星瓢虫图像中的橙色区域后未选中另外一只橙色区域；反之如果不选择此选项，则可以选择整幅图像中所有相同橙色，如图2.19所示。

图 2.18
只选择连续的橙色

图 2.19
选择所有橙色

- 对所有图层取样：选择此选项，"魔棒工具"可以选择所有可见图层的相同颜色；如果不选择此选项，"魔棒工具"只选择当前图层中的相同颜色。（关于图层的操作，请参阅本书第 3 章的内容。）

2. 快速选择工具

快速选择工具，其工具方式与使用画笔工具绘图基本相同，只不过此工具生成的是选区而非图像，其选项条如图 2.20 所示。

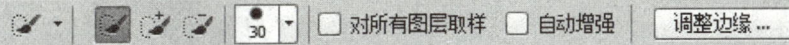

图 2.20
快速选择工具选项条

快速选择工具选项条中的参数解释如下。

- 选区运算模式：限于该工具创建选区的特殊性，所以它只设定了三种选区运算模式，即新选区、添加到选区和从选区减去。
- 画笔：单击右侧的三角按钮可调出如图 2.21 所示的画笔参数设置框，在此设置参数，可以对涂抹时的画笔属性进行设置。在涂抹过程中，可以设置画笔的硬度，以便创建具有一定羽化边缘的选区。
- 对所有图层取样：选中此选项后，将不再区分当前选择了哪个图层，而是将所有能看到的图像视为在一个图层上，然后来创建选区。
- 自动增强：选中此选项后，可以在绘制选区的过程中，自动增加选区的边缘。
- 调整边缘：使用"调整边缘"命令可以对现有的选区进行更为深入的修改，从而帮助用户得到更为精确的选区，详细讲解见本章第 2.3.6 小节。

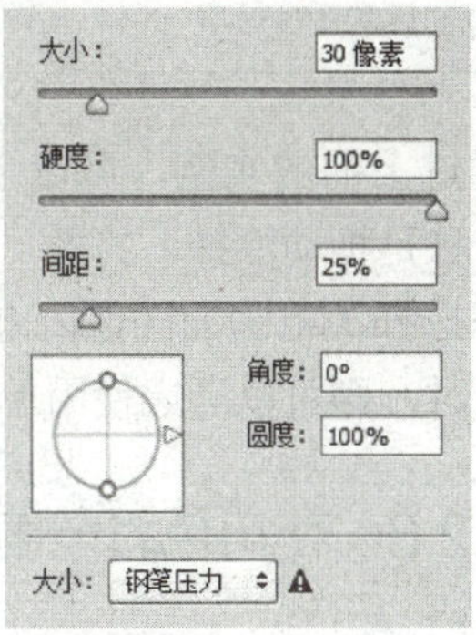

图 2.21
设置画笔参数

下面通过一个简单的实例来讲解此工具的使用方法。

1）打开本书配套课程网站中的资源文件"第 2 章 \2.2.2-2- 素材 .jpg"。在本示例中，要将图像中的人物选择出来。

2）在工具选项栏中设置适当的参数及画笔大小，

3）在人物图像内部按住鼠标左键从上至下的涂抹，得到类似于如图 2.22 所示的选区。

4）在下面的操作中，如果要选择更多的图像，则需要在其工具选项栏中选择 按钮，或在单击及拖动涂抹前按住【Shift】键进行操作。例如，图 2.23 所示就是按照此方法操作，将人物图像选中时的状态。

图 2.22
创建选区

图 2.23
选中图像

以图 2.24 所示的"曲线"对话框进行调整后，得到图 2.25 所示的效果。

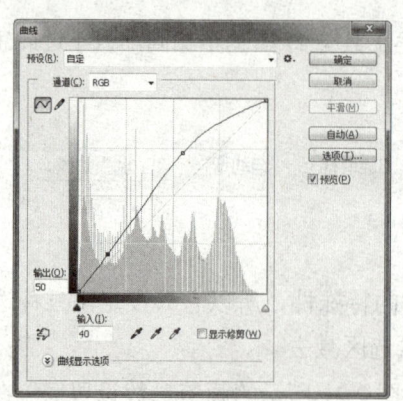

图 2.24
抠出后的图像效果

图 2.25
应用效果

通过上面的实例，可以了解到，使用快速选择工具 主要可以使用两种方式来创建选区，一种是拖动涂抹，另外一种是单击。

在选择大范围的图像内容时，可以利用拖动涂抹的形式进行处理，而添加或减少小范围的选区时，则可以考虑使用单击的方式进行处理。

2.2.3 使用色彩范围命令

相对于魔棒工具 而言，"选择"|"色彩范围"命令虽然与其操作原理相同，但由于可设置参数更多，因此功能更为强大。

使用此命令可以从图像中一次得到一种颜色或几种颜色的选区，此命令弹出的对话框如图 2.26 所示。

该对话框中的重要参数含义如下：

- 选择：可以在此下拉列表菜单中选择一个选项，以定义要选择的图像范围，例如，如果选择"红色"选项，则可以选择整个图像中的红色区域；如果选择"高光"选项，则可以选中整个图像中的高光亮调区域。

- 颜色吸管：选择吸管工具 , 单击图像中要选择的颜色区域，则该区域内所有相同的颜色将被选中。如果需要选择不同的几个颜色区域，可以在选择一种颜色后，选择添加到取样按钮 , 单击其他需要选择的颜色区域。如果需要在已有的选区中去除某部分选区，可以选择从取样中减去按钮 , 单击其他需要去除的颜色区域。

图 2.26
"色彩范围"对话框

- 颜色容差：如果要在当前基础上扩大选区，可以将"颜色容差"滑块向右侧滑动，以扩大"颜色容差"数值。图 2.27 所示为容差值为 50 及 200 时的滑块状态及选区。

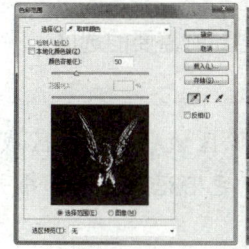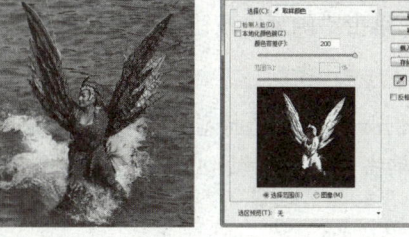

（a）容差值为 50　　　　　　　　　（b）容差值为 200

图 2.27
容差值为 50 及 200 时的滑块状态及选区

- 反相：选择"反相"选项可以将当前选区反选。
- 选择范围、图像：利用"选择范围"和"图像"单选按钮可指定预览窗口中的图像显示方式。
- 本地化颜色簇：如果希望精确控制选择区域的大小，选择此复选框，应用吸管工具 在图像中单击，此时"范围"滑块将被激活，拖动此滑块将以单击的位置为中心，调整选区的范围，如图 2.28 所示。

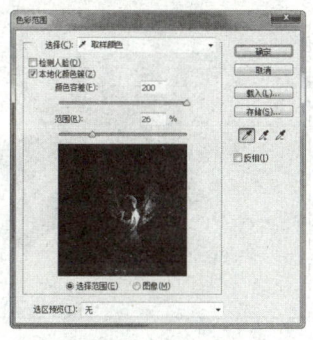

图 2.28
调整"范围"参数及得到的选区

笔记

- 检测人脸功能：可以在使用此命令创建选区时，自动根据检测到的人脸进行选择，对人像摄影师或日常修饰人物的皮肤时非常有用。要注意的是，要启用"人脸检测"功能，必须选中"本地化颜色簇"选项。图2.29所示为使用"色彩范围"命令创建的选区。图2.30所示是使用"曲线"命令，然后对选中的皮肤图像进行提亮处理，并按【Ctrl+D】键取消选区后的效果。

图 2.29
创建的选区

图 2.30
提亮皮肤后的效果

完成各选项设置工作后，单击"确定"按钮退出对话框，即可得到所需要的选区。

提 示

可以重复使用此命令以选择颜色的子集，例如，若要选择整个图像高光亮调图像区域中的绿色区域，选择"色彩范围"对话框中的"高光"选项并单击"确定"按钮，然后，重新运用"色彩范围"对话框并选择"绿色"选项。

2.3 编辑与调整选区

2.3.1 移动选区

移动选区的操作十分简单，使用任何一种选框工具，将光标放在选区内，此时光标的形状将会变形，表示可以移动。

直接拖动选区，即可将其移动至图像另一处，图2.31所示为移动前后对比图。

（a）原选区　　　　　　　　　　　　（b）移动后的选区

图 2.31
移动前后

> **提示**
> 如果当前打开了两幅图像，可以并排这两幅图像，则直接将选择区域从一幅图像中拖至另一幅图像中，其操作如图 2.32 所示。

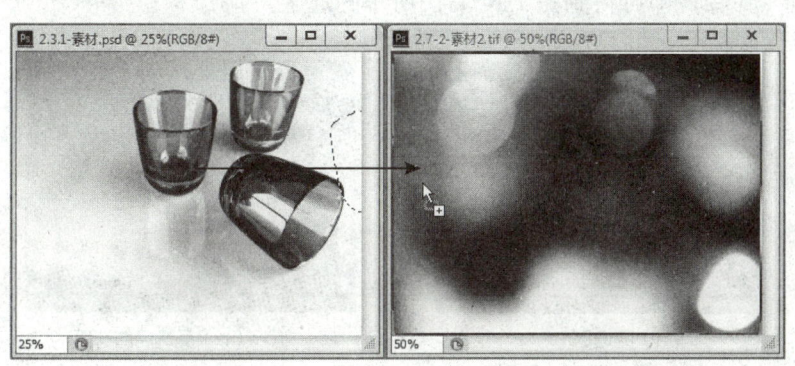

图 2.32
将选区复制到另一幅图像

> **提示**
> 在制作过程中，许多初学者容易混淆移动选区与移动图像操作间的差别。实际上，如果要移动图像，应该选择工具箱中的移动工具，然后拖动选择区域。图 2.33 所示为移动图像后的效果，可以看出，选择区域内的像素被移动，并显示出图像的背景色（在此为白色）。

图 2.33
移动图像后的效果

2.3.2 取消选择区域

创建选区后选择"选择"|"取消选择"命令或按【Ctrl+D】键，可取消选区。

2.3.3 再次选择刚刚选取的选区

如要载入最近一次载入的选区，可选择"选择"|"重新选择"命令或按【Ctrl+Shift+D】键。

2.3.4 反选

执行"选择"|"反向"命令，可以在图像中颠倒选区与非选区，使选区成为非选区，而

资源文件：2.3.4.psd

非选区则成为选区。

如果操作的对象与其附近图像的颜色具有强烈的反差，可以基于操作对象的图像的边缘来创建选区。例如，要选择图中的鞋图像，可以选择磁性套索具，在选择图像边缘单击以确定起始点，沿要选择图像的边缘拖动光标创建选区，如图 2.34 左图所示，然后执行"选择"|"反向"命令，即可得到图 2.34 右图所示的选区。

（a）原选区

（b）反选后的选区

图 2.34 选区反选前后

2.3.5 羽化

如果要使"矩形选框工具"、"椭圆选框工具"等工具创建的选择区域具有羽化效果，必须在绘制选区前在各个工具的工具选项栏中输入"羽化"数值。

换言之，如果在创建选区后在"羽化"数值框中输入数值，该选区不会受到影响，此数值仅对以后创建的选区有效。

如果希望使已存在的选区羽化，可以选择"选择"|"修改"|"羽化"命令，在弹出的如图 2.35 所示的对话框中输入"羽化半径"数值。

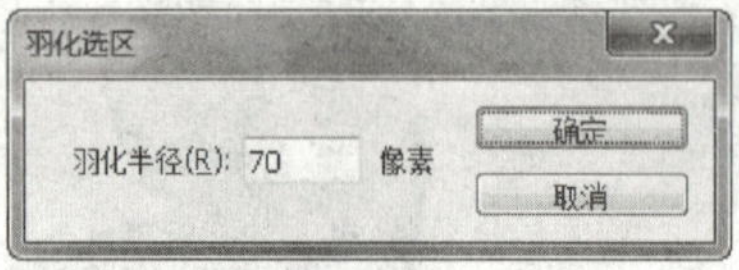

图 2.35 "羽化选区"对话框

图 2.36 所示为一个已存在的不规则选区，图 2.37 所示是为该选区羽化 40 像素后的效果，图 2.38 所示是为选区填充单色后的效果。

图 2.36 原始选区

图 2.37 羽化后的选区

图 2.38 填充颜色后的效果

资源文件：
2.3.5.psd；
2.3.5-素材.psd

2.3.6 调整边缘

"调整边缘"命令，简单地说，该命令就是一系列选区编辑功能（平滑、羽化等命令）的集合体，以便于用户在同一个对话框中对选区进行多重的编辑操作。

选择"选择" | "调整边缘"命令即可调出其对话框，如图 2.39 所示。

另外，在各个选区绘制工具的工具选项栏上，也都增加了"调整边缘"按钮，单击此按钮即可调出"调整边缘"对话框，对当前的选区进行编辑。例如，图 2.40 所示的 3 个工具选项栏中，在其最右侧都存在着"调整边缘"按钮，单击此按钮，同样可调出"调整边缘"对话框。

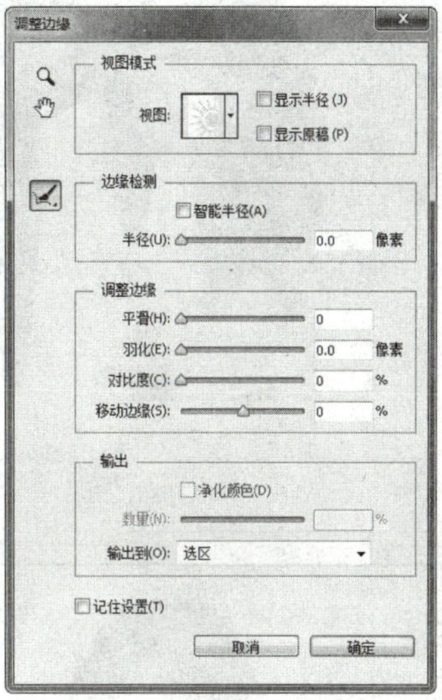

图 2.39 "调整边缘"对话框

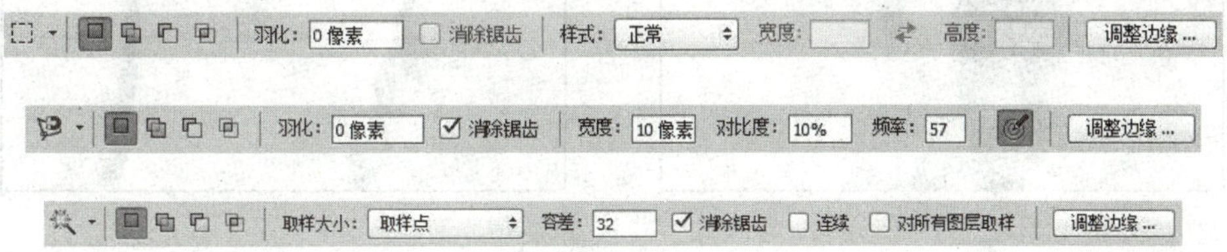

图 2.40 带有"调整边缘"按钮的工具选项栏

下面分别讲解"调整边缘"对话框中各个参数的含义。首先，"视图模式"区域中，各参数的解释如下：

- 视图列表：在此列表中，Photoshop 依据当前处理的图像，生成了实时的预览效果，以满足不同的观看需求。根据此列表底部的提示，按【F】键可以在各个视频之间进行切换，按【X】键即只显示原图。
- 显示半径：选中此选项后，将根据所设置的半径数值仅显示半径范围以内的图像。
- 显示原稿：选中此选项后，将依据原选区的状态及所设置的视图模式进行显示。

"边缘检测"区域中的各参数解释如下：

- 半径：此处可以设置检查检测边缘时的范围。
- 智能半径：选中此选项后，将依据当前图像的边缘自动进行取舍，以获得更精彩的选择结果。

以图 2.41 所示的选区为例，结合套索工具 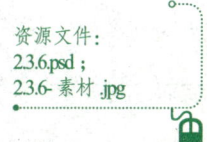 及魔棒工具 制作得到的选区。图 2.42 所示是刚调出"调整边缘"对话框时的预览状态，图 2.43 所示是设置适当的"半径"数值后得到的效果，图 2.44 所示是选中"显示半径"选项时的状态。

图 2.41
创建选区

图 2.42
初始的预览状态

图 2.43
设置"半径"数值后的效果

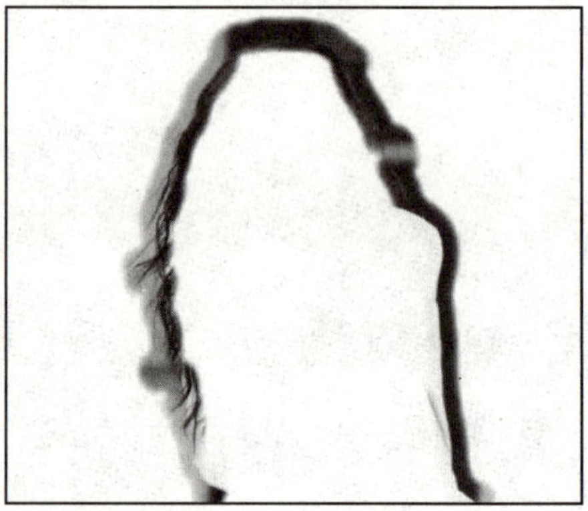

图 2.44
显示半径时的状态

"调整边缘"区域中的各参数解释如下：

- 平滑：当创建的选区边缘非常生硬，甚至有明显的锯齿时，使用此选项来进行柔化处理。
- 羽化：此参数与"羽化"命令的功能基本相同，都是用来柔化选区边缘的。
- 对比度：设置此参数可以调整边缘的虚化程度，数值越大则边缘越锐化。通常可以帮助用户创建比较精确的选区。
- 移动边缘：该参数与"收缩"和"扩展"命令的功能基本相同，向左侧拖动滑块可以收缩选区，而向右侧拖动则可以扩展选区。

"输出"区域中的各参数解释如下：

- 净化颜色：选择此选项后，下面的"数量"滑块被激活，拖动调整其数值，可以去除选择后的图像边缘的杂色。例如，图 2.45 所示就是选择此选项并设置适当参数后的效果对比，可以看出，处理后的结果被过滤掉了原有的诸多杂色。
- 输出到：在此下拉菜单中，可以选择输出的结果。

"工具"区域中的各参数解释如下：

- 缩放工具 ：使用此工具可以缩放图像的显示比例。
- 抓手工具 ：使用此工具可以查看不同的图像区域。

- 调整半径工具：使用此工具可以编辑检测边缘时的半径，以放大或缩小选择的范围。
- 抹除调整工具：使用此工具可以擦除部分多余的选择。当然，在擦除过程中，Photoshop 仍然会自动对擦除后的图像进行智能优化，如图 2.46 所示，得到更好的选择结果。

（a）净化颜色前　　（b）净化颜色后

图 2.45　净化颜色的前后对比

图 2.46　抠图得到的结果

需要注意的是，"调整边缘"命令相对于通道或其他专门用于抠图的软件及方法，其功能还是比较简单的，因此无法苛求它能够抠出高品质的图像，通常可以作为在要求不太高的情况下，或图像对比非常强烈时使用，以快速达到抠图的目的。

2.4　变换选择区域

利用"选择"|"变换选区"命令可以对当前选区进行各种变换操作，从而使选择区域符合新的操作要求。例如，图 2.47 所示为原选区，图 2.48 所示是利用选区变换控制框对选区进行一定变换后的状态。

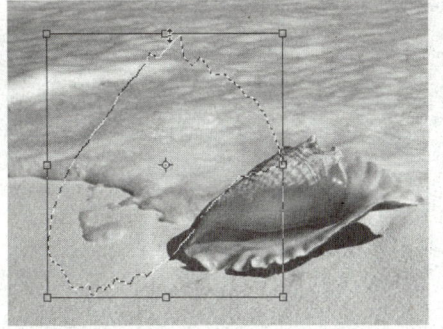

图 2.47　原选区

图 2.48　变换选区

变换选区和变换图像的操作方法及变换方式都是完全相同的，例如旋转、斜切、扭曲及透视等。在下一章讲解变换图像时，将对变换功能进行详细的讲解，读者可以在学习以后再返回本小节进行阅读学习。

2.5 实战演练

2.5.1 选择并美化照片色彩

在本例中，将结合"色彩范围"及图像调整命令，调整图像选区并优化其色彩，其操作步骤如下：

1）打开本书配套课程网站中的资源文件"第 2 章 \ 2.5.1- 素材 .jpg"。

2）选择"选择"|"色彩范围"命令，弹出"色彩范围"对话框，然后使用"吸管工具"  在叶子图像上单击，如图 2.49 所示，选中该部分图像并适当调整"颜色容差"参数，此时对话框的状态如图 2.50 所示。

图 2.49
素材图像

图 2.50
"色彩范围"对话框

3）在对话框中单击添加到取样按钮 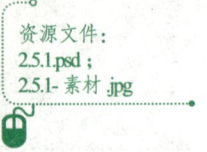，并用其在图像下方的位置叶子上单击，如图 2.51 所示，以选中图像中全部的叶子，此时的对话框状态如图 2.52 所示。

图 2.51
再次吸取颜色

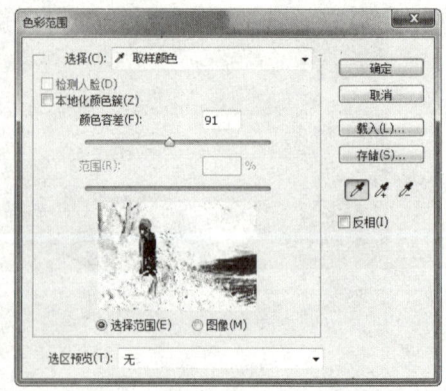

图 2.52
"色彩范围"对话框

> **提示**
>
> 按住【Shift】键可以切换为添加到取样工具 以增加颜色；按住【Alt】键可切换到减少取样工具 以减去颜色；颜色可从对话框预览图中或图像中用吸管来拾取。

4）确认得到合适的选区后，单击"确定"按钮退出对话框，得到如图2.53所示的选区。

图2.53
得到的选区

5）下面来对选区中的图像进行调色处理。按【Ctrl＋U】键应用"色相/饱和度"命令，设置弹出的对话框如图2.54所示，以调整图像的颜色，得到如图2.55所示的效果（为便于观看，这里暂时隐藏了选区）。

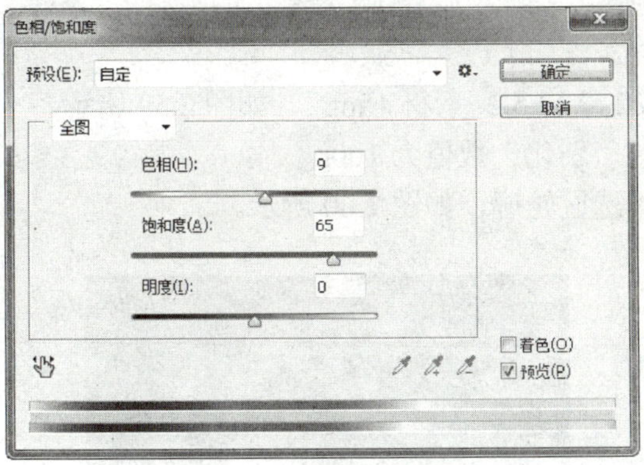

图2.54
"色相/饱和度"对话框

图2.55
调色后的效果

6）按【Ctrl＋B】键应用"色彩平衡"命令，设置弹出的对话框如图2.56和图2.57所示，以调整图像的颜色，单击"确定"按钮退出对话框。按【Ctrl+D】键取消选区，得到如图2.58所示的效果。

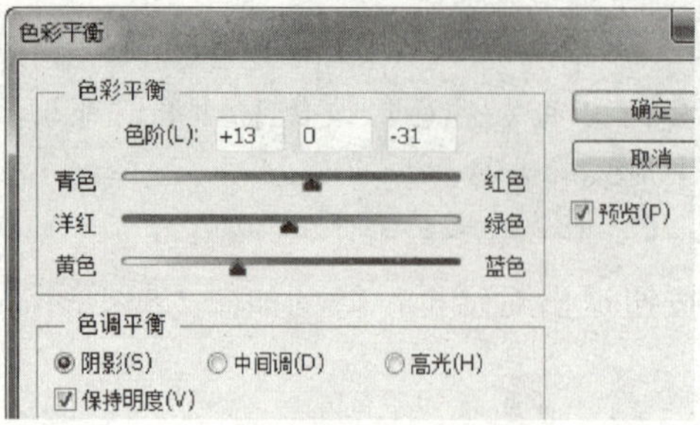

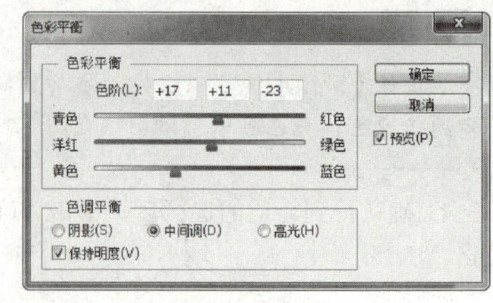

图 2.56　选择"阴影"选项时的"色彩平衡"对话框

图 2.57　选择"中间调"选项时的"色彩平衡"对话框

图 2.58　调色后的效果

2.5.2　制作梦幻人物图像

下面将通过一个实例来讲解使用套索工具 ⌀，并配合其工具选项栏上的"羽化"参数，将人物融合至一个新背景中的操作方法。其操作步骤如下：

资源文件：
2.5.2.psd；
2.5.2-素材.jpg

① 打开本书配套课程网站中的资源文件"第 2 章 \2.5.2- 素材 1.jpg"，如图 2.59 所示。

② 选择套索工具 ⌀，在其工具选项栏中设置"羽化"数值为 100。

③ 使用套索工具 ⌀ 沿着人物的身体边缘绘制选区轮廓，如图 2.60 所示。

图 2.59　原图像

图 2.60　绘制选区

④ 按【Ctrl+C】键复制当前图像中的内容。打开本书配套课程网站中的资源文件"第 2 章 \2.5.2- 素材 2.psd"，如图 2.61 所示。

 选择"背景"图层,按【Ctrl+V】键将上一步复制的图像粘贴至当前图像文件中,同时得到"图层 1",并设置此图层的混合模式为"明度",得到如图 2.62 所示的最终效果。

笔记

图 2.61
素材图像

图 2.62
最终效果

> **提 示**
> 关于图层混合模式的讲解请参见 3.10 节。

习题

一、选择题

1. 下面用于创建规则形选区的工具包括（　　）。
   A．矩形选框工具　　　　　　　　B．椭圆选框工具
   C．套索工具　　　　　　　　　　D．磁性套索工具
2. 下面可以用于创建不规则形选区的工具包括（　　）。
   A．"色彩范围"命令　　　　　　　B．套索工具
   C．快速选择工具　　　　　　　　D．魔棒工具
3. 要变换选区,可以选择调出选区变换控制框的命令是（　　）。
   A．"选择"|"变换选区"命令　　　B．"编辑"|"变换图像"命令
   C．"选择"|"变换图像"命令　　　D．"编辑"|"变换选区"命令
4. 要再次载入刚刚取消的选区,可以按（　　）快捷键。
   A．【Ctrl+D】键　　　　　　　　　B．【Ctrl+Alt+D】键
   C．【Ctrl+Shift+D】键　　　　　　D．【Ctrl+C】键
5. 取消选区操作的快捷键是（　　）。
   A．【Ctrl+Alt+D】键　　　　　　　B．【Ctrl+D】键
   C．【Ctrl+Shift+D】键　　　　　　D．【Ctrl+A】键
6. "调整边缘"命令的功能可以覆盖的选区编辑命令是（　　）。
   A．"羽化"命令　　　　　　　　　B．"平滑"命令
   C．"扩展"命令　　　　　　　　　D．"变换选区"命令

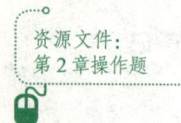

资源文件：
第 2 章操作题

二、操作题

1. 打开图 2.63 所示的本书配套课程网站中的资源文件 "第 2 章 \2.7-1- 素材 1.tif" "第 2 章 \ 2.7-1- 素材 2.tif" 图像，结合本章讲解的知识，尝试制作得到如图 2.64 所示的效果。

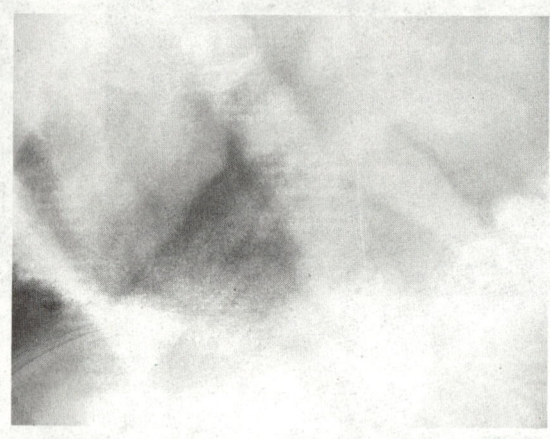

图 2.63
素材图像

图 2.64
图像效果

2. 打开图 2.65 所示的本书配套课程网站中的资源文件 "第 2 章 \2.7-2- 素材 1.tif" "第 2 章 \ 2.7-2- 素材 2.tif" 图像，结合本章讲解的知识，尝试制作得到如图 2.66 所示的效果。

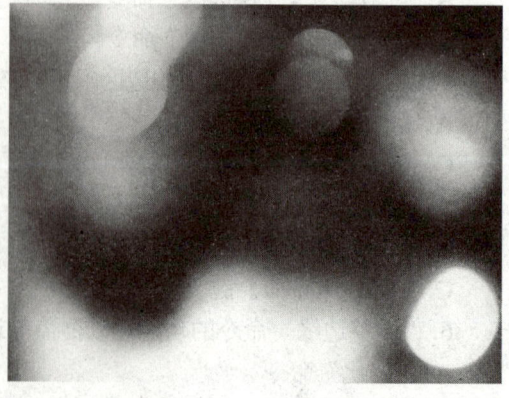

图 2.65
素材图像

图 2.66
最终效果

3．打开图 2.67 所示的本书配套课程网站中的资源文件"第 2 章\2.7-3- 素材 .psd"图像，结合本章中讲解的选区运算功能，制作得到如图 2.68 所示的效果。

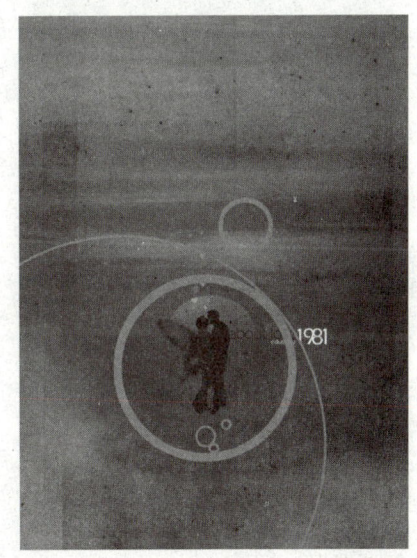

图 2.67
素材图像

图 2.68
制作圆环图像

4．使用题 3 中的素材图像，尝试结合"选择"|"修改"|"边界"及"调整边缘"命令制作得到与题 3 所要求的相同效果。

5．打开图 2.69 所示的本书配套课程网站中的资源文件"第 2 章\2.7-5- 素材 .psd"图像，利用本章中讲解的快速选择工具，将其中的人物图像选中，图 2.70 所示是将其以透明背景显示时的选出后的状态。

图 2.69
素材图像

图 2.70
选出后的状态

> **提 示**
>
> 　　本章所用到的素材及效果文件位于本书配套课程网站"第 2 章"的资源文件内,其文件名与章节号对应。

第 3 章

图层

知识要点：

- 图层的功能
- "图层"面板及各功能按钮的作用
- 新建、复制、选择、删除及搜索等图层编辑操作
- 图层蒙版的作用及工作原理
- 搜索与过滤图层
- 创建与删除图层蒙版的操作方法
- 编辑图层蒙版的操作方法
- 剪贴蒙版的作用及工作原理
- 剪贴蒙版的创建及取消操作
- 图层组及其相关操作
- 对齐与分布图层中的图像
- 各种合并图层的操作方法
- 各种图层样式的特点
- 图层混合模式的作用
- 图像的变换操作
- 3D 图层的组成
- 创建与编辑 3D 模型
- 灯光控制
- 编辑纹理贴图
- 渲染预设

课题导读：

　　图层是 Photoshop 的核心功能之一，甚至可以说，如果没有图层就没有 Photoshop 今天在图形图像处理领域中的位置，而用户也不可能制作出各种优秀的图像。

　　本章对图层的基本操作、图层蒙版、图层样式以及图层混合模式等，与图层相关的强大功能一一进行详细的讲解，是本书非常重要的学习章节。

3.1 认识图层

3.1.1 了解图层的功能

图层是 Photoshop 的核心功能之一，在这个软件中对图像进行的所有操作都是基于某一个或某几个图层的，因此只有掌握图层，才能够掌握此软件的精髓。

在学习图层的具体功能之前，对图层的功用进行简单的总结：

1. 独立保存功能

在实际工作中，用户使用不同的图层保存不同的图像，例如，将太阳图像存放于"图层1"中，将月亮图像存放于"图层2"中。

以图 3.1 所示的图像为例，其中的 3 个热气球分别位于 3 个图层中，此时为"图层1"中的图像填充单色，如图 3.2 所示，可以看出并未影响其他图层中的图像。

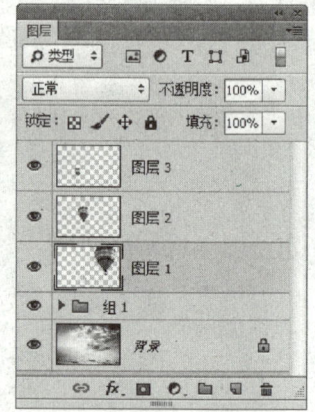

图 3.1
素材图像及其"图层"面板

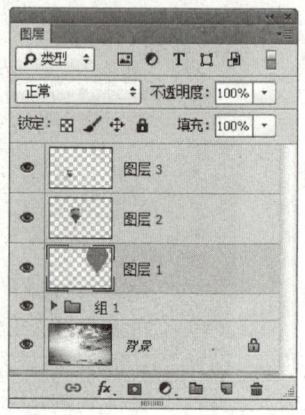

图 3.2
填充图像颜色后的效果及其"图层"面板

2. 排序功能

由于在 Photoshop 中能够随意排列图层的上下顺序，从而改变其叠加次序，构建出不同的视觉效果。例如可以将"图层1"放在"图层2"上方创建一种效果，也可以将"图层2"放在"图层1"上方以创建另一种效果。

3. 屏蔽功能

在图层上添加图层蒙版或矢量蒙版，能够屏蔽当前操作的图层的某一个部分，从而达到混合图像的目的，这种功能是在进行图像合成时使用最多的一种功能。

4. 其他功能

除上述功能外，形状图层、文字图层、调整图层等不同的图层类型也都具有不同的图层功能，而图层的混合模式、图层的样式也都具有不同的功能，读者将在以后的学习过程中了解并掌握这些功能。

3.1.2 了解"图层"面板

对图层进行的各种操作基本都是在"图层"面板中完成，因此掌握"图层"面板是掌握图层操作的前提条件。选择"窗口"|"图层"命令或按住【F7】键，可显示如图 3.3 所示的"图层"面板。

虽然图 3.3 所示的"图层"面板看上去有些复杂，但实际上，如果用户分别了解了面板中的各个按钮及图标的意义，就能够很容易地读懂"图层"面板为用户呈现的有关图像的信息。

在此简单介绍"图层"面板中的各个按钮与控制选项，在以后的章节中将对各个按钮及控制选项的使用方法及技巧做详细介绍。

- 混合模式下拉菜单：在此菜单中可以设置当前图层的混合模式。
- 不透明度：在此数值框中输入数值可以控制当前图层的透明属性，数值越小则当前图层越透明。
- 锁定图层控制：在此可以分别控制图层的"透明区域可编辑性""编辑""移动"等图层属性。
- 填充：在此数值框中输入数值可以控制当前图层中非图层样式部分的透明度。
- 显示/隐藏图层图标：单击此图标可以控制当前图层的显示与隐藏状态。
- 图层组折叠按钮：单击此按钮，将其转换为状态，即打开处于折叠状态的图层组。
- 图层组图标：此图标右侧显示为图层组的名称。
- 链接图层按钮：在选中了多个图层的情况下，单击此按钮可以将所选中的图层链接起来。当再次选中其中一个图层进行移动或变换等操作时，可以同时对所有的链接图层进行操作。
- 添加图层样式按钮：单击该按钮可以在弹出的下拉菜单中选择"图层样式"命令，为当前图层添加"图层样式"。
- 添加图层蒙版按钮：单击该按钮，可以为当前图层添加图层蒙版。
- 创建新组按钮：单击该按钮，可以新建一个图层组。
- 创建新的填充或调整图层按钮：单击该按钮，可以在弹出的菜单中为当前图层创建新的填充或调整图层。
- 创建新图层按钮：单击该按钮，可以创建一个新图层。
- 删除图层按钮：单击该按钮，然后在弹出的提示对话框中单击"是"按钮即可删除当前所选图层。

笔 记

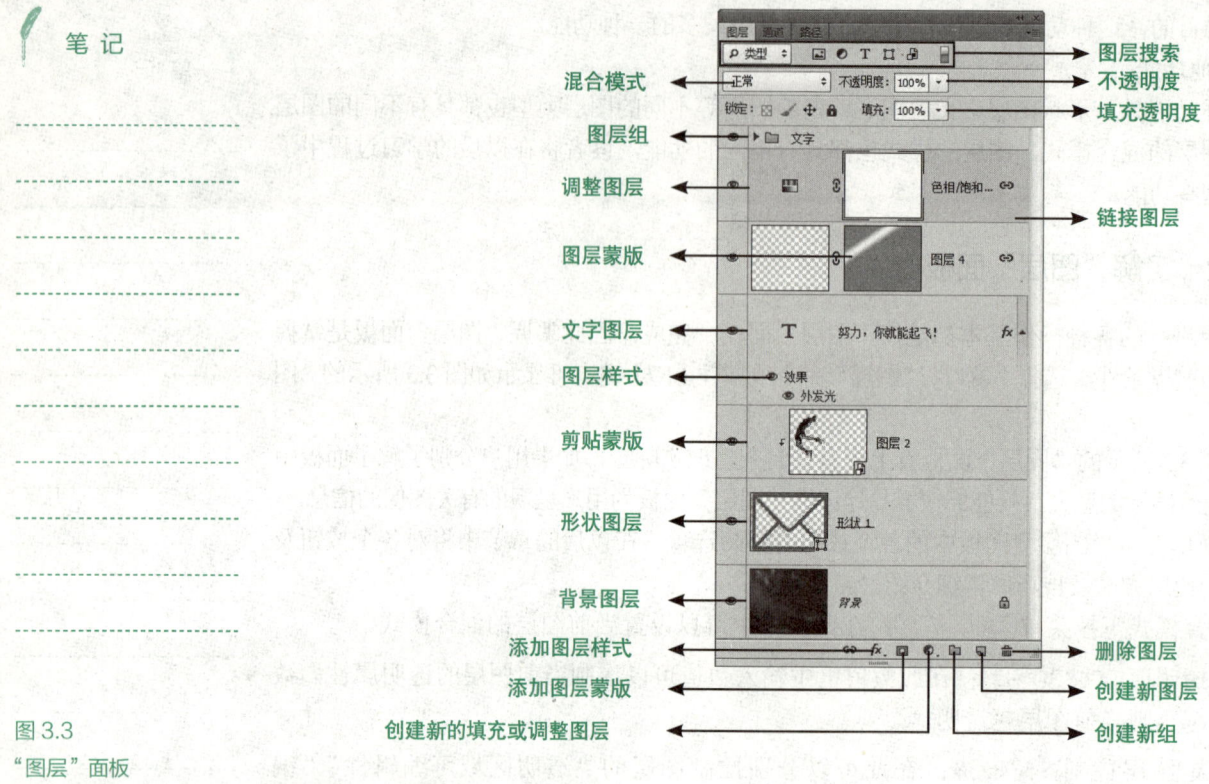

图 3.3
"图层"面板

3.2 图层的基本操作

3.2.1 新建图层

新建图层的方法有若干种,下面分别进行一一讲解。

1. 用菜单命令新建图层

选择"图层"|"新建"|"图层"命令,即可弹出如图 3.4 所示的"新建图层"对话框。设置"新建图层"对话框中的选项后,单击"确定"按钮,即可创建一个新图层。

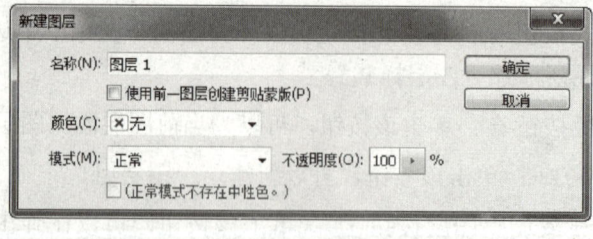

图 3.4
"新建图层"对话框

"新建图层"对话框中各参数的含义如下:

- 名称:在此文本框中可以输入新图层的名称。
- 使用前一图层创建剪贴蒙版:如果选择此选项,新图层将与当前选择图层形成剪贴蒙版组。

- 颜色：在该下拉列表中选择一种颜色名称，以定义新图层在"图层"面板中显示的颜色。
- 模式：在"模式"下拉列表中可以为新图层选择一种图层混合模式。
- 不透明度：在该数值框可以输入新图层的不透明度。
- 填充中性色：如果在"模式"下拉列表中选择一种适当的模式，则此选项被激活。选择该选项，可以创建一个以"模式"下拉列表中选择模式为图层模式并填充灰色的图层。

> **提示**
> 此选项的模式将与在"模式"下拉列表中选择的模式相同，因此如果选择"变亮"模式，则此选项名为"填充变亮中性色（黑）"；而如果选择"柔光"模式，则选项为"填充柔光中性色（50%灰）"。

设置"新建图层"对话框中的选项后，单击"确定"按钮，即可创建一个新图层。

2. 用面板命令新建图层

单击"图层"面板右上方的面板按钮，在弹出的菜单中选择"新建图层"命令，也可以创建新图层，选择此命令将弹出"新建图层"对话框。

3. 用按钮新建图层

单击"图层"面板右下方的创建新图层按钮，可直接创建一个新图层，这是新建图层最常用的操作方法。

4. 通过复制和剪切新建图层

根据当前存在的选区，可以创建新图层，其方法如下所述。

- 在选区存在的情况下，选择"图层"|"新建"|"通过复制的图层"命令，可以将当前选区中的图像复制至一个新的图层中。在没有任何选区的情况下，选择"图层"|"新建"|"通过复制的图层"命令，可以复制当前选中的图层。
- 在选区存在的情况下，选择"图层"|"新建"|"通过剪切的图层"命令，可以将当前选区中的图像复制至一个新的图层中。

例如，图3.5所示为原图像及其"图层"面板，图像中存在一个选区。

（a）原图像

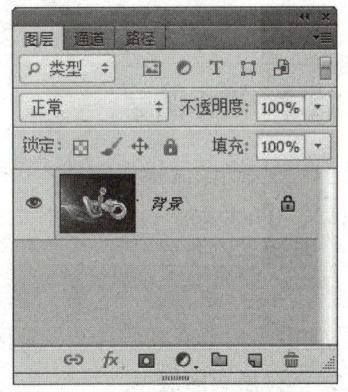
（b）"图层"面板

图3.5
原图像及其"图层"面板

选择"图层"|"新建"|"通过复制的图层"命令后"图层"面板将如图 3.6 所示；而如果选择"图层"|"新建"|"通过剪切的图层"命令，则"图层"面板将如图 3.7 所示。

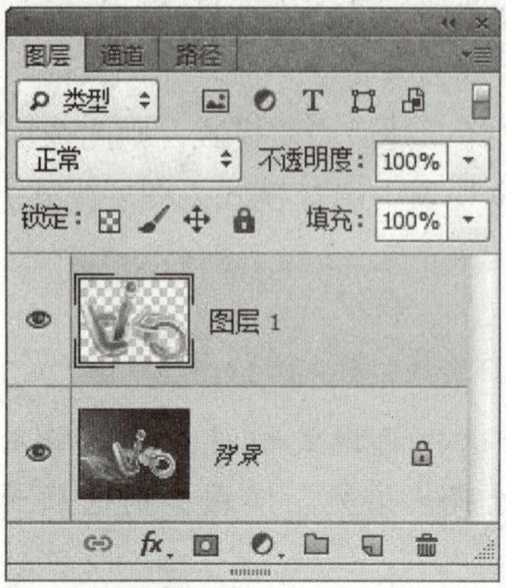

图 3.6　"背景"图层上的图像仍存在

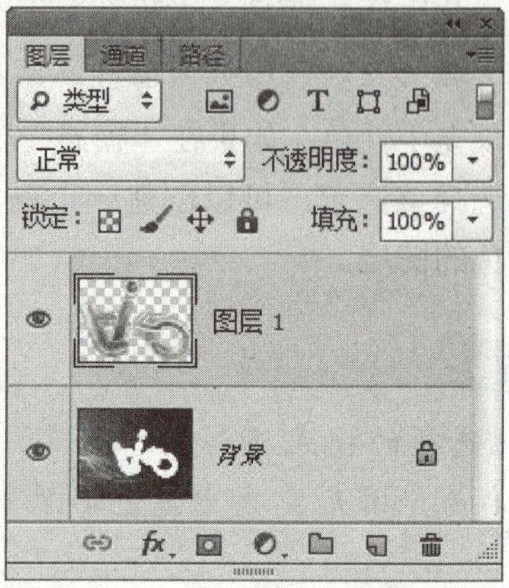

图 3.7　"背景"图层上的图像被删除

可以看到，由于执行了剪切操作，背景图层上的图像被删除并使用当前所设置的背景色进行填充（这里所设置的背景色为白色）。

5. 新建图层快捷键

新建图层快捷键汇总如下：

- 按【Ctrl+Shift+N】键可弹出"新建图层"对话框，设置适当的参数后单击"确定"按钮即可在当前图层上新建一个图层。
- 按【Ctrl+Alt+Shift+N】键可在不弹出"新建图层"对话框的情况下，在当前图层上方新建一个图层。
- 按住【Alt】键单击创建新图层按钮，可弹出"新建图层"对话框。
- 按住【Ctrl】键的同时单击创建新图层按钮，可在当前图层下方创建新图层。
- 存在选区的情况下按【Ctrl+J】键，可快速执行"图层"|"新建"|"通过复制的图层"命令。
- 存在选区的情况下按【Ctrl+Shift+J】键，可快速执行"图层"|"新建"|"通过剪切的图层"命令。

3.2.2　选择图层

选择图层是图层操作的基本操作类型，只有正确地选择了图层，所有基于此图层的操作才有意义。Photoshop 提供了各种选择图层的方法，下面将一一讲解这些不同的操作方法。

1. 选择一个图层

要选择某一图层，只需在"图层"面板中单击需要的图层即可，如图 3.8 所示。处于选择状态的图层与普通图层具有一定区别，被选择的图层以蓝底显示。

2. 选择所有图层

使用此功能可以快速选择除"背景"图层以外的所有图层，其操作方法是按【Ctrl+Alt+A】键或选择"选择"|"所有图层"命令。

3. 选择连续图层

如果要选择连续的多个图层，在选择一个图层后，按住【Shift】键在"图层"面板中单击另一图层的图层名称，则两个图层间的所有图层都会被选中，如图3.9所示。

4. 选择非连续图层

如果要选择不连续的多个图层，在选择一个图层后，按住【Ctrl】键在"图层"面板中单击另一图层的图层名称，如图3.10所示。

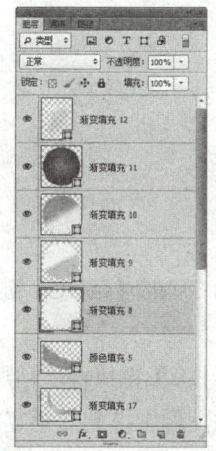
图 3.8
选择单个图层

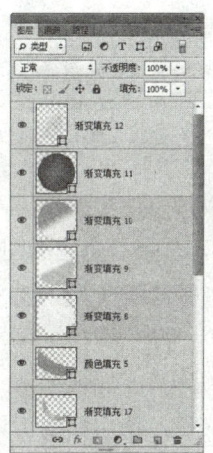
图 3.9
选择连续图层

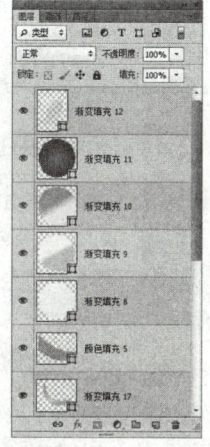
图 3.10
选择非连续图层

5. 选择链接图层

如果当要选择的图层是若干个链接图层中的一个，可以通过选择"图层"|"选择链接图层"命令，将所有与当前图层存在链接关系的图层全部选中。

3.2.3 显示/隐藏图层、图层组或图层效果

显示/隐藏图层、图层组或图层效果操作是非常简单而且基础的一类操作。只需要在"图层"面板中单击图层、图层组或图层效果左侧的眼睛图标👁，使该处图标呈现为▢，即可隐藏该图层、图层组或图层效果；再次单击相同位置即可重新显示图层、图层组或图层效果。

> **提 示**
>
> 1. 如果在眼睛图标列中按住左键不放向下拖动，则可以显示或隐藏拖动过程中所有光标掠过的图层。按住【Alt】键单击图层左侧的眼睛图标，可以只显示该图层而隐藏其他图层；再次按住【Alt】键单击该图层左侧的眼睛图标，即可重新显示其他图层。
>
> 2. 只有可见图层才可以被打印，所以如果要打印当前图像，则必须保证图像所在的图层是处于显示状态的。

3.2.4 复制图层

复制图层操作的实际意义是通过复制图层得到图层中的图像，下面分别讲解不同的复制图层操作方法。

微视频：在同一图像文件中复制图层

1. 在同一图像文件中复制图层

要在同一图像文件内复制图层，可以按下述步骤操作。

1）在"图层"面板中选择需要复制的图层。

2）将图层拖动到"图层"面板底部的"创建新图层"按钮 上即可创建新图层。也可以选择"图层"|"复制图层"命令，或在"图层"面板弹出菜单中选择"复制图层"命令，设置弹出的"复制图层"对话框。

> **提 · 示**
>
> 如果同时选择了多个图层，按上面的操作方法，可以一次性复制多个图层。

2. 在不同图像文件中复制图层

要在两个图像间复制图层，可以按下述步骤操作。

1）在原图像的"图层"面板中，选择要复制的图层。

2）选择"选择"|"全部"命令，接着选择"编辑"|"复制"命令或按【Ctrl+C】键执行"复制"操作。

3）选择目标图像，接着选择"编辑"|"粘贴"命令或按【Ctrl+V】键执行"粘贴"操作。

另外，建议并列排放两个图像文件，使用移动工具 ，从原图像中拖动需要复制的图层到目标图像中，使用这一操作方法的优点在于图像数据不会经过 Windows 的系统剪贴板，因此对于复制数据量比较大的图像而言具有很大优势，其操作示意如图 3.11 所示。

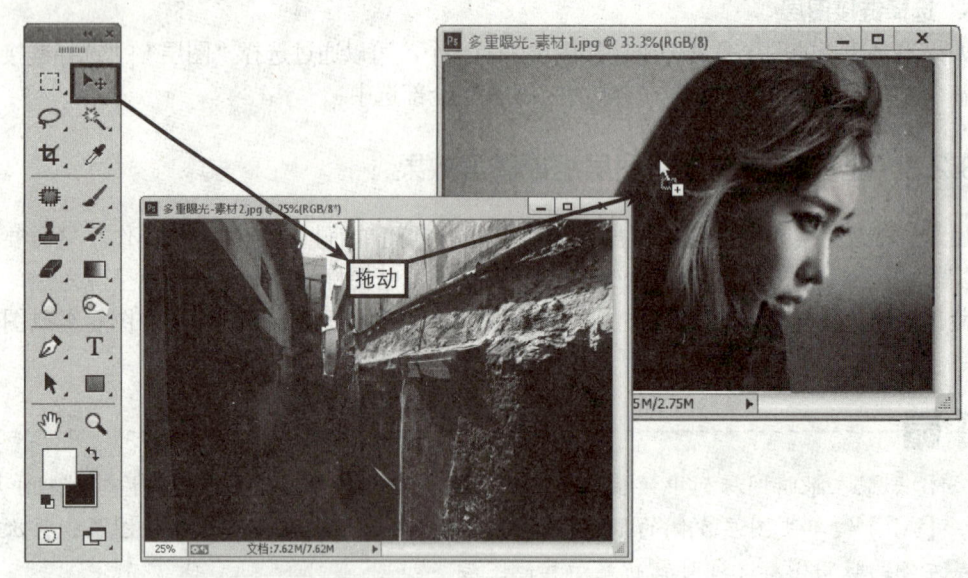

图 3.11
在两个不同图像之间复制

3.2.5 重命名图层

在新建图层时，Photoshop 以默认的图层名为其命名，但这些名称通常都无法满足用户个性化的需要，因此必须改变图层的名称，从而使其更易于识别与记忆。

改变图层的默认名称，可以执行下列操作之一：

- 在"图层"面板中选择要重新命名的图层，然后选择"图层"|"重命名图层"命

令，此时该名称就变为可输入状态，输入新的图层名称后，单击图层缩览图或按住【Enter】键确认即可。

- 双击图层缩览图右侧的图层名称，如图 3.12 所示，此时该名称就变为可输入状态，输入新的图层名称后，单击图层缩览图或按住【Enter】键确认即可，如图 3.13 所示。

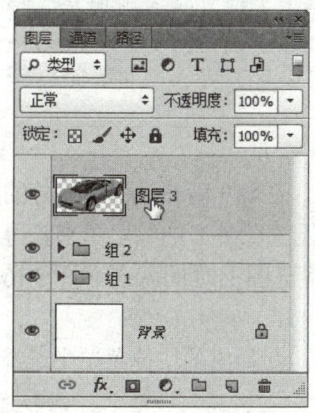
图 3.12
双击图层名称

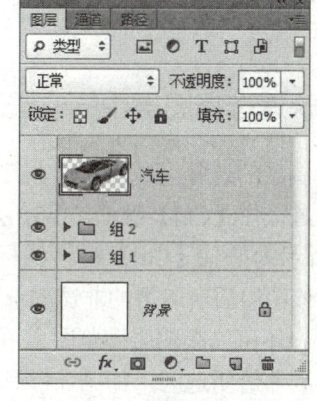
图 3.13
重命名后的状态

3.2.6 改变图层顺序

由于上下图层间具有相互遮盖关系，因此在需要的情况下应该改变其上下次序从而改变上下叠盖关系，从而改变图像的最终效果。图 3.14 所示为改变图层次序前后的不同效果。

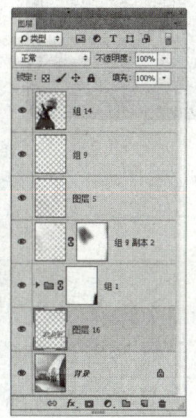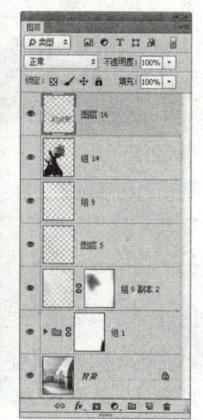

图 3.14
改变图层次序前后的不同效果

微视频：改变图层顺序

资源文件：3.2.6.psd；3.2.6-素材.psd

要改变图层次序的可以在"图层"面板中，在面板中选择需要移动的图层，然后拖动图层，当高亮线出现在希望到达的位置时，释放鼠标左键。

也可以选择"图层"|"排列"子菜单中的命令，其中可选命令如下：

- "置为顶层"命令：选择此命令可将当前图层移至所有图层的上方，成为最顶层。
- "前移一层"命令：选择此命令可将当前图层向上移一层。
- "后移一层"命令：选择此命令可将当前图层向下移一层。

- "置为底层"命令：选择此命令可将当前图层移至除背景层外所有图层的下方，成为最底层。

> **提示**
>
> 按【Ctrl+]】键可将当前选定的图层向上移动一层；按【Ctrl + [】键可将当前选择的图层向下移动一层；按【Ctrl+Shift+]】键可将当前图层置移至最顶层；按【Ctrl+Shift+ [】键可将当前图层置移至最底层。

3.2.7 快速选择图层中的非透明区域

资源文件：3.2.7-素材 .psd

获得当前图层的选择区域是一项非常重要的操作，在除"背景"图层以外的所有图层中，我们都可以通过按住【Ctrl】键单击某图层（"背景"图层除外）的缩览图来获得。

图 3.15 所示为按住【Ctrl】键将鼠标置于图层缩览图上时的状态，图 3.16 所示为按住【Ctrl】键单击该图层后所取得的非透明选区。

除此之外，还可以在图层缩览图上单击鼠标右键，在弹出的快捷菜单中选择"选择像素"命令，即可得到非透明选区，如图 3.17 所示。

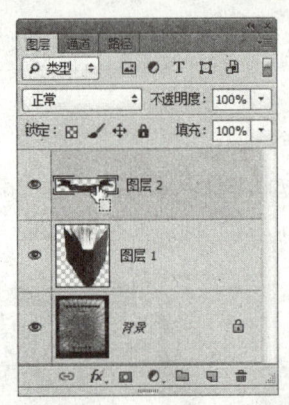

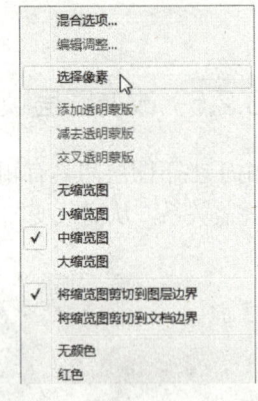

图 3.15　具有透明区域的图层　　图 3.16　非透明选区　　图 3.17　快捷菜单

> **技巧**
>
> 如要在现有选区中添加某图层非透明选区，可按住【Ctrl+Shift】键在"图层"面板中单击图层缩览图。如要从现有选区中减去某图层的非透明选区，可按住【Ctrl+Alt】键单击该图层的缩览图。如要得到当前选区与某图层非透明选区重叠的部分，按住【Ctrl+Alt+Shift】键单击该图层的缩览图。

3.2.8 锁定图层属性

资源文件：3.2.8.psd；3.2.8-素材 .psd

通过使用锁定图层属性的功能，可以有选择地锁定图层的透明像素、可编辑性、位置等属性。下面分别讲解各种属性被锁定的功用。

1. 锁定图层透明属性

通过锁定图层透明像素可以使处理工作发生在有像素的地方忽略透明区域。

例如，如果要对如图 3.18 所示的"图层 3"中文字图像的非透明区域应用渐变，则可以在此图层被选中的情况下选中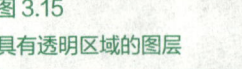选项，然后使用渐变工具进行操作，即可使渐变效果由

于透明像素被锁定而仅应用于非透明区域，得到如图 3.19 所示的效果。

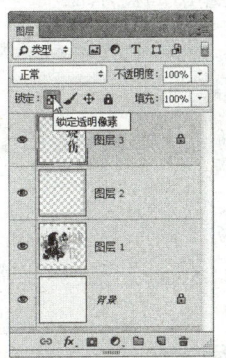

图 3.18
原图像及对应的"图层"面板

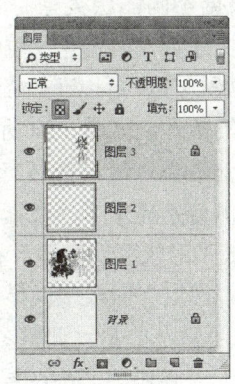

图 3.19
绘制渐变后的图像效果及对应的"图层"面板

观察应用渐变后的效果可看出，在图层的非透明区域具有渐变效果，而透明区域无变化。

2. 锁定图层的可编辑属性

单击 图标可锁定图层的可编辑属性，可以防止无意间更改或删除图层中的像素，但在此状态下仍然可以改变图层的混合模式、不透明度及图层样式。

在图层的可编辑性被锁定的情况下，所有绘图工具及图像调整等类型的命令都不可以在该图层上使用。

3. 锁定图层的位置属性

单击 图标可锁定图层的位置属性，在此状态下如果使用移动工具 移动图像，则 Photoshop 将弹出警告对话框。

4. 锁定图层所有属性

单击 图标可锁定图层的所有属性，在此状态下 、 、 均显示为锁定状态，同时图层的不透明度、填充透明度及混合模式等数值框及选项也会同时被锁定，而无法更改。

图层的任一属性被锁定的情况下，图层名称的右边会出现一个锁形图标。

如果该图层的所有属性被锁定，则图标为实心锁状态 ；如果图层的部分属性被锁定，则图标为空心锁状态 。

3.2.9 删除无用图层

删除图层可以执行以下操作之一：

笔记

- 选择"图层"|"删除"|"图层"命令或单击"图层"面板底部的"删除图层"按钮 🗑，在弹出的提示框中单击"是"按钮即可删除所选图层。
- 在"图层"面板中选中需要删除的图层并将其拖至"图层"面板下方的删除图层 🗑 上即可。
- 如果要删除处于隐藏状态的图层，可以选择"图层"|"删除"|"隐藏图层"命令，在弹出的提示对话框中单击"是"按钮即可。
- 选择"移动工具" ⊕ 的情况下，且当前图像中不存在选区及路径，按住【Delete】键或【Back Space】键也可以删除当前选中的一个或多个图层。

3.2.10 图层搜索

Photoshop 可根据不同图层类型、名称、混合模式及颜色等属性，对图层进行过滤及筛选，从而便于用户快速查找、选择及编辑不同属性的图层。

要执行图层过滤操作，可以在"图层"面板左上角单击"类型"按钮，在弹出的菜单中可以选择图层过滤的条件，如图 3.20 所示。

当选择不同的过滤条件时，在其右侧会显示不同的选项，例如在图 3.20 中，当选择"类型"选项时，其右侧分别显示了"像素图层滤镜"按钮 🖼、"调整图层滤镜"按钮 ◉、"类型图层滤镜"按钮 T、"形状图层滤镜"按钮 ▢ 及"智能对象滤镜"按钮 🖼 5 个按钮，单击不同的按钮，即可在"图层"面板中仅显示所选类型的图层。

例如，图 3.21 所示是单击"调整图层滤镜"按钮 ◉ 时，"图层"面板中显示了所有的调整图层；图 3.22 所示是单击"类型图层滤镜"按钮 T 后的效果，由于当前文件中不存在文字图层，因此显示了"没有图层匹配此滤镜"的提示。

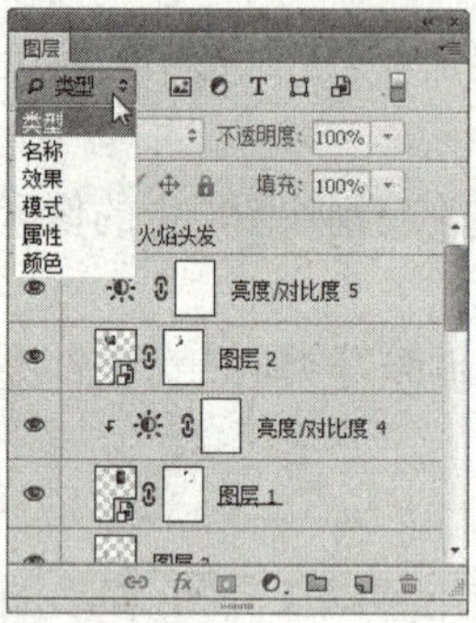

图 3.20
选择类型

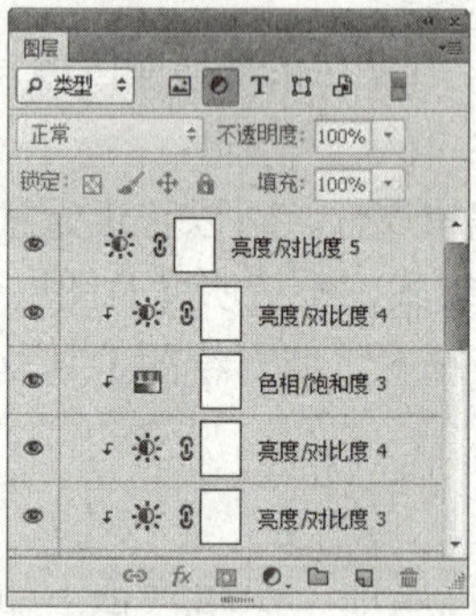

图 3.21
过滤调整图层

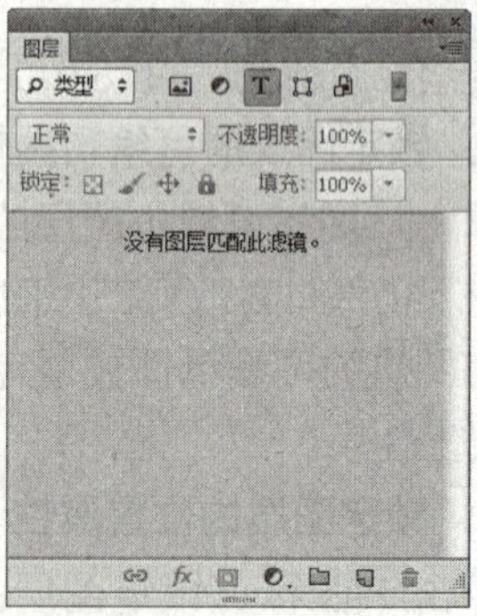

图 3.22
过滤文字图层

若要关闭图层过滤功能，则可以单击过滤条件最右侧的"打开或关闭图层滤镜"按钮 ■，使其变为 ■ 状态即可。

3.3 图层蒙版

3.3.1 了解图层蒙版

图层蒙版是制作图像混合效果时最常用的一种手段。使用图层蒙版混合图像的好处，在于可以在不改变图层中图像像素的情况下，实现多种混合图像的方案并进行反复更改，最终得到需要的效果。

要正确、灵活地使用图层蒙版，必须了解图层蒙版的原理。简单地说，图层蒙版就是使用一张灰度图"有选择"地屏蔽当前图层中的图像，从而得到混合效果。

这里所说的"有选择"，是指图层蒙版中的白色区域可以起到显示当前图层中图像对应区域的作用，图层蒙版中的黑色区域可以起到隐藏当前图层中图像对应区域的作用，如果图层蒙版中存在灰色，则使对应的图像呈现半透明效果。

每天全世界各地有数不清的图像设计师在使用图层蒙版创作着不同风格、不同效果的合成图像，图 3.23 展示了使用图层蒙版所得到的精美效果。

图 3.23 经典作品

用户可以通过改变图层蒙版不同区域的黑白程度，控制图像对应区域的显示或隐藏状态，为图层增加许多特殊效果，因此对比"图层"面板与图层所显示的实际效果可以看出：

- 图层蒙版中黑色区域部分可以使图像对应的区域被隐藏，显示底层图像。
- 图层蒙版中白色区域部分可使图像对应的区域显示。
- 如果有灰色部分，则会使图像对应的区域半隐半显。

3.3.2 创建图层蒙版

在 Photoshop 中有若干种创建图层蒙版的方法，下面分别讲解各种操作方法。

1. 直接添加图层蒙版

要直接为图层添加蒙版，可以使用下面的操作方法之一：

- 选择要"添加图层蒙版"的图层，单击"图层"面板底部的"添加图层蒙版"按钮 ，或选择"图层"|"图层蒙版"|"显示全部"命令，此时创建出来的

图层蒙版为白色，如图 3.24 所示。

- 如要创建一个隐藏整个图层的蒙版，可以按住【Alt】键单击添加图层蒙版按钮 ，或者选择"图层"|"图层蒙版"|"隐藏全部"命令，此时创建出来的图层蒙版为黑色，如图 3.25 所示。

2. 依据选区添加图层蒙版

如果当前图像中存在选区，可以利用该选区"添加图层蒙版"，并决定"添加图层蒙版"后是显示或者隐藏选区内部的图像。可以按照以下操作之一来利用选区"添加图层蒙版"。

- 依据选区范围添加蒙版：选择要"添加图层蒙版"的图层，在"图层"面板中单击"添加图层蒙版"按钮 ，即可依据当前选区的选择范围为图像添加蒙版，例如以图 3.26 所示的选区状态为例，添加蒙版后的效果及"图层"面板状态如图 3.27 所示。

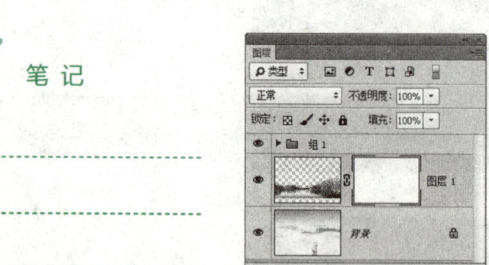

图 3.24
默认的图层蒙版

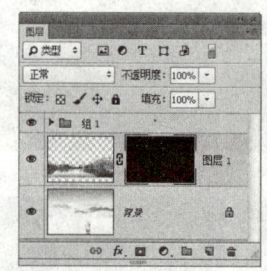

图 3.25
按住【Alt】键"添加图层蒙版"的状态

图 3.26
依据当前选区添加蒙版

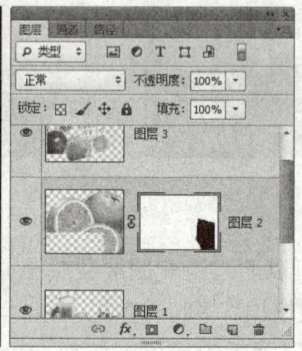

图 3.27
添加蒙版后的效果及"图层"面板

- 依据与选区相反的范围添加蒙版：在按照上一项目的方法添加蒙版时，如果在单击"添加图层蒙版"按钮 前按住【Alt】键，即可依据与当前选区相反的范围为图层添加蒙版，即先对选区执行"反向"操作，然后再为图层添加蒙版。

3.3.3 编辑图层蒙版

由于图层蒙版的实质是一张灰度图，因此可以采用任何作图或编辑类方法调整蒙版，从而得到需要的效果，这也是为什么使用图层蒙版是有选择的对图像进行屏蔽的原因。

1）要编辑图层蒙版，首先要单击"图层"面板中的图层蒙版缩览图以将其激活。

> **提　示**
> 确定是否操作于蒙版中非常重要，此操作保证了操作结果的正确性。

2）选择任何一种编辑或绘画工具并按以下述准则操作。
- 如果要隐藏当前图层，用黑色在蒙版中绘图。
- 如果要显示当前图层，用白色在蒙版中绘图。
- 如果要使当前图层部分可见，用灰色在蒙版中绘图。

3）如果要退出图层蒙版编辑状态开始编辑图层中的图像，则需单击"图层"面板中该图层的缩览图以将其激活。

例如，图 3.28 所示为由五个图层组成的图像及对应的"图层"面板，希望通过使用蒙版得到如图 3.29 所示的效果，很显然目前由于蒙版的效果不理想，因此未得到目标效果，在这种情况下，可以按下面的步骤操作得到所需要的图像效果。

图 3.28　不理想的图像效果及"图层"面板

图 3.29　目标图像效果

1）打开本书配套课程网站中的资源文件"第 3 章 \3.3.3- 素材.psd"，单击"图层"面板中的"图层 3"的蒙版缩览图，以将其激活。

2）选择"画笔工具"，设置画笔大小为 200 像素，不透明度数值设置为 80%。

3）确认操作于图层蒙版中，将前景色设置为黑色，在"图层 3"的蒙版中进行涂抹，得到目标图像效果。

4）此时的图像效果如图 3.30 所示，图层蒙版效果如图 3.31 所示，"图层"面板如图 3.32 所示。

图 3.30
图像效果

笔 记

图 3.31
蒙版效果

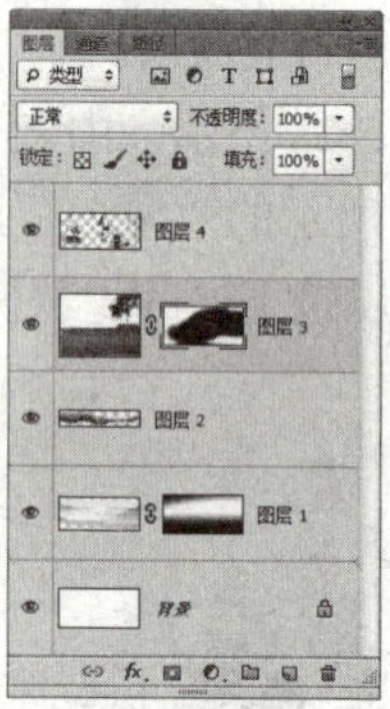

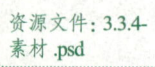

图 3.32
"图层"面板

除了使用"画笔工具" 操作外，还可以使用填充操作、"渐变工具" ，以及滤镜命令对图层蒙版进行操作，从而达到屏蔽不需要的图像区域，只显示需要的图像区域的目的。

3.3.4 应用与删除图层蒙版

1. 应用图层蒙版

应用图层蒙版效果可以减小图像文件。图 3.33 所示为应用图层蒙版前的图像与其"图层"面板，图 3.34 所示为应用图层蒙版后的图像与其"图层"面板。

资源文件：3.3.4-素材 .psd

图 3.33
应用图层蒙版前的图像与"图层"面板

图 3.34
应用图层蒙版后的图像与其"图层"面板

可以看出，在应用蒙版后"图层 1"蒙版中黑色所对应的区域被删除，而白色所对应的区域则被保留下来。

要应用图层蒙版,可以按以下两种方法中的一种操作。

- 激活图层蒙版缩览图,单击"图层"面板下方的"删除图层"按钮 ,在弹出的如图 3.35 所示的对话框中单击"应用"按钮。

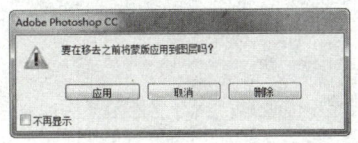

- 选择"图层"|"图层蒙版"|"应用"命令。

2. 删除图层蒙版

要删除图层蒙版,可以按以下两种方法中的一种操作。

图 3.35
应用蒙版提示框

- 激活图层蒙版缩览图,单击"图层"面板下方的"删除图层"按钮 ,在弹出的对话框中单击"删除"按钮。

- 选择"图层"|"图层蒙版"|"删除"命令。

3.3.5 查看与屏蔽图层蒙版

1. 查看图层蒙版

在通常情况下,图层蒙版的效果图不会显示在图像中,但通过按住【Alt】键单击图层蒙版缩览图的操作,则可以在图像中显示蒙版,在此状态下可以更加直观地对蒙版进行编辑操作。如果要恢复图像显示状态,再次按住【Alt】键单击图层蒙版缩览图即可。

图 3.36 所示为原图像及对应的"图层"面板,图 3.37 所示为按上述方法对"图层 1"操作后显示的图层蒙版。

 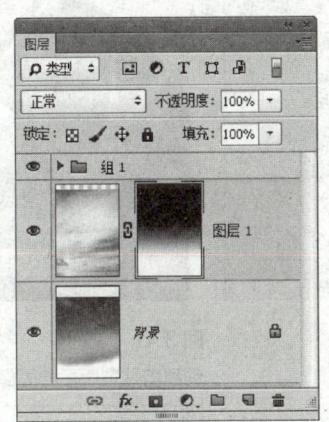 

图 3.36
原图像及对应的"图层"面板

图 3.37
"图层 1"蒙版中的状态

2. 屏蔽图层蒙版

在图层蒙版存在的状态下,只能观察到未被图层蒙版隐藏的部分图像,因此不利于对图像进行编辑。在此情况下,可以执行下面的操作之一,完成停用 / 启用图层蒙版的操作:

- 在"属性"面板中单击底部的停用 / 启用蒙版图标 即可,此时该图层蒙版缩览图中将出现一个红色的"×",如图 3.38 所示;再次单击该图标即可重新启用蒙版。

- 按住【Shift】键单击图层蒙版缩览图,暂时停用图层蒙版效果,如图 3.39 所示;再次按住【Shift】键单击图层蒙版缩览图,即可重新启用蒙版效果。

笔记

微视频：剪贴蒙版

资源文件：
3.4.psd；
3.4-素材.psd

图 3.38
"属性"面板显示状态

图 3.39
屏蔽蒙版后的图层效果及
"图层"面板显示状态

3.4 剪贴蒙版

剪贴蒙版是一种常用的混合文字、形状及图像的方法，剪贴图层通过使用处于下方图层的形状来限制上方图层的显示状态这样一种技术来创造混合的效果。图 3.40 所示为创建剪贴蒙版前的图层效果及"图层"面板，图 3.41 是创建剪贴蒙版后的图像效果及"图层"面板。

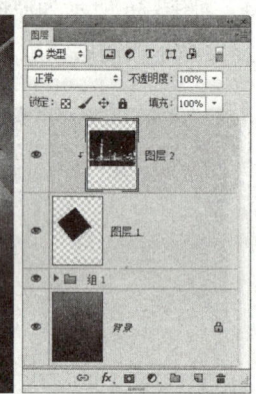

图 3.40
创建剪贴蒙版前的图像及面板

图 3.41
创建剪贴蒙版后的图像及面板

可以看出，建立剪贴蒙版后，处于上方的"图层 2"中的图像所显示的区域受到处于下方的图层的限制，从而得到了较好的图像混合效果；从面板上看上方图层的缩览图被缩进，这与普通图层明显不同。在 Photoshop 中将处于下方用于限制上层图像显示区域的图层称为"基层"，处于上方的图层称为"内容层"。

> **提 示**
>
> 用于创建剪贴蒙版的图层必须相邻。

如果要取消剪贴蒙版，可在剪贴蒙版中选择基层，然后选择"图层"|"释放剪贴蒙版"命令或按【Ctrl+Shift+G】键。

3.5 图层组及其相关操作

顾名思义，图层组是一组图层的总称，其功能类似于文件夹。使用图层组可以在最大限度上充分利用"图层"面板的空间，使用户更加容易地对图层进行控制。

对图层组进行复制、删除操作，可以实现对图层组中所有图层的复制、删除操作，这一点也类似于对文件夹进行的复制、移动、删除操作。

除此之外通过控制图层组的透明、移动、编辑、锁定等属性，可以实现对图层组中所有图层相关属性的控制。

3.5.1 新建图层组

创建一个新的图层组，可以执行以下操作之一：

- 选择"图层"|"新建"|"组"命令或从"图层"面板下拉菜单中选择"新建组"命令，弹出如图 3.42 所示的对话框。在对话框中可以设置新图层组的"名称""颜色""模式"及"不透明度"选项，设置完选项后单击"确定"按钮，即可创建新图层组。

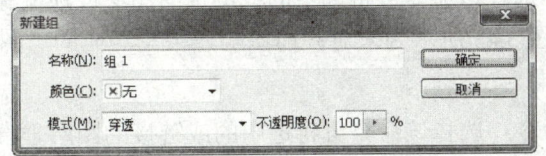

图 3.42
"新建组"对话框

- 如果单击"图层"面板下面的创建新组按钮，可以创建默认选项的图层组。
- 如果要将当前存在的图层合并至一个图层组，可以将这些图层选中，然后在"图层"面板下拉菜单中选择"从图层新建组"命令，在弹出的"从图层新建组"对话框中单击"确定"按钮即可。

> **提 示**
> 更为快捷的方法是选中要成组的图层后，直接按【Ctrl+G】键。

3.5.2 复制图层组

通过复制图层组，可以复制图层组中的所有图层，从而起到备份的作用；而通过删除图层组则可以删除图层组中的所有图层。

复制图层组的操作如下：

- 在图层组被选中的情况下，选择"图层"|"复制组"命令，或选择"图层"面板弹出菜单中的"复制组"命令，即可复制当前图层组。
- 也可将图层组拖至"图层"面板底部的创建新图层按钮上，待高光显示线出现时释放鼠标左键，即可复制该图层组。复制图层组后，图层组中的所有图层都被复制。

3.5.3 删除图层组

通过删除图层组可以删除当前图层组中的所有图层。要完成此任务可以执行以下操作之一：

- 可将目标图层组拖移至"图层"面板下面的删除图层按钮 🗑 上，待高光显示线出现时释放鼠标左键即可。
- 也可在目标图层组被选中的情况下选择"图层"面板弹出菜单中的"删除组"命令，在弹出的提示框中单击"仅组"按钮，即可删除图层组；如果单击"组合内容"按钮，将删除图层组及其中的所有图层。

3.6 对齐选中的或链接的图层

3.6.1 与图层对齐

选择"图层"|"对齐"命令下的子菜单命令，可以将所有选中的图层或处于链接状态图层与当前操作图层相互对齐，对齐的依据上各个图层中的图像位置。

- "顶边"命令：选择该命令可将选中的或链接的图层最顶端像素与当前图层的最顶端像素对齐，图 3.43 所示为未对齐前图层效果及对应的"图层"面板，图 3.44 所示为对齐后效果。
- "垂直居中"命令：选择该命令可将选中的或链接的图层垂直方向的中心像素与当前图层垂直方向中心的像素对齐。
- "底边"命令：选择该命令可将选中的或链接的图层的最底端的像素与当前图层的最底端的像素对齐。
- "左边"命令：选择该命令可将选中的或链接的图层的最左端的像素与当前图层的最左端的像素对齐，如图 3.45 所示。
- "水平居中"命令：选择该命令可将选中的或链接的图层的水平方向的中心像素与当前图层的水平方向的中心像素对齐。
- "右边"命令：选择该命令可将选中的或链接的图层的最右端的像素与当前图层的最右端的像素对齐。

图 3.43
原图像及"图层"面板

图 3.44
顶对齐效果

图 3.45
左对齐效果

3.6.2 与选区对齐

如果在当前图像中存在选区，则"图层"|"对齐"命令将转换为"图层"|"将图层与选区对齐"命令，分别选择各子菜单命令即可使各选中的或链接的图层与选区对齐。

3.6.3 对齐快捷操作

除了可以使用"图层"|"对齐"命令、"图层"|"将图层与选区对齐"命令下的各子菜单命令进行对齐操作外，还可以在选中移动工具的情况下，利用如图 3.46 所示的工具选项栏中的各个按钮对各选中的或链接的图层进行对齐操作。

图 3.46 对齐操作工具选项栏

选择按钮可实现"顶对齐"操作，选择按钮可实现"垂直居中对齐"操作，选择按钮可实现"底对齐"操作。

从左至右选择中的一个按钮，则分别可以实现"左对齐""水平居中对齐""右对齐"三种对齐效果。

3.7 分布选中的或链接的图层

3.7.1 根据图层进行分布

选择"图层"|"分布"命令下的子菜单命令，可以平均分布选中的或链接的图层，其子菜单命令如下：

- "顶边"命令：选择该命令则从每个图层的顶端像素开始，以平均间隔分布选中/链接的图层，图 3.47 所示为原图像及执行"顶边"分布操作后的效果。

图 3.47 原图像及执行"顶边"命令后效果

- "垂直居中"命令：选择该命令则从图层的垂直居中像素开始，以平均间隔分布选中/链接图层。
- "底边"命令：选择该命令则从每个图层的底部像素开始，以平均间隔分布选中/链接图层。

- "左边"命令：选择该命令则从每个图层的最左边像素开始，以平均间隔分布选中/链接的图层，图 3.48 所示为原图像及执行"左边"命令后效果。
- "水平居中"命令：选择该命令则从每个图层的水平中心像素开始，以平均间隔分布选中/链接图层。
- "右边"命令：选择该命令则从每个图层最右边像素开始，以平均间隔分布选中/链接图层。

（a）原图像　　　　　　　　　　（b）执行"左边"命令后的效果

图 3.48　原图像及执行"左边"命令后效果

3.7.2　分布快捷操作

可以在移动工具被选中的情况下，利用工具选项栏进行操作。

其中从左至右选择 中的按钮，分别可实现"按顶分布""垂直居中分布""按底分布"三种分布。

从左至右选择 中的按钮，可实现"按左分布""水平居中分布""按右分布"三种分布效果。

3.8　合并图层

合并图层的操作实质是使分布在若干个图层上的图像叠合于一个图层中，要进行这样操作前提是保持这些图层无需再进行修改。

3.8.1　合并选中图层

将需要合并的图层全部选中，然后按【Ctrl+E】键或选择"图层"|"合并图层"命令可以合并这些选中的图层。

3.8.2　合并可见图层

如要一次性合并图像中所有可见图层，需确保所有需要合并的图层可见并且没有链接任何图层，然后选择"图层"|"合并可见图层"命令或从"图层"面板弹出菜单中选择"合并可见图层"命令。

3.8.3 拼合图像

合并所有图层是指合并"图层"面板中所有未隐藏的图层。要执行这项操作,可以执行"图层"|"拼合图像"命令,或者在"图层"面板弹出菜单中选择"拼合图像"命令。

如果"图层"面板中含有隐藏的图层,执行此操作时,将会弹出如图 3.49 所示的提示对话框,如果单击"确定"按钮,则 Photoshop 会拼合图层,然后删除隐藏的图层。

图 3.49
提示框对话框

3.9 图层样式详解

图层样式是 Photoshop 中最容易出效果的一个功能,使用此功能可以轻松得到投影、外发光、内发光、浮雕等多种效果。Photoshop 提供了 10 种图层样式效果,将这些图层样式组合起来并配合改变不同图层样式的参数可以得到丰富多彩的效果。

图 3.50 所示为原图像及为图像添加图层样式后的效果。

(a)原图像

(b)应用图层样式后的效果

图 3.50
原图像及应用图层样式后的效果

3.9.1 图层样式共性

Photoshop 的各类图层样式集成在一个对话框中,这些图层样式具有很多共性,通常学习并掌握这些共性能够举一反三掌握其他图层样式的使用或操作方法。

下面将以"斜面和浮雕"图层样式为例,讲解图层样式对话框中的参数分布。选择"图层"|"图层样式"|"斜面和浮雕"命令或单击"图层"面板底部的添加图层样式按钮 fx.,在下拉菜单中选择"斜面和浮雕"命令,弹出如图 3.51 所示的"图层样式"对话框,下面将通过讲解此图层样式展示各种图层样式的共性。

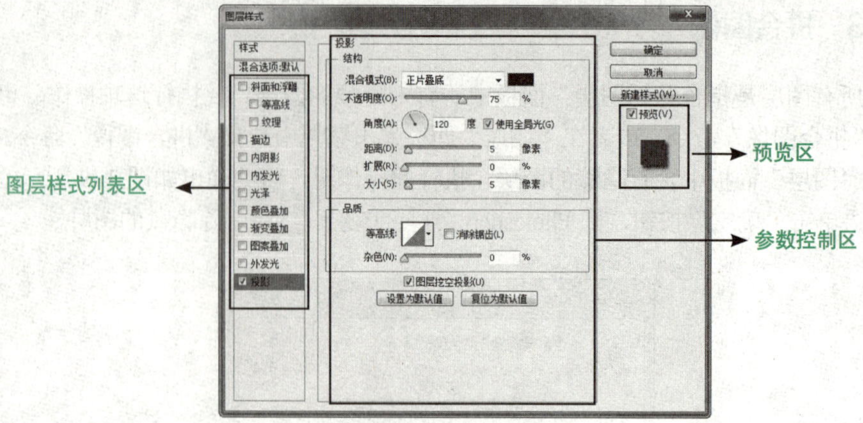

图 3.51
图层样式对话框

可以看出"图层样式"对话框在结构上分为三个区域：

- 图层样式列表区：在该区域中列出了所有的图层样式，如果要同时应用多个图层样式，只需选中图层样式名称左侧的选项即可，如果要对某个图层样式的参数进行编辑，直接单击该图层样式的名称即可在对话框中间的参数控制区域显示出其参数。
- 参数控制区：在选择不同图层样式的情况下，该区域会即时显示出与之对应的参数选项。
- 预览区：在该区域中可以预览当前所设置的所有图层样式叠加在一起时的效果。

3.9.2 各图层样式详解

下面分别对 Photoshop 中的各个图层样式进行讲解。

1. "斜面和浮雕"图层样式

使用"斜面和浮雕"图层样式，可以通过为图像添加高光及暗调，从而创建具有立体感的图像效果，在实际工作中该样式使用非常频繁，图 3.52 所示为"斜面和浮雕"对话框。

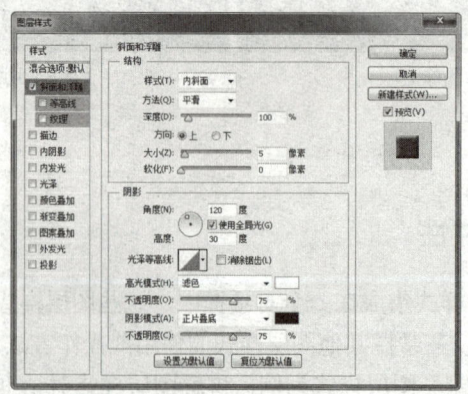

图 3.52
"斜面和浮雕"对话框

"斜面和浮雕"对话框中的重要参数解释如下：

- 样式：选择"样式"中各选项，可以设置效果的样式。在此分别可以选择"外斜面""内斜面""浮雕效果""枕状浮雕""描边浮雕"五种效果。

> **提　示**
>
> 仅当图像具有"描边"图层样式时"描边浮雕"才有效果。

- 方法：在此下拉列表框中可以选择"平滑""雕刻清晰""雕刻柔和"三种创建"斜面和浮雕"效果的方法，其效果分别如图3.53所示。

（a）"平滑"效果

（b）"雕刻清晰"效果

（c）"雕刻柔和"效果

图3.53
三种创建"斜面和浮雕"效果的方法

- 深度：此参数值控制"斜面和浮雕"效果的深度，数值越大则效果越明显。
- 方向：在此可以选择"斜面和浮雕"效果的视觉方向，通过选择"上"或"下"复选框可以使斜面和浮雕效果上的高光反方向呈现，图3.54所示为选择"上"复选框所得效果，图3.55所示为选择"下"复选框所得效果。

图3.54
选择"上"复选框所得效果

图3.55
选择"下"复选框所得效果

- 大小：此参数控制"斜面和浮雕"效果亮部区域与暗部区域的大小，数值越大则亮部区域与暗部区域所占图像的比例也越大。
- 软化：此参数控制"斜面和浮雕"效果亮部区域与暗部区域的柔和程度，数值越大则亮部区域与暗部区域越柔和。
- 角度：在此拨动角度轮盘的指针或输入数值，可以定义斜面和浮雕的方向。
- 使用全局光：选中该选项的情况下，如果改变任意一种图层样式的"角度"数值，将会同时改变所有图层样式的角度；如果需要为不同的图层样式设置不同的"角度"数值，则取消此选项。

- 高光模式、阴影模式：在两个下拉列表框中，可以为形成"斜面和浮雕"效果的高光与阴影部分选择不同的混合模式，从而得到不同的效果。如果分别单击左侧颜色块，还可以在弹出的拾色器中为高光与阴影部分选择不同的颜色。
- 光泽等高线：使用等高线可以定义图层样式效果的外观。单击此"下拉列表框"图标，将弹出"曲线"列表选择面板，在对话框中可选数种 Photoshop 默认的曲线类型。

在设计中此图层样式常被用来为图像添加立体感觉，图 3.56 所示为添加此图层样式前的图像，图 3.57 所示为添加此图层样式后的效果，可以看出，添加此图层后，在视觉上丰富了很多。

图 3.56
添加"斜面和浮雕"图层样式前的效果

图 3.57
添加"斜面和浮雕"后的效果

> **提 示**
> 由于下面讲解的各图层样式所弹出的对话框与"斜面和浮雕"对话框中的参数类似，故对于其他图层样式对话框中相同的选项这里不再重复讲解。

2. "描边"图层样式

使用"描边"图层样式，可以用颜色、渐变或图案三种方式为当前图层中不透明像素描画轮廓，对于具有锐利边缘（如文字类）的图层而言其效果非常显著，其对话框如图 3.58 所示。

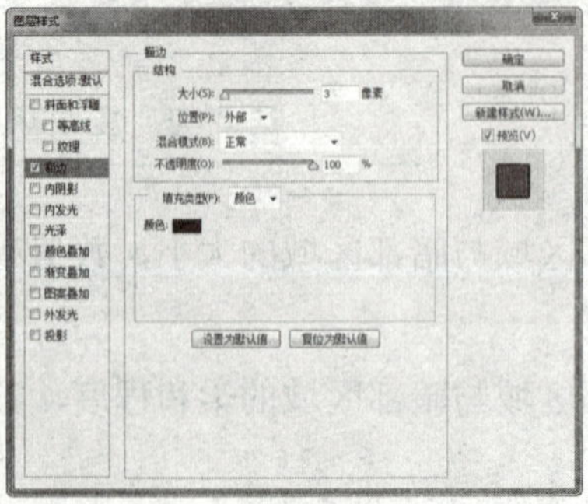

"描边样式"对话框中的重要参数解释如下所述：

- 大小：此参数用于控制"描边"的宽度，数值越大则生成的描边宽度越大。
- 位置：在此下拉列表框中，可以选择"外部""内部""居中"三种位置。选择"外部"选项，描边的线条完全处于图像的外部；选择"内部"选项，描边的线条完全处于图像的内部；选择"居中"选项，描边的线条一半处于图像的外部，一半处于图像内部。

图 3.58
"描边样式"对话框

- 混合模式：在此下拉列表中，可以为描边选择不同的"混合模式"，从而得到不同的效果。
- 不透明度：在此可以输入数值定义描边的不透明度，数值越大则描边效果越浓，反之越淡。
- 填充类型：在下拉表框中可设置"描边"类型，其中有"颜色""渐变"及"图案"三个选项。
- 颜色：单击右侧颜色块并在弹出的"拾色器"对话框中选择颜色，可以将此颜色指定为描边颜色。

图 3.59 所示为原图像及设置不同的填充类型时得到的描边效果。

（a）原图像

（b）单色描边效果

（c）渐变描边效果

（d）图案描边效果

图 3.59
"描边"图层样式实例

3. "内阴影"图层样式

使用"内阴影"图层样式，可以为非"背景"图层中的图像添加位于图像非透明区域内的阴影效果，使图像具有凹陷效果，其对话框如图 3.60 所示。

"内阴影"对话框中的重要参数解释如下：

- 距离：在此拨动滑块条上的滑块或输入数值，可以定义"内阴影"的投射距离。数值越大则"内阴影"在视觉上距投射阴影的对象越远，其三维空间的效果就越好，反之则"内阴影"越贴近投射阴影的对象。
- 等高线：使用等高线可以定义图层样式效果的外观，单击此"下拉列表"按钮，将弹出如图 3.61 所示的"等高线"列表，可在该列表中选择等高线的类型，在

> 笔记

默认情况下 Photoshop 自动选择线性等高线。

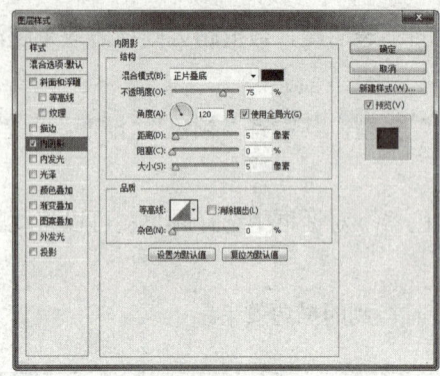

图 3.60
"内阴影"对话框

图 3.61
"等高线"列表

图 3.62 所示为在其他参数与选项不变的情况下，选择两种不同的等高线得到的效果。

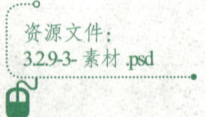

资源文件：
3.2.9-3-素材.psd

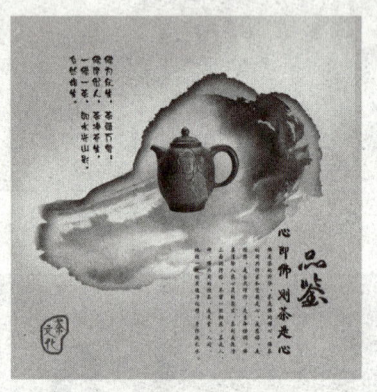 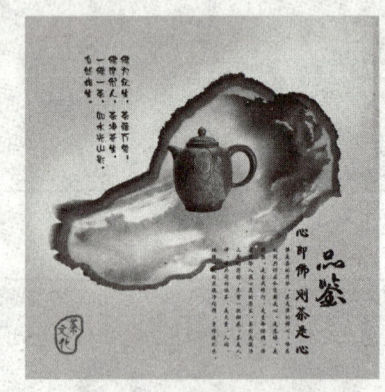

图 3.62
两种不同的等高线效果

- 消除锯齿：选择此选项，可以使应用等高线后的"内阴影"更细腻。
- 杂色：选择此选项，可以为"内阴影"增加杂色，效果如图 3.63 所示。

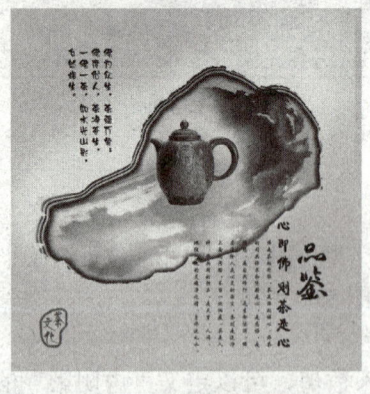 

图 3.63
增加杂色前后对比效果

4. "内发光"图层样式

使用"内发光"图层样式，可以为图像增加发光效果，图 3.64 所示为原图像，图 3.65 所示是将"内发光"类型设置为"渐变"时的效果。

图 3.64　　　　　　　　　　　　　　图 3.65
原图像　　　　　　　　　　　　　　设置渐变发光时的效果

图 3.66 所示为将"内发光"类型设置为"单色"的情况下，设置不同的等高线时得到的效果。

图 3.66
设置单色发光时不同等高线的不同效果

5. "光泽"图层样式

"光泽"图层样式通常用于为图像添加光滑的磨光或金属效果，图 3.67 所示为原图像，图 3.68 所示为应用"光泽"后的效果。

图 3.67　　　　　　　　　　　　　　图 3.68
原图像　　　　　　　　　　　　　　应用"光泽"后的效果

> **提　示**
>
> 此图层样式的使用关键点在于等高线的类型及参数大小。

6. "颜色叠加"图层样式

选择"颜色叠加"样式可以为图层叠加某种颜色。在对话框中只需单击"混合模式"右侧的色块,在弹出的"拾色器"对话框中选择一种颜色,并设置所需的混合模式及不透明度即可。

7. "渐变叠加"图层样式

使用"渐变叠加"图层样式,可以为图层叠加渐变效果,其对话框如图 3.69 所示。
"渐变叠加"对话框中的重要参数解释如下:

- 样式:在此下拉列表框中可以选择"线性""径向""角度""对称的""菱形"五种渐变类型。
- 与图层对齐:在此复选框被选中的情况下,渐变由图层中最左侧的像素应用至最右侧的像素。
- 渐变:在此单击"下拉列表"按钮,可以在弹出的"渐变编辑器"中选择渐变的效果。

图 3.70 所示为原图像,图 3.71 所示为添加"渐变叠加"图层样式后的效果。

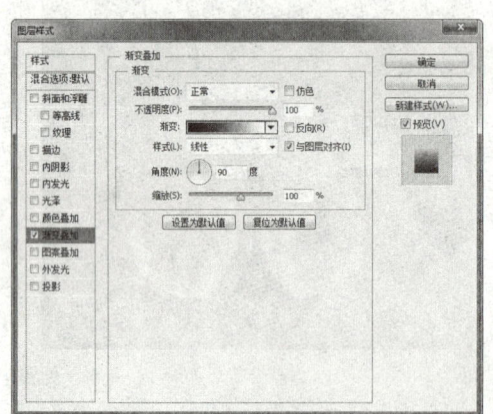

图 3.69
"渐变叠加"对话框

图 3.70
原图像

8. "图案叠加"图层样式

使用"图案叠加"图层样式,可以在图层上叠加图案,其对话框及操作方法与"颜色叠加"样式相似。图 3.72 所示即为"图案叠加"图层样式对话框。

图 3.71
添加"渐变叠加"图层样式后的效果

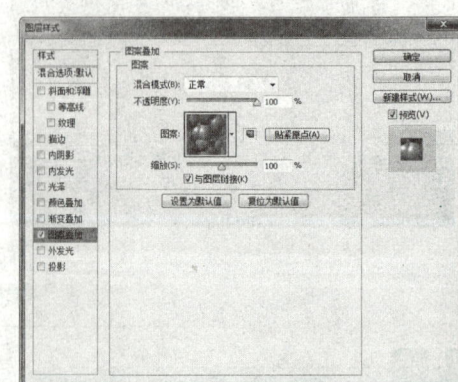

图 3.72
"图案叠加"对话框

图 3.73 所示为在"图案"下拉列表框中选择不同的图案时得到的不同效果。

资源文件：
3.9.2-8- 素材 .psd

图 3.73
选择不同的图案得到不同的图案叠加效果

9. "外发光"图层样式

使用"外发光"图层样式，可为图像增加外发光效果，其对话框如图 3.74 所示。在此对话框中可以通过设置得到两种不同的发光方式，即纯色光、渐变光。

如果要得到渐变式发光效果，需要在对话框中选择渐变类型的下拉列表，并在弹出的渐变类型面板中选择一种渐变，图 3.75 所示为原图像，图 3.76 所示为纯色外发光效果，图 3.77 所示为渐变式发光效果。

笔 记

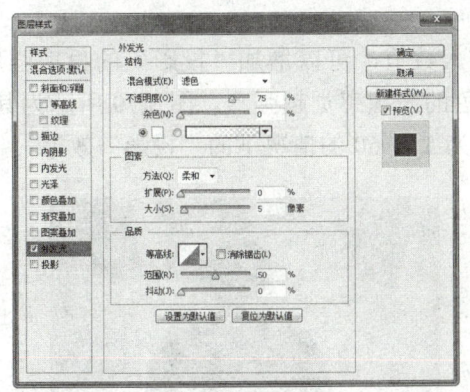 

图 3.74　　　　　　　　　　　　　　　　　图 3.75
"外发光"图层样式对话框　　　　　　　　　　原图像

图 3.76　　　　　　　　　　　　　　　　　图 3.77
纯色外发光效果　　　　　　　　　　　　　　渐变式外发光效果

资源文件：
3.9.2-10-素材.psd

笔记

10. "投影"图层样式

使用"投影"图层样式可以为图像添加阴影效果，图 3.78 所示为原图像及添加该图层样式后的效果。

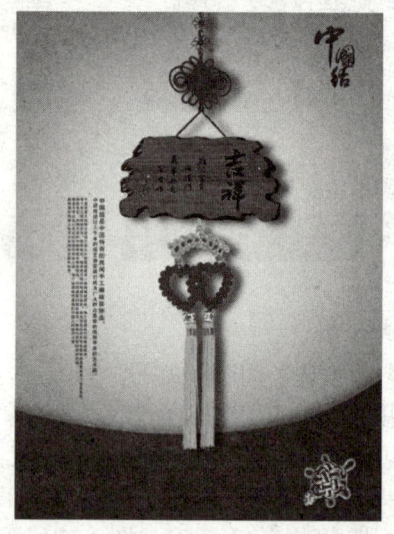

图 3.78
原图像及设置"投影"图层样式后的效果

"投影"图层样式对话框中各参数含义如下：

- 扩展：在此拨动滑块条上的滑块或输入数值，可以增加"投影"的投射强度，数值越大则"投影"的强度越大，颜色的淤积感觉越强烈。图 3.79 所示为其他参数值不变的情况下，"扩展"值分别为 5 与 50 的情况下的"投影"效果。

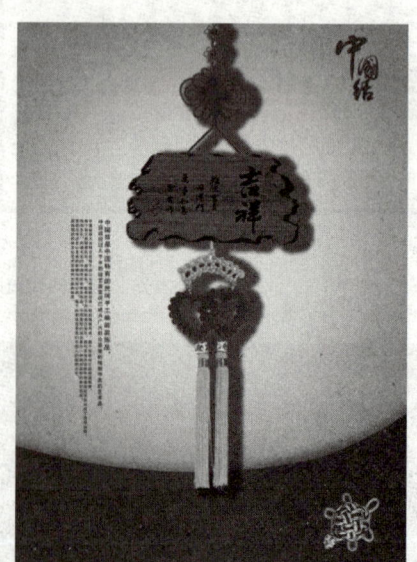

（a）"扩展"值为 5　　　（b）"扩展"值为 50

图 3.79
"扩展"值为 5 和 50 时的效果对比的投影效果

- 大小：此参数控制"投影"的柔化程度大小，数值越大，"投影"的柔化效果则越明显，反之则越清晰。图 3.80 所示为其他参数值不变的情况下，"大小"值分别为 4 与 40 两种数值的情况下的"投影"效果。

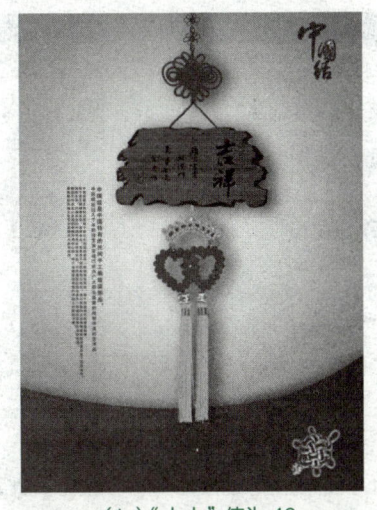

(a)"大小"值为4　　　　　　　(b)"大小"值为40

图 3.80
"大小"值为 4 和 40 的对比效果

3.9.3 显示或隐藏图层样式

要显示或隐藏图层样式可以按下述的方法操作：
- 要显示或隐藏某一种或某几种图层样式，只需单击该图层样式名称左侧的图标 ，使其消失。
- 要隐藏或显示全部图层样式，选择"图层"|"图层样式"|"隐藏所有效果"或"显示所有效果"命令。也可以单击"图层"面板中该图层下方的"效果"左侧的图标 ，使其消失。

3.9.4 复制、粘贴图层样式

通过复制与粘贴图层样式操作，可以减少重复性操作，其操作步骤如下：
1）在"图层"面板中选择包含要复制的图层样式的源图层。
2）选择"图层"|"图层样式"|"复制图层样式"命令。
3）在"图层"面板中分别选择目标图层。
4）选择"图层"|"图层样式"|"粘贴图层样式"命令。

要将图层样式粘贴到多个图层，可以按下面的步骤操作：
1）在"图层"面板中链接需要得到图层样式的多个图层。
2）在"图层"面板中选择包含要复制的图层样式的源图层，选择"图层"|"图层样式"|"复制图层样式"命令。
3）在"图层"面板中选择步骤1）链接图层中的任意一个图层，选择"图层"|"图层样式"|"粘贴图层样式"命令。

除使用上面的方法外，还可以直接拖动图层样式以进行复制操作，只需将光标放在图 3.81 所示的"图层"面板中小手图标所在的位置，然后按住【Alt】键向其他图层拖动，即可完成复制图层样式的操作。如果在操作时没有按住【Alt】键，则直接将一个图层的图层样式转换到另一个图层中。图 3.82 所示为按住【Alt】键的操作结果，而图 3.83 所示为没有按住【Alt】键的操作结果。

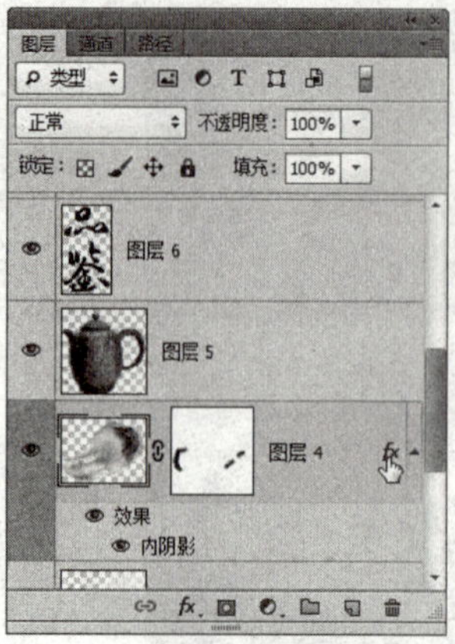

图 3.81
将光标放在小手图标所指示的位置

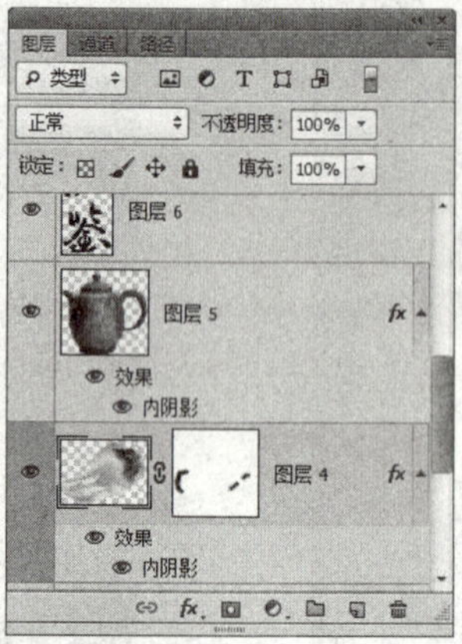

图 3.82
按住【Alt】键

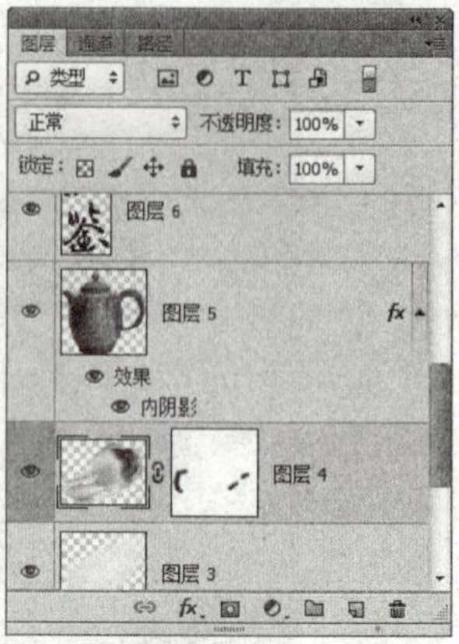

图 3.83
没有按住【Alt】键

3.9.5 缩放图层样式

选择"图层"|"图层样式"|"缩放效果"命令,弹出如图 3.84 所示的对话框,在"缩放"数值框中输入数值或拖移滑块,可设置图层样式缩放的比例。

在操作过程中可以选中"预览"选项,在调节参数的同时观看图像的预览效果,满意后单击"确定"按钮退出对话框即可。例如,图 3.85 所示为原图像,图 3.86 所示是分别将样式缩放为 50% 和 25% 后的效果。

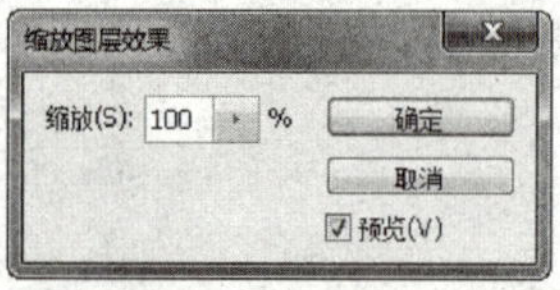

图 3.84
"缩放图层效果"对话框

图 3.85
原图像

图 3.86
分别将样式缩放为 50% 和 25% 后的局部效果

(a)样式缩放为 50%

(b)样式缩放为 25%

3.9.6 删除图层样式

要删除图层样式可以按下述的方法操作：

- 要删除某一图层样式，只需在"图层"面板中将其选中，然后拖至"图层"面板"删除图层"按钮 🗑 上即可。
- 也可以双击包含要删除图层样式的图层名称或图层缩览图，在"图层样式"对话框中，取消图层样式名称左侧复选框的选择状态。
- 要一次性删除应用于图层的所有图层样式效果，可以在"图层"面板中选中图层名称下的"效果"，将其拖到"删除图层"按钮 🗑 上，如图 3.87 所示。

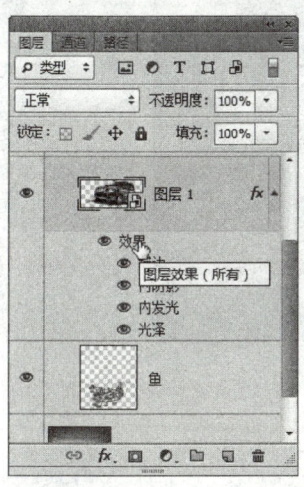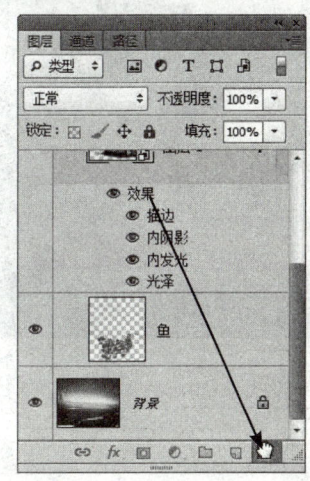

图 3.87
删除图层样式示例

3.10 图层混合模式

在 Photoshop 中混合模式的应用非常广泛，画笔、铅笔、渐变、图章等工具中均有使用，但其意义基本相同，因此如果掌握了图层的混合模式，则不难掌握其他位置所出现的混合模式选项。

图层的混合模式用于控制上下图层中图像的混合效果，在设置混合模式的同时通常还需要调节图层的不透明度，以使其效果更加理想。

在使用 Photoshop 进行图像合成时，图层混合模式是使用最为频繁的一种技术，例如，图 3.88 所示的几幅图像都大量地使用了不同的图层混合模式。

图层混合模式的使用方法非常简单，只需要将不同的图层按一定的顺序排列好，选择要设置混合模式的图层，单击"图层"面板中的"正常"按钮 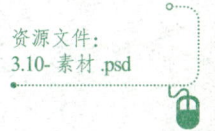，在弹出的有 27 种混合模式的下拉列表中选择合适的混合模式即可。

资源文件：
3.10-素材.psd

混合模式的下拉列表中选项的具体含义如下：

- 正常：选择该选项，上方图层完全遮盖下方图层。
- 溶解：如果上方图像具有柔和的半透明边缘，则选择该选项可创建像素点状效果。

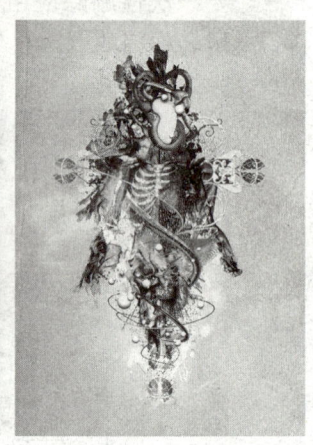

图 3.88
使用混合模式进行合成的图像

- 变暗：选择此选项，将以上方图层中较暗像素代替下方图层中与之相对应的较亮像素，且以下方图层中的较暗区域代替上方图层中的较亮区域，因此叠加后整体图像呈暗色调。
- 正片叠底：选择此选项，整体效果显示则由上方图层及下方图层的像素值中较暗的像素合成的图像效果。
- 颜色加深：此选项通常用于创建非常暗的阴影效果。
- 线性加深：此选项察看每一个颜色通道的颜色信息，加暗所有通道的基色，并通过提高其他颜色的亮度来反映混合颜色，此模式对于白色无效。
- 深色：选择此模式，可以依据图像的饱和度，用当前图层中的颜色，直接覆盖下方图层中的暗调区域颜色。
- 变亮：此模式与变暗模式相反，Photoshop 以上方图层中较亮像素代替下方图层中与之相对应的较暗像素，且以下方图层中的较亮区域代替上方图层中的较暗区域，因此叠加后整体图像呈亮色调。
- 滤色：此选项与正片叠底相反，在整体效果上显示由上方图层及下方图层的像素值中较亮的像素合成图像效果，通常能够得到一种漂白图像中的颜色效果。
- 颜色减淡：选择此选项可以生成非常亮的合成效果，其原理为上方图层的像素值与下方图层的像素值采取一定的算法相加，此选项通常被用来创建光源中心点极亮的效果。
- 线性减淡（添加）：此选项察看每一个颜色通道的颜色信息，加亮所有通道的基色，并通过降低其他颜色的亮度来反映混合颜色，此模式对于黑色无效。
- 浅色：与"深色"模式刚好相反，选择此模式，可以依据图像的饱和度，用当前图层中的颜色，直接覆盖下方图层中的高光区域颜色。
- 叠加：选择此选项，图像最终的效果取决于下方图层。但上方图层的明暗对比效果也将直接影响到整体效果，叠加后下方图层的亮度区与阴影区仍被保留。
- 柔光：使颜色变亮或变暗，具体取决于混合色。如果上方图层的像素比 50% 灰色亮，则图像变亮；反之，则图像变暗。
- 强光：选择此选项所产生的叠加效果与柔光类似，但其加亮与变暗的程度较柔光模式大许多。
- 亮光：如果混合色比 50％灰度亮，图像通过降低对比度来加亮图像，反之通过提高对比度来使图像变暗。
- 线性光：如果混合色比 50％灰度亮，图像通过提高对比度来加亮图像，反之通过降低对比度来使图像变暗。
- 点光：选择此选项则通过置换颜色像素来混合图像，如果混合色比 50％灰度亮，比源图像暗的像素会被置换，而比源图像亮的像素无变化；反之，比源图像亮的像素会被置换，而比源图像暗的像素无变化。
- 实色混合：选择此选项可创建一种具有较硬的边缘的图像效果，类似于多块实色相混合。
- 差值：选择此选项可从上方图层中减去下方图层相应处像素的颜色值，此模式通常使图像变暗并取得反相效果。
- 排除：选择此选项可创建一种与差值模式相似但对比度较低的效果。
- 减去：使用此混合模式，可以使用上方图层中亮调的图像隐藏下方的内容。
- 划分：使用此混合模式，可以在上方图层中加上下方图层相应处像素的颜色值，通常用于使图像变亮。
- 色相：选择此选项，则最终图像的像素值由下方图层亮度与饱和度值及上方图层的色相值构成。
- 饱和度：选择此选项，则最终图像的像素值由下方图层亮度和色相值及上方图层的饱和度值构成。
- 颜色：选择此选项，则最终图像的像素值由下方图层的亮度及上方图层的色相和饱和度值构成。
- 明度：选择此选项，则最终图像的像素值由下方图的色相和饱和度值及上方图层的明度构成。

以图 3.89 所示的素材图像为例，当两幅图像分别以上述混合模式相互叠加后，将得到不同的效果，读者可以打开本书配套课程网站中的资源文件"第 3 章\3.10-素材.psd"，逐个进行试验，以观察其效果。

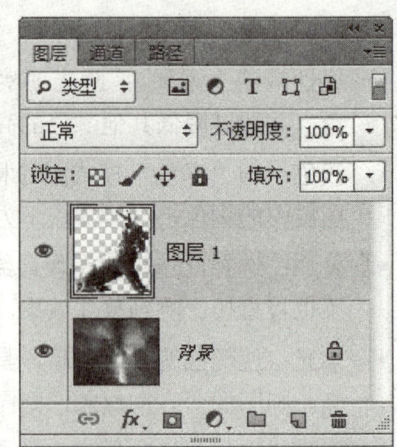

图 3.89
混合模式实例

3.11 变换图像

在 Photoshop 中可以对图像、选区、选区中的图像及路径进行变换操作，虽然在选择不同对象的情况下，但其变换操作的本质是完全相同的。

本节就将以变换图像为例，讲解各种变换对象的操作方法。

首先，了解变换不同对象时需要选择的命令：

- 如果变换对象为图像，或处于被选区选中的状态，则按【Ctrl+T】键或选择"编辑"|"自由变换"命令，或直接选择"编辑"|"变换"子菜单中的各个变换命令。
- 如果变换对象为选区，则选择"选择"|"变换选区"命令。在调出选区变换控制框后，可在"编辑"|"变换"子菜单中选择"缩放"或"旋转"等其他变换命令。
- 如果变换对象为路径，则按【Ctrl+T】键或选择"编辑"|"自由变换路径"命令，或直接选择"编辑"|"变换路径"子菜单中的各个变换命令。

虽然操作的对象不同，但调出的变换控制框状态是完全相同的，例如图 3.90 所示是操作对象为图像的情况下调出的自由变换控制框。

图 3.90
图调出变换控制框

变换控制框各组件的解释如下：
- 控制句柄：在变换控制框周围共包括了 8 个这样的控制句柄，当选择命令或搭配合适的快捷键时，拖动这些控制句柄即可制作得到多种变换及扭曲效果。
- 控制中心点：此中心点的位置决定了对象的缩放或旋转时的中轴。

3.11.1 缩放

缩放图像的操作方法如下：

1）打开本书配套课程网站中的资源文件"第 3 章\3.11.1-素材 .psd"，执行"编辑"|"变换"|"缩放"命令或者按【Ctrl+T】键。

2）将鼠标指针放置在自由变换控制框的控制句柄上，当鼠标指针变为双箭头↔形状时拖动鼠标，即可改变图像的大小。其中，拖动左侧或者右侧的控制句柄，可以在水平方向改变图像的大小；拖动上方或者下方的控制句柄，可以在垂直方向上改变图像的大小；拖动拐角处控制句柄，可以同时在水平或者垂直方向改变图像的大小。

3）得到需要的效果后释放鼠标，并双击变换控制框以确认缩放操作。

如图 3.91 所示为原图像，如图 3.92 所示为缩小图像后的效果。

图 3.91　原图像　　　　　图 3.92　缩小图像后的效果

> 提示
> 在拖动控制句柄时，尝试分别按住【Shift】键及不按住【Shift】键进行操作，观察得到的不同效果。

3.11.2 旋转

要旋转图像可以按照如下所述进行操作：

1）打开本书配套课程网站中的资源文件"第 3 章\3.11.2-素材 .psd"，如图 3.93 所示，其对应的"图层"面板如图 3.94 所示。

2）选择"图层 3 拷贝"并按【Ctrl+T】键调出自由变换控制框。

3）将中心点移至左侧中间控制句柄上，如图 3.95 所示，再将光标置于控制框外围，当光标变为一个弯曲箭头↵时拖动鼠标，如图 3.96 所示。按【Enter】键确认变换操作。

图 3.93
原图像

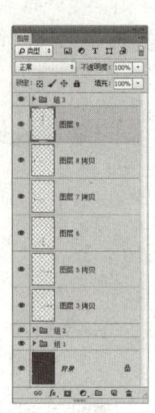

图 3.94
"图层"面板

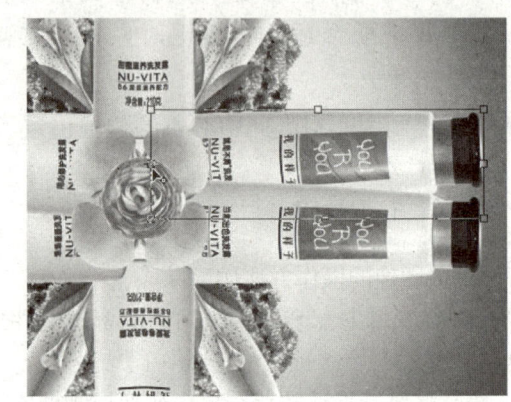

图 3.95
移动中心点

4)按照上一步的方法分别对"图层 5 拷贝""图层 7 拷贝"和"图层 8 拷贝"中的图像进行旋转,直至得到类似如图 3.97 所示的效果。

图 3.96
旋转图像

图 3.97
最终效果

> **提 示**
>
> 如果需要按 15°的倍数旋转图像,可以在拖动鼠标的时候按住【Shift】键,得到需要的效果后,双击变换控制框即可。

- 如果要将图像旋转 180°,可以选择"编辑"|"变换"|"旋转 180 度"命令。
- 如果要将图像顺时针旋转 90°,可以选择"编辑"|"变换"|"旋转 90 度(顺时针)"命令。
- 如果要将图像逆时针旋转 90°,可以选择"编辑"|"变换"|"旋转 90 度(逆时针)"命令。

3.11.3 斜切

斜切图像是指按平行四边形的方式移动图像。斜切图像的步骤如下：

1）打开本书配套课程网站中的资源文件"第 3 章 \3.11.3- 素材 .psd"，选择要斜切的图像，执行"编辑"|"变换"|"斜切"命令。

2）将鼠标指针拖动到变换控制框附近，当鼠标指针变为箭头形状时拖动鼠标，即可使图像在鼠标指针移动的方向上发生斜切变形。

3）得到需要的效果后释放鼠标，并在变换控制框中双击鼠标左键以确认斜切操作。

图 3.98 所示为斜切图像的操作过程，其中最终效果图是将斜切的图像应用于视觉作品后的效果。

资源文件：3.11.3.psd；3.11.3- 素材 .psd

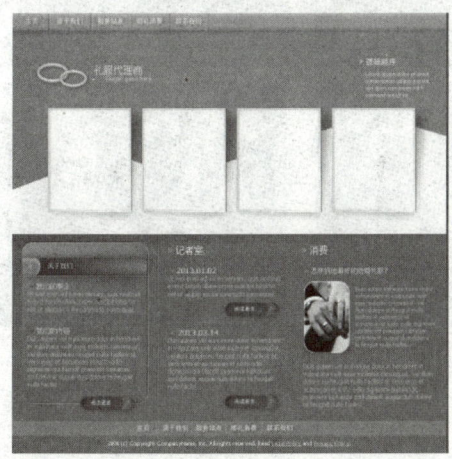
（a）原图像

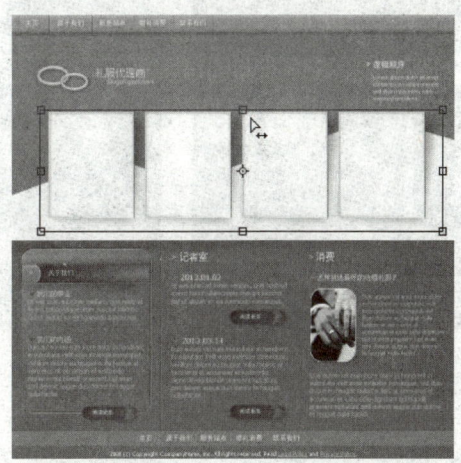
（b）执行"斜切"命令后调出变换控制框

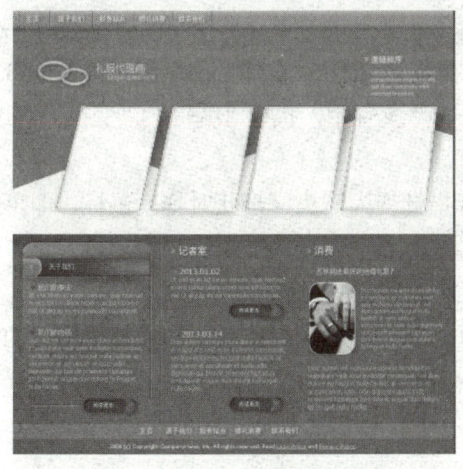
（c）执行命令后的效果

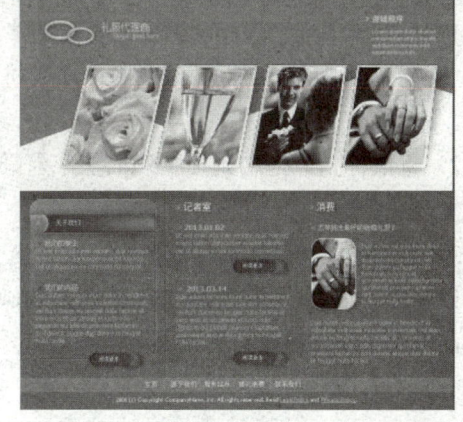
（d）放入图片后的最终效果

图 3.98 斜切图像的操作过程

3.11.4 扭曲

扭曲图像是应用非常频繁的一类变换操作。通过此类变换操作，可以使图像根据任何一个控制句柄的变动发生变形。扭曲图像的步骤如下：

资源文件：3.11.4.psd；3.11.4- 素材 .psd；

微视频：扭曲图像的方法

1）打开本书配套课程网站中的资源文件"第 3 章 \3.11.4- 素材 .psd"，执行"编辑"|"变换"|"扭曲"命令。

2）将鼠标指针拖动到变换控制框附近或者控制句柄上，当鼠标指针变为箭头 ▷ 形状时拖动鼠标，即可将图像拉斜变形。

3）得到需要的效果后释放鼠标，并在变换控制框中双击鼠标左键以确认扭曲操作。

图 3.99 所示为扭曲图像的操作过程。

笔 记

图 3.99
扭曲图像的操作过程

3.11.5 透视

通过对图像应用透视变换命令，可以使图像获得透视的效果。透视图像的步骤如下：

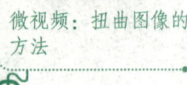

资源文件：3.11.5.psd；
3.11.5- 素材 1.jpg；
3.11.5- 素材 2.jpg

1）打开本书配套课程网站中的资源文件"第 3 章 \3.11.5- 素材 1.jpg"和"第 3 章 \3.11.5- 素材 2.jpg"，将"素材 2.jpg"文件拖至"素材 1.jpg"文件中，执行"编辑"|"变换"|"透视"命令。

2）将鼠标指针拖动到控制句柄上，当鼠标指针变为箭头 ▷ 形状时拖动鼠标，即可使图像发生透视变形。

3）得到需要的效果后释放鼠标，双击变换控制框以确认透视操作。

图 3.100 所示是为图像添加透视效果的操作过程，其中的最终效果图设置了图层的混合模式，从而使整体图像的色彩更协调。

> **提 示**
>
> 执行此操作时应该尽量缩小图像的观察比例，尽量显示多一些图像外周围的灰色区域，以易于拖动控制句柄。

图 3.100 添加透视效果的操作过程

3.11.6 精确变换

通过以上所述的各种变换操作，可以对图像进行粗放型变换。如果要对图像进行精确变换操作，则需要使用变换工具 选项条中的参数项。

要对图像进行精确变换操作，可以按下述操作指导进行操作。

1）选中要做精确变换的图像，按【Ctrl+T】键调出自由变换控制框。

2）并在其工具选项条中设置图 3.101 所示的变换工具 选项条中的参数项。

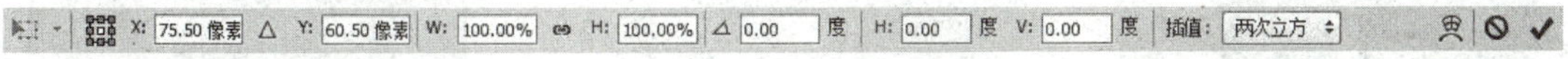

图 3.101 变换工具选项栏

工具选项栏各项参数如下：

- 使用参考点：在使用工具选项栏对图像进行精确变换操作时，可以使用工具条中的 确定操作参考点，在 中用户可以确定九个参考点位置。例如，要以图像的左上角点为参考点，单击 使其显示为 形即可。

笔记

- 精确移动图像：要精确改变图像的水平位置，分别在 X、Y 数值输入框中输入数值。
- 如果要定位图像的绝对水平位置，直接输入数值即可；如果要使填入的数值为相对于原图像所在位置移动的一个增量，应该点击 △ 按钮，使其处于被按下的状态。
- 精确缩放图像：要精确改变图像的宽度与高度，可以分别在 Width、Height 数值输入框中输入数值。
- 如果要保持图像的宽高比，应该单击 ∞ 按钮，使其处于被按下的状态。
- 精确旋转图像：要精确改变图像的角度，需要在 △ 数值输入框中输入角度数值。
- 精确斜切图像：要改变图像水平及垂直方向上的斜切变形，可以分别在 H:、V: 数值输入框中输入角度数值。在工具选项栏中完成参数设置后，可以单击 ✓ 按钮确认，如果要取消操作可以单击 ⊘ 按钮。

3.11.7 再次变换

如果已进行过任何一种变换操作，可以选择"编辑"|"变换"|"再次"命令，以相同的参数值再次对当前操作图像进行变换操作，使用此命令可以确保前后两次变换操作效果相同。例如，如果上一次变换操作为将操作图像旋转 90°，选择此命令则可以对任意操作图像完成旋转 90° 的操作。

如果在选择此命令的时候按住【Alt】键，则可以对被操作图像进行变换操作的同时进行复制，如果要制作多个副本连续变换操作效果，此操作非常见效，下面我们通过一个添加背景效果的小示例讲解此操作。

1）打开本书配套课程网站中的资源文件"第 3 章 \3.11.7- 素材 .psd"，如图 3.102 所示。为便于操作，将最顶部的图层隐藏。

2）选择"钢笔工具" 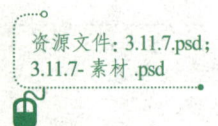，并在其工具选项栏中选择"路径"选项，在画布的上方绘制如图 3.103 所示的路径。

图 3.102
素材图像及对应的"图层"面板

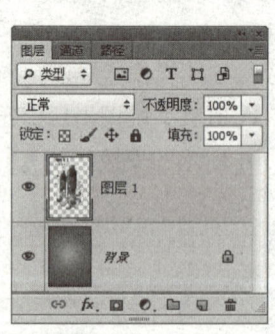

图 3.103
绘制路径

3）按【Ctrl+Alt+T】键调出自由变换并复制控制框，使用鼠标将控制中心点调整到左下角的控制句柄上，如图 3.104 所示。

4）拖动控制框顺时针旋转 15°，可直接在工具选项栏上输入数值 ，得到如图 3.105 所示的变换状态。

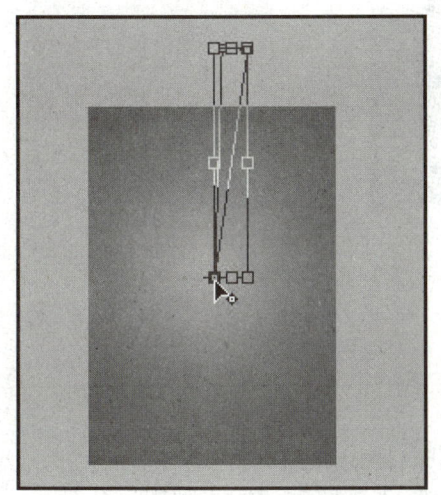

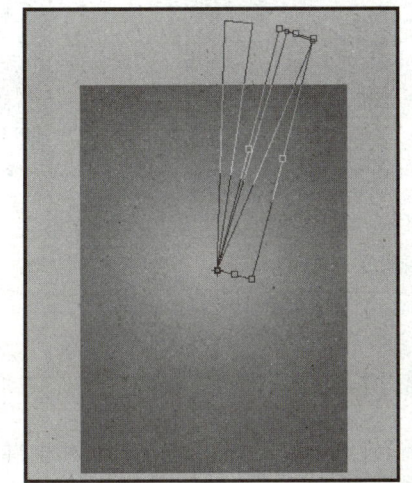

图 3.104
调整控制中心点

图 3.105
旋转路径

5）按【Enter】键确认变换操作，连续按【Ctrl+Alt+Shift+T】键执行连续变换并复制操作，直至得到如图 3.106 所示的效果。单击创建新的填充或调整图层按钮 ，在弹出的菜单中选择"渐变"命令，设置弹出的对话框如图 3.107 所示，单击"确定"按钮退出对话框，隐藏路径后的效果如图 3.108 所示，同时得到图层"渐变填充 1"。

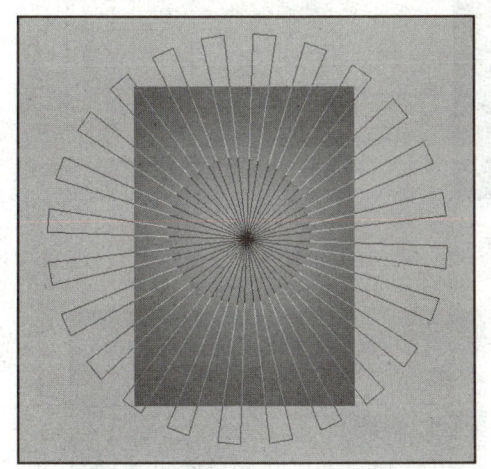

图 3.106
变换后的效果

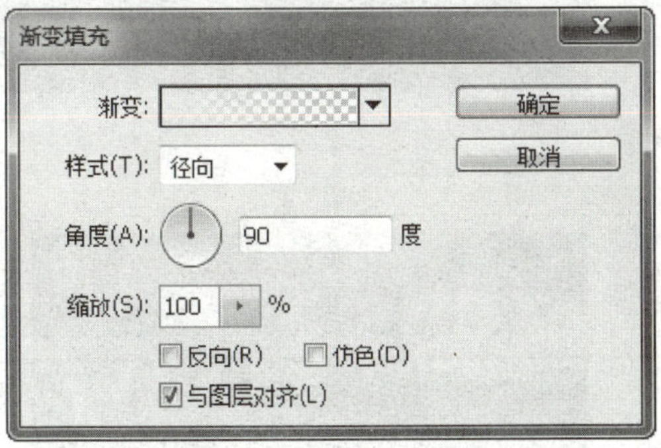

图 3.107
"渐变填充"对话框

> **提 示**
>
> 在"渐变填充"对话框中，渐变类型的各色标颜色值从左至右分别为"从 f5e895 到透明"。

6）图 3.109 所示是显示顶部图层后的效果，对应的"图层"面板如图 3.110 所示。

笔记

图 3.108
隐藏路径后的效果

图 3.109
图像整体状态

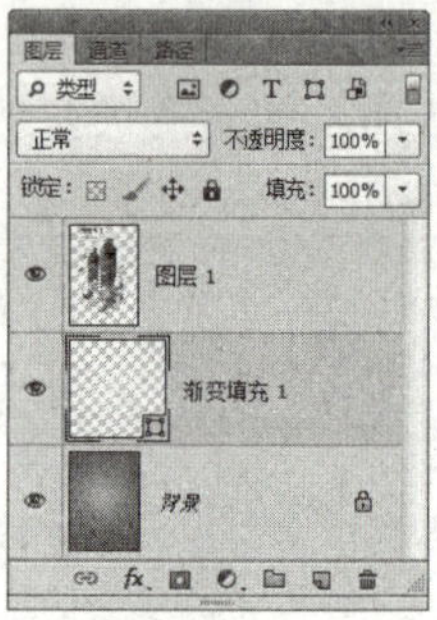

图 3.110
"图层"面板

3.11.8 翻转操作

翻转图像操作包括将水平翻转和垂直翻转两种，操作如下：

- 如果要水平翻转图像，可以选择"编辑"|"变换"|"水平翻转"命令。
- 如果要垂直翻转图像，可以选择"编辑"|"变换"|"垂直翻转"命令。

如图 3.111 所示为原图像及对应的"图层"面板，如图 3.112 和如图 3.113 所示为将"图层 1"中的图像分别进行水平和垂直翻转后的效果。

资源文件：
3.11.8- 素材 .psd

 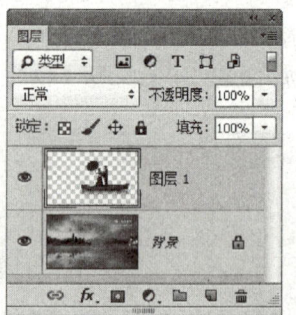

图 3.111
原图像及对应的"图层"面板

图 3.112
水平翻转图像

图 3.113
垂直翻转图像

> **提 示**
>
> 在后面学习到路径功能时，同样可以使用变换功能对路径或形状进行变换，由于其操作方法完全相同，故不再予以讲解。

3.11.9 操控变形

操控变形功能，它以更细腻的网格、更自由的编辑方式，提供了强大的图像变形处理功能。下面通过一个简单的案例来讲解此命令的使用方法。

1）打开本书配套课程网站中的资源文件"第 3 章 \3.11.9- 素材 .jpg"，如图 3.114 所示。在本例中，将使用操控变形功能，将人物的裙子变形为花朵形状。

2）使用"磁性套索工具" 绘制选区，将人物裙子的下半部分选中，如图 3.115 所示。

3）按【Ctrl+J】键将选区中的图像复制到新图层中，得到"图层 1"，以便于下面单独对其中的图像进行处理。

4）选择"编辑"|"操控变形"命令，可调出如图 3.116 所示的变形网格，此时的工具选项条参数如图 3.117 所示。

> 资源文件：3.11.9.psd；
> 3.11.9- 素材 .jpg

笔 记

图 3.114
原图

图 3.115
绘制选区

图 3.116
变形网格

图 3.117
工具选项条

"操控变形"命令选项条的参数介绍如下：

- 模式：在此下拉列表中选择不同的选项，变形的程度也各不相同。例如，图 3.118 所示是分别选择不同选项，将人物手臂拖至相同位置时的不同变形效果。

图 3.118
变形处理

- 浓度：在此可以选择网格的密度。越密的网格占用的系统资源就越多，但变形也越精确，在实际操作时应注意根据情况进行选择。
- 扩展：在此输入数值，可以设置变形风格相对于当前图像边缘的距离，该数值可以为负数，即可以向内缩减图像内容。
- 显示网格：选中此选项时，将在图像内部显示网格，反之则不显示网格。
- "将图钉前移"按钮：单击此按钮，可以将当前选中的图钉向前移一个层次。
- "将图钉后移"按钮：单击此按钮，可以将当前选中的图钉向后移一个层次。
- 旋转：在此下拉列表中选择"自动"选项，则可以手工拖动图钉以调整其位置，如果在后面的输入框中输入数值，则可以精确地定义图钉的位置。
- "移去所有图钉"按钮：单击此按钮，可以清除当前添加的图钉，同时还会复位当前所做的所有变形操作。

5）在调出变形网格后，光标将变为状态，此时在变形网格内部单击即可添加图钉，用于编辑和控制图像的变形，如图 3.119 所示。此处添加的图钉主要是用于固定裙子图像的位置，以避免下面对其他裙子图像变形时，整体都发生变化。

6）按照上一步的方法，继续在要变形的位置添加图钉，并拖动图钉以变形裙子图像，直至得到如图 3.120 所示的效果。

图 3.119
添加图钉

图 3.120
添加并变形其他图像

7）确认变形完成之后，按【Enter】键确认操作，得到如图 3.121 所示的最终效果。

图 3.121
最终效果

> **提 示**
>
> 在进行操控变形时，可以将当前图像所在的图层转换成为智能对象图层，这样所做的操控变形就可以记录下来，以供下次继续进行编辑。

3.12 智能对象图层

智能对象图层又简称为智能对象，它具有和图层组相似的基本属性，即其中都可以容纳多个图层或图层组，它们的区别就在于，智能对象仍然是一个图层，用户可以对它进行几乎所有普通图层允许的属性设置及相关操作，例如设置其填充不透明度、添加图层样式、应用滤镜及使用调整图层调色等，这对于图层组来说，是很难实现的。

下面来讲解一下关于智能对象图层的各方面相关操作。

3.12.1 创建智能对象图层

创建智能对象可以有多种操作方法，可以根据实际工作情况选择最适合的方法：

- 选择一个或多个图层后，在其中任意一个图层名称上单击右键，在弹出的菜单中选择"转换为智能对象"命令。
- 选择"文件"|"置入"命令，在弹出的对话框中选择一个矢量格式、PSD 格式或其他格式的图像文件。
- 在 Adobe Illustrator（AI）中对矢量对象执行复制操作，到 Photoshop 中执行粘贴操作。
- 直接将一个 PDF 文件或 AI 软件中的图层拖入 Photoshop 文件中。
- 选择"文件"|"打开为智能对象"命令，在弹出的对话框中打开一个矢量、位图等格式的文件，即可自动创建一个智能对象图层。该图层中包括了全部所打开文件中的内容（含图层、通道等信息）。
- 从外部直接拖入到当前图像的窗口内，即可将其以智能对象的形式置入到当前图像中。

下面通过一个具体的示例来认识智能对象。图 3.122 所示的作品，龙的图像使用了智能对象；图 3.123 所示为此图像的"图层"面板，在此智能对象即图层"0"。

图 3.122
智能对象图层

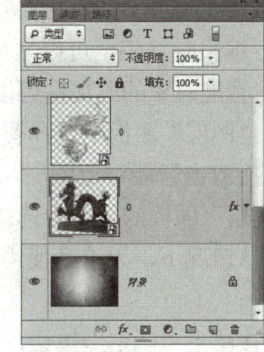

图 3.123
对应的"图层"面板

双击图层"0"，Photoshop 将打开一个新文件，此文件就是嵌入到智能对象图层"0"中的子文件。可以看出该智能对象由两个图层构成，"图层"面板如图 3.124 所示，其效果如图 3.125 所示。

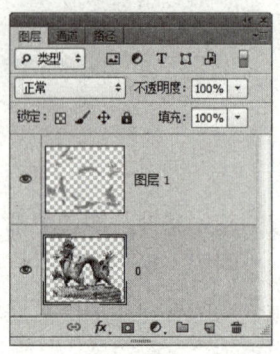

图 3.124
智能对象对应的"图层"面板

图 3.125
智能对象效果

3.12.2 编辑智能对象图层

通过上面的讲解可知，智能对象图层是比较特殊的图层，其特殊性主要表现为无法在选择此类图层的情况下使用绘图工具、修饰工具对其进行处理，同时也无法应用任何的滤镜或图像调整命令。

但下面所列举一些对于智能对象图层是有效的：

- 变换：可以像编辑普通图像一样对智能对象图层中的图像进行缩放、旋转等变换操作。
- 设置图层属性：可以像对待普通图层一样来设置其智能对象图层的属性，例如混合模式、不透明度、填充不透明度、添加图层样式等。
- 调色：虽然无法直接使用大部分图像调整命令对智能对象图层进行调整，但可以利用添加调整图层的方法对智能对象图层进行调色等操作。

3.12.3 编辑智能对象图层源文件

通过前面的讲解，我们已经知道了智能对象是由一个或多个图层组成的，因此在对其源文件进行编辑时，完全可以采用以往讲解过的任意一种图层及图像编辑方法，直至满意为止。要编辑智能对象的源文件可以按以下的步骤操作：

1）在"图层"面板中选择智能对象图层。

2）直接双击智能对象图层，或选择"图层"|"智能对象"|"编辑内容"命令，也可以直接在"图层"面板的菜单中选择"编辑内容"命令。

3）默认情况下，无论是使用上面的哪一种方法，都会弹出如图 3.126 所示的对话框，以提示操作者。

4）直接单击"确定"按钮，进入智能对象的源文件中。

5）在源文件中进行修改操作，然后选择"文件"|"存储"命令，并关闭此文件。

6）执行上面的操作后，则修改后源文件的变化会反应在智能对象中。

如果希望取消对智能对象的修改，可以按【Ctrl+Z】键，此操作不仅能够取消在当前 Photoshop 文件中智能对象的修改效果，而且还能够使被修改的源文件也回退至未修改前的状态。

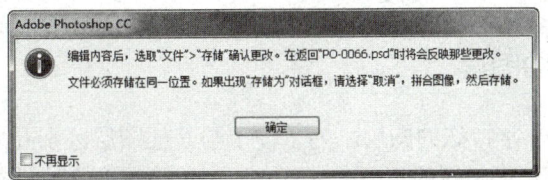

图 3.126
提示对话框

3.12.4 导出智能对象图层

要导出智能对象图层，要选择要导出的智能对象图层，然后选择"图层"|"智能对象"|"导出内容"命令。

3.12.5 栅格化智能对象图层

要栅格化智能对象图层，可以选择"图层"|"智能对象"|"栅格化"命令。需要注意的是，将智能对象图层栅格化后，即将其转换为普通图层，此时将无法再继续编辑其中的图像。

3.13 3D功能概述

3.13.1 设定图形处理器

在 Photoshop CC 中，至少要在 Windows 7 系统下，并启用了图形处理器功能，才可以使用 3D 功能。要启用图形处理器功能，可以选择"编辑"|"首选项"|"性能"命令，在弹出的如图 3.127 所示对话框右下方，选中"使用图形处理器"选项即可。

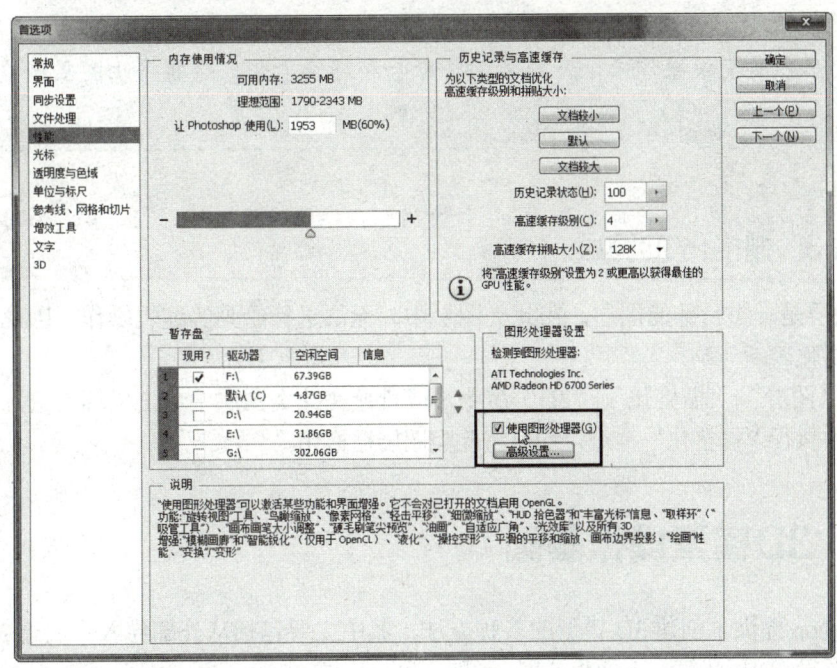

图 3.127
选中"使用图形处理器"选项

3.13.2 认识3D图层

3D 图层属于一类非常特殊的图层,为了便于与其他图层区别开来,其缩览图上存在一个特殊的标志。另外,根据设置的不同,其下方还有不等数量的贴图列表,如图 3.128 所示。

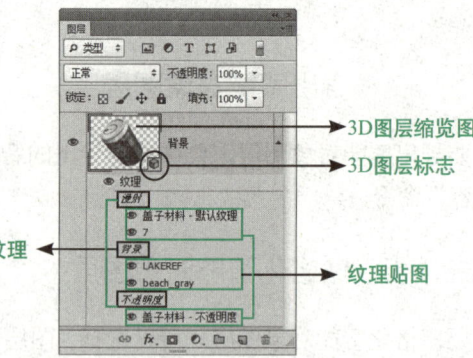

图 3.128 认识 3D 图层

下面介绍 3D 图层各组成部分的功能。

- 双击 3D 图层缩览图可以调出 3D 面板,以对模型进行更多的属性设置。
- 3D 图层标志:可以方便认识并找到 3D 图层的主要标志。
- 纹理:Photoshop 提供了很多种纹理类型,例如用于模拟物体表面肌理的"漫射"类贴图,以及用于模拟物体表面反光的"环境"类贴图等,每种纹理类型下面都可以为其设置不同数量的贴图。本书将在后面的章节中详细讲解贴图的类型。
- 纹理贴图:此处列出了在不同的纹理类型中所包含的纹理贴图数量及名称,当光标置于不同的贴图上时,还可以即时预览其中的图像内容。

> **提 示**
> 不能在 3D 图层上直接使用各类变换操作命令、颜色调整命令和滤镜命令,除非将此图层栅格化或转换成为智能对象。

3.13.3 栅格化3D图层

3D 图层是一类特殊的图层,在此类图层中,无法进行绘画等编辑操作,因此必须将此类图层栅格化。

执行"图层"|"栅格化"|"3D"命令,或直接在此类图层中单击鼠标右键,从弹出的快捷菜单中执行"栅格化"命令,均可将此类图层栅格化。

3.14 3D模型操作基础

Photoshop 提供了创建 3D 模型的多种方法,其中主要包括从外部导入、创建 3D 明信片以及创建预设 3D 形状等,下面将分别介绍它们的使用方法。

3.14.1 创建3D明信片

执行"3D"|"从图层新建网格"|"明信片"命令可以将平面图像转换为 3D 明信片两面的贴图材料，该平面图层也相应被转换为"3D"图层。

图 3.129 所示为一个平面图层，图 3.130 所示为执行此命令将其转换成为 3D 明信片图层后，对其在 3D 空间内进行旋转的效果。

图 3.129
原素材

图 3.130
旋转效果

读者可以尝试将上面示例中的 3D 明信片图像翻转至另外一面，得到如图 3.131 所示的效果。

图 3.131
翻转效果

3.14.2 创建3D体积网格

在 Photoshop 中，提供了一种新的创建网格的方法，即"体积"命令。使用它可以在选中两个或更多个图层时，依据图层中图像的明暗映射来创建一个图像堆叠在一起的 3D 网格。

以图 3.132 所示的图像为例，将它们置一个图像文件中，然后将它们选中，再执行"3D"|"从图层新建网格"|"体积"命令，即可创建得到 3D 对象。图 3.133 所示是调整其位置、角度等属性后的效果，对应的"图层"面板如图 3.134 所示。

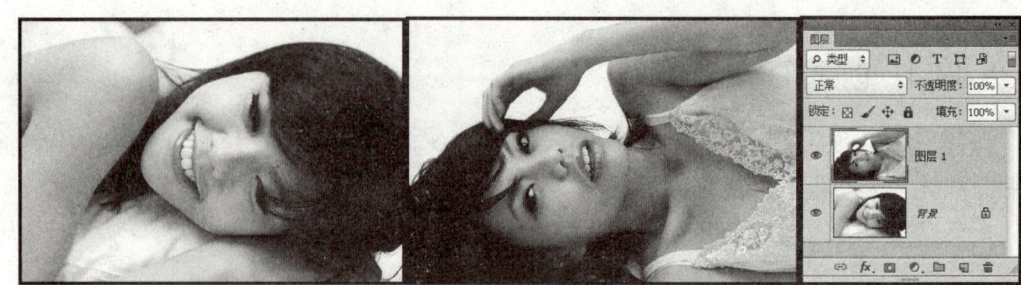

图 3.132
原图像

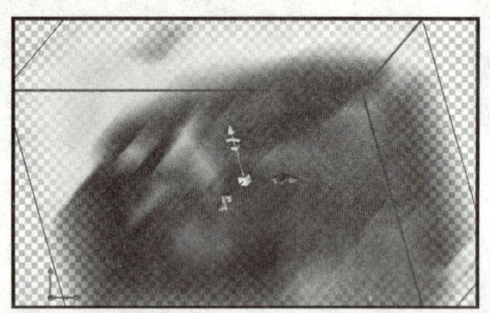

图 3.133
体积效果

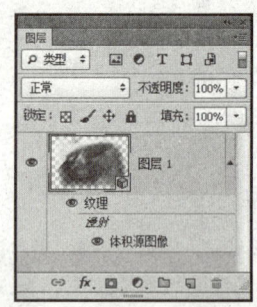

图 3.134
"图层"面板

3.14.3 创建3D凸纹模型

创建凸出模型功能最大的特点就在于，支持从"类型"图层、普通图层、选区以及路径等对象上创建模型，使创建模型的工作更加丰富、易用。下面介绍一些其创建及编辑方法。

在依据不同的对象创建模型时，也需要当前所选中的图层或当前画布中显示了相应的对象，如要依据路径创建模型，则当前应显示一条或多条封闭路径。

以图 3.135 所示的图像为例，其选区是在"通道"面板中，按住【Ctrl】键单击"Alpha1"的缩览图载入的选区，此时选择图层"浪漫七夕"并执行"3D"|"从当前选区创建 3D 凸出"命令，或在"3D"面板的"源"下拉列表中选择"当前选区"选项，并在面板中选择"3D 凸出"选项，单击"创建"按钮后，即可以当前的选区为轮廓、以当前图层中的图像为贴图，创建一个 3D 模型。默认情况下，即可生成一个凸出模型，图 3.136 所示是适当调整了其光源属性后的效果及对应的"3D"面板。

 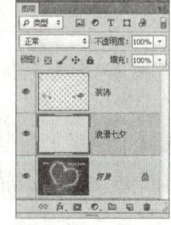

图 3.135
图像素材

 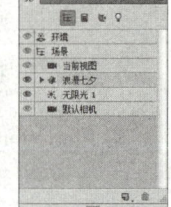

图 3.136
3D 凸出效果

用户可以尝试通过编辑边界约束，为左侧的"浪"字增加一个心形的镂空效果，如

图 3.137 所示。

图 3.137
镂空效果

3.14.4 从文字生成3D模型

在 Photoshop 中，可以从"类型"图层创建凸出模型，可以输入并设置文字的基本属性，然后执行"3D"|"从所选图层创建 3D 凸出"命令即可。

另外，在使用"文本工具"刷黑选中文字的情况下，也可以单击其工具选项栏上的 3D 按钮，从而快速将文字转换为 3D 模型。

图 3.138 所示是在图像中输入字母"T"及设置了适当的字符属性后的状态；图 3.139 所示是创建 3D 凸出并调整了其角度后的效果。

图 3.138
设置状态

图 3.139
调整效果

微视频：从文字生成
3D 模型

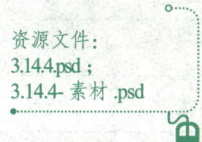

资源文件：
3.14.4.psd；
3.14.4- 素材 .psd

3.15 调整3D模型

Photoshop 提供了针对 3D 模型进行编辑的多个工具，其中主要包括 3D 轴、模型编辑工具、参数精确设置模型等，下面将分别介绍它们的使用方法。

资源文件：
3.15.1- 素材 .psd

微视频：使用 3D 轴编辑模型

笔 记

3.15.1 使用3D轴编辑模型

3D 轴用于控制 3D 模型，使用 3D 轴可以在 3D 空间中移动、旋转、缩放 3D 模型。要显示如图 3.140 所示的 3D 轴，需要在选择“移动工具”的情况下，在“3D”面板中选择“滤镜：整个场景”，图 3.141 所示此时可以对模型整体进行调整，若是选中了模型中的单个网络，则可以仅对该网络进行编辑。

在 3D 轴中，红色代表 X 轴，绿色代表 Y 轴，蓝色代表 Z 轴。

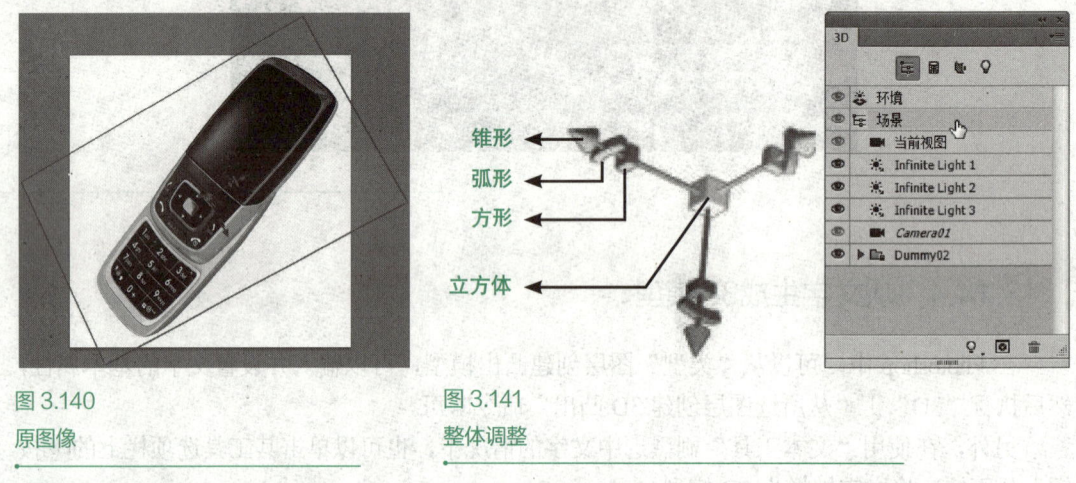

图 3.140
原图像

图 3.141
整体调整

要使用 3D 轴，将光标移至轴控件处，使其高亮显示，然后进行拖动，根据光标所在控件的不同，操作得到的效果也各不相同，详细操作如下：

- 要沿着 X、Y 或 Z 轴移动 3D 模型，则将光标放在任意轴的锥形，使其高亮显示，拖动左键即可以任意方向沿轴拖动，状态如图 3.142 所示。

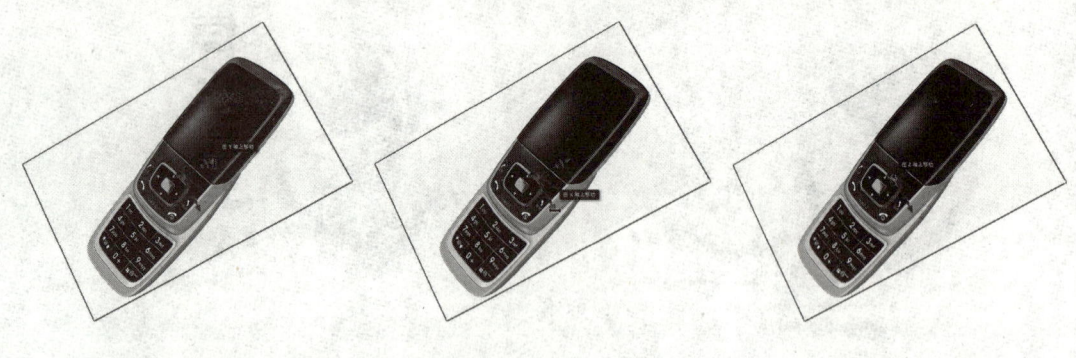

图 3.142
沿轴拖动效果

- 要旋转 3D 模型，则单击 3D 轴上的弧线，围绕 3D 轴中心沿顺时针或逆时针方向拖动圆环，拖动过程显示的旋转平面指示旋转的角度。
- 要沿轴压缩或拉长 3D 模型，则将光标放在 3D 轴的方形上，然后左右拖动即可。
- 要缩放 3D 模型，则将光标放在 3D 轴中间位置的立方体上，然后向上或向下拖动。

3.15.2 使用工具调整模型

除了使用 3D 轴对 3D 模型进行控制外，还可以使用工具箱中的"3D 模型控制工具"对其进行控制。所有用于编辑 3D 模型的工具都被整合在"移动工具"的选项栏上，选择任何一个 3D 模型控制工具后，"移动工具"的选项栏将显示为如图 3.143 所示的状态。

资源文件：
3.15.2-素材.psd

图 3.143
"移动工具"选项栏

工具箱中的 5 个控制工具与工具选项栏左侧显示的 5 个工具图标相同，其功能及意义也完全相同，下面分别介绍。

- "旋转 3D 对象工具"：拖动此工具可以将对象进行旋转。
- "滚动 3D 对象工具"：此工具以对象中心点为参考点进行旋转。
- "拖动 3D 对象工具"：此工具可以移动对象的位置。
- "滑动 3D 对象工具"：此工具可以将对象向前或向后拖动，从而放大或缩小对象。
- "缩放 3D 对象工具"：此工具将仅调整 3D 对象的大小。

3.16 3D模型的网格

简单地说，3D 网格代表了当前 3D 图层中这个模型是由哪些独立的对象组合而成。要对网格进行操作，可以在 3D 面板顶部单击"滤镜：网格"按钮，使 3D 面板仅显示当前 3D 物体的网格。

3.16.1 3D网格的含义

以 Photoshop 提供的立体环绕模型为例，默认提供了一个立体环绕网格，如图 3.144 所示。图 3.145 所示是从三维软件中导出的模型，都是由非常复杂的网格组成的。

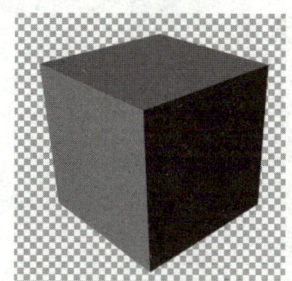

图 3.144
立体环绕网格

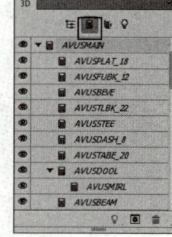

图 3.145
导出的模型

3.16.2 重命名3D网格

如果是由 Photoshop 创建的 3D 模型，则列表中列出的网格是由 Photoshop 设定好的，用户不能够修改其网格组成，但可以修改其名称，其操作方法与为普通图层重命名完全相同。

另外，Photoshop 的 3D 功能对外部导入的模型已经有了更大程度的支持，大部分都已经可以做重命名处理了，这样更加方便用户管理和使用网格。

3.16.3 显示/隐藏网格

显示/隐藏网格操作与显示/隐藏普通图层的操作方法相同，例如用户可以像隐藏图层那样，通过取消眼睛图标 的显示，以隐藏当前的网格。

另外，选择"3D"|"显示/隐藏多边形"|"反转可见"命令，可以依据当前显示/隐藏的网格完全逆转过来。例如，图 3.146 所示是隐藏了一部分网格时的模型状态，图 3.147 所示是使用此命令后得到的模型状态。

图 3.146
原模型

图 3.147
隐藏模型后的效果

选择"3D"|"显示/隐藏多边形"|"显示所有表面"命令或按【Ctrl+Alt+Shift+X】键可以显示所有当前被用户隐藏起来的网格。

3.16.4 选择网格

在 Photoshop 中，可以在选择移动工具的情况下，选择工具选项上的各个模型编辑工具，然后在要选中的网格上单击，即可将其选中，如图 3.148 所示。这种方法较适用于选择较大的网格，若是小网格，则不容易选中，此时可以在 3D 面板中进行选择。

图 3.148
选择网格

3.16.5 编辑与设定网格属性

网格是模型的组成部分，因此其设定直接影响了模型最终的形态以及其他一些基本属性，在选中一个网络后，双击其名称即可为其进行重命名。

另外，选中一个网格后，可以在"属性"面板中设置"捕捉阴影""投影""不可见"选项，以及"坐标"等属性，其功能在前面已经讲解过，故不再重述。

3.16.6 复制对象与创建对象实例

复制对象与创建对象实例是 Photoshop CC 中新增的功能，用户可以在某个网格对象上右击，在弹出的菜单中选择"复制对象"或"创建对象实例"命令，从而得到其复制对象。

而这两个命令的区别就在于，使用"创建对象实例"命令复制得到网格对象，将与原对象之间保持"链接"状态，即修改其中一个网格对象后，另外一个也会随之发生变化。以图 3.149 所示的模型为例，图 3.150 所示就是使用"创建对象实例"命令创建两个汽水模型后，修改了其中贴图的颜色为紫色，可见两个汽水模型都发生了变化；

图 3.149
模型

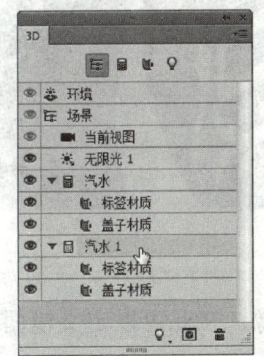

图 3.150
选择对象

若是使用"复制对象"命令创建复制对象，则对象之间不存在"链接"关系，修改其中一个模型时，其他的模型不会发生变化，如图 3.151 所示。对于已经使用"创建对象实例"命令得到的网格对象，则可以在该对象上右击，在弹出的菜单中选择"分离对象"命令，以取消它们的"链接"状态。

图 3.151
调色前后的效果

3.17　3D模型的材质、纹理与纹理贴图

材质是指当前 3D 模型中可设置贴图的区域，一个模型中可以包含多个材质，而且每个材质又可以设置 12 种纹理，且这些纹理中的大部分可以设置相应的图像内容，即纹理贴图。

综合调整 12 种纹理属性，就能够使不同的材质展现出千变万化的效果，下面分别进行介绍。

- 漫射：这是最常用的纹理映射，在此可以定义 3D 模型的基本颜色，如果为此属性添加了漫射纹理贴图，则该贴图将包裹整个 3D 模型，如图 3.152 所示。

图 3.152　漫射纹理

- 镜像：在此可以定义镜面属性显示的颜色。
- 发光：此处的颜色指由 3D 模型自身发出的光线的颜色。
- 环境：设置在反射表面上可见的环境光颜色，该颜色与用于整个场景的全局环境色相互作用。
- 闪亮：低闪亮值（高散射）产生更明显的光照，而焦点不足。高反光度（低散射）产生较不明显、更亮、更耀眼的高光，此参数通常与"粗糙度"组合使用，以产生更多光洁的效果。
- 反射：此参数用于控制 3D 模型对环境的反射强弱，需要通过为其指定相对应的映射贴图以模拟对环境或其他物体的反射效果。图 3.153 所示是设置了"环境"纹理贴图并将"反射"值分别设置 5、20、50 时的效果。

> **提示**
> 这里提到的"环境"是指"属性"面板右下角的参数。

- 粗糙度：在此定义来自灯光的光线经表面反射折回到人眼中的光线数量。数值越大，则表示模型表面越粗糙，产生的反射光就越少；反之，数值越小，则表示模型表面越光滑，产生的反射光也就越多。此参数常与"闪亮"参数搭配使用，图 3.154 所示为不同的参数组合所取得的不同效果。

图 3.153 设置效果

图 3.154 粗糙度效果

100%/50% 0%/0% 50%/100% 100%/0% 100%/100% 0%/100% 50%/50%

- 凹凸：在材质表面创建凹凸效果，此属性需要借助于凹凸映射纹理贴图。凹凸映射纹理贴图是一种灰度图像，其中较亮的值创建凸出的表面区域，较暗的值创建平坦的表面区域。下面仍然使用展示"漫射"贴图时的模型及贴图，将两幅纹理贴图再设置为"凹凸强度"纹理的贴图，通过设置显示的参数，得到如图 3.155 所示的效果。从中可以看出，模型表面已经具有了非常深的凹凸感。此方法也可以用于模拟各种质地较为坚硬的物体，如金属、岩石等。

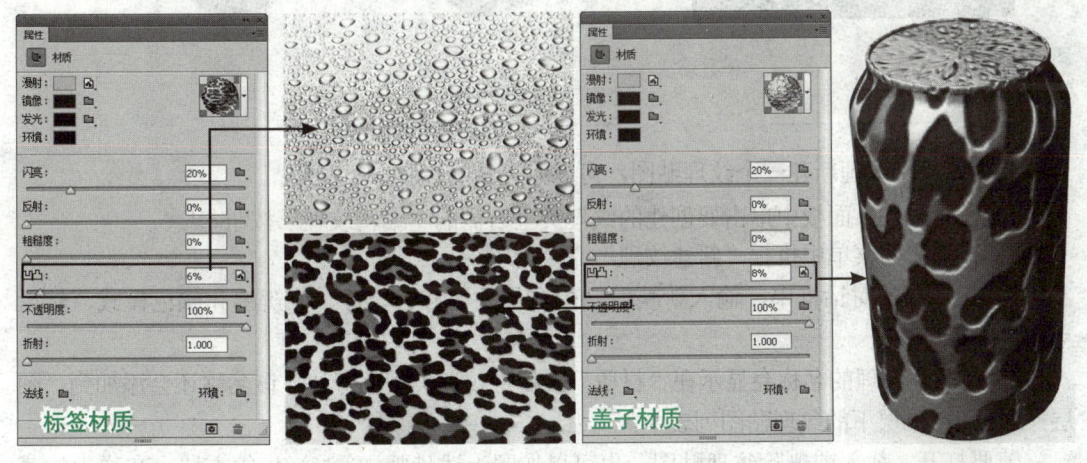

图 3.155 设置显示参数的效果

- 不透明度：此参数用于定义材质的不透明度，数值越大，3D 模型的透明度就越高。而 3D 模型不透明区域则由此参数右侧的贴图文件决定。贴图文件中的白色使 3D 模型完全不透明，而黑色则使其完全透明，中间的过渡色可取得不同级别的不透明度。图 3.156 所示是将盖子材质的"不透明度"数值分别设置为 0% 和 70% 时的效果。

- 折射：在此可以设置折射率。
- 法线：像凹凸映射纹理一样，法线映射用于为 3D 模型表面增加细节。与基于灰度图像的凹凸纹理不同，法线映射基于 RGB 图像，每个颜色通道的值代表模型表面上正常映射的 X、Y 和 Z 分量。法线映射可使多边形网格的表面变得平滑。
- 环境：环境映射模拟将当前 3D 模型放在一个有贴图效果的球体内，3D 模型的反射区域中能够反映出环境映射贴图的效果。图 3.157 所示的是为易拉罐"标签材质"设置的"环境"纹理贴图；图 3.158 所示的是为易拉罐的瓶身部分获得金属效果前后的对比图。

（a）0%　　（b）70%

图 3.156
不透明度效果

图 3.157
"环境"纹理贴图

图 3.158
金属效果前后对比图

要为某一个纹理新建一个纹理贴图，可以按下面的步骤进行操作：

1）在"属性"面板中单击要创建的纹理类型右侧的"编辑纹理"按钮。
2）在弹出的菜单中执行"新建纹理"命令。
3）在弹出的对话框中，输入新映射贴图文件的名称、尺寸、分辨率和颜色模式，然后单击"确定"按钮。
4）此时新纹理的名称会显示在"材质"面板中纹理类型的旁边。该名称还会添加到"图层"面板 3D 图层下的纹理贴图列表中。

若要打开、载入或删除纹理贴图，也可以按照上述步骤中第 1）步的方法，在弹出的菜单中执行相应的命令即可。

3.18　3D模型光源操作

在 Photoshop 中不仅可以利用导入 3D 模型时模型自带的光源，还可以全新的方式创建三类不同的光源，包括无限光、聚光灯、点光。

3.18.1 在"3D"面板中显示光源

在 Photoshop 中，可以在"3D"面板中单击"滤镜：光源"按钮，使"3D"面板仅显示当前 3D 模型的光源。图 3.159 所示为一个 3D 模型，图 3.160 所示为其光源显示情况，图 3.161 所示是对应的"属性"面板。

图 3.159
3D 模型

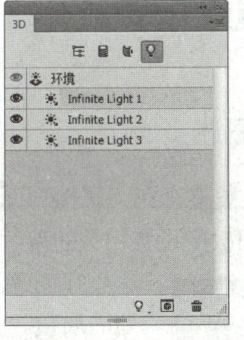
图 3.160
"3D"面板

图 3.161
"属性"面板

3.18.2 添加光源

Photoshop 提供了三类光源类型。
- 点光发光的原因类似于灯泡，向各个方向均匀发散式照射。
- 聚光灯照射出可调整的锥形光线，类似于影视作品中常见的探照灯。
- 无限光类似于远处的太阳光，从一个方向平面照射。

要添加光源，可单击"3D"面板中的"将新光照添加到场景"按钮，然后在弹出的菜单中选择一种要创建的光源类型即可。以图 3.162 所示的模型为例，图 3.163 所示分别为添加了这三种光源后的渲染效果。

图 3.162
原模型

图 3.163
添加效果

3.18.3 删除光源

要删除光源，可在"3D"面板上方的光源列表中选择要删除的光源，然后单击面板底部的"删除"按钮 🗑 即可。

3.19 3D模型的渲染设置

3.19.1 3D模型渲染概述

在 Photoshop 中，渲染功能被整合在"属性"面板中，在"3D"面板中选择"滤镜：整个场景"后，即可在"属性"面板中设置相关的参数，如图 3.164 所示。

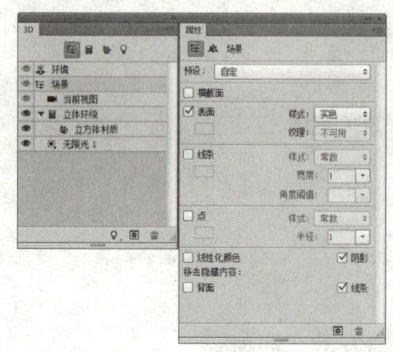

图 3.164
设置参数

在创建及编辑 3D 模型的过程中，此时无论是模型的质量、光线的准确性以及模型的阴影等，都不会显示出来，一切只为了以最快的速度预览模型的大致效果。在此品质下，模型边缘常常会带有较多的锯齿，而对于高品质的图像以及光影等效果，则需要在渲染后才可以显示出最终的效果。

在 Photoshop 中，要渲染 3D 模型，可以在选中要渲染的"3D"图层后，在"属性"面板底部单击"渲染"按钮 ⬚ ，即开始根据设置的参数进行渲染。

高品质的渲染速度较慢，因此在进行渲染时，如果发现已经了解了渲染结果，则可以随时按【Esc】键停止进行渲染，此时"3D"面板中的"渲染"按钮 ⬚ 将变为"恢复渲染"按钮 ⬚ ，单击此按钮即可继续前一次的渲染结果。

> **提 示**
> 当对 3D 模型的参数进行了任意设置时，则"恢复渲染"按钮 ⬚ 将重新变为"渲染"按钮 ⬚ ，即无法再继续上一次的结果进行渲染。

3.19.2 选择渲染预设

Photoshop 提供了多达 20 种标准渲染预设，并支持载入、存储、删除预设等功能，在"预设"下拉菜单中选择不同的项目即可进行渲染。

3.19.3 自定渲染设置

除了使用预设的标准渲染设置，也可以通过选中"表面""线条""点"三个选项，以分别对模型中的各部分进行渲染设置。

以"线条"渲染方式为例，图 3.165 所示为分别设置角度阈值为"0"时的渲染效果，图 3.166 所示为此数值被设置为"5"时的渲染效果。

图 3.165　阈值为"0"　　　　　　　图 3.166　阈值为"5"

3.19.4 渲染横截面效果

如果希望展示 3D 模型的结构，最好的方法是启用横截面渲染效果，即在"属性"面板中选中"横截面"复选框，按照如图 3.167 所示设置"横截面"渲染选项的参数即可。图 3.168 所示为原 3D 模型效果；图 3.169 所示为横截面渲染效果。

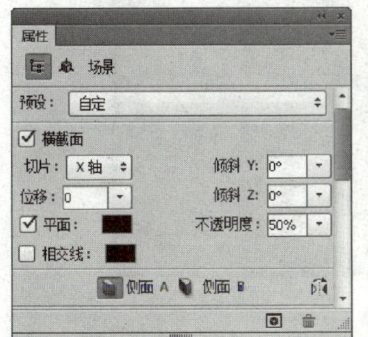

图 3.167　　　　　　　　　图 3.168　　　　　　　　　图 3.169
设置参数　　　　　　　　　3D 模型效果　　　　　　　横截面渲染效果

- 切片：如果希望改变剖面的轴向，可以选择"X 轴""Y 轴""Z 轴"选项。此选项同时定义"位移"及两个"倾斜"数值的轴向。
- 位移：如果希望移动渲染剖面相对于 3D 模型的位置，可以在此参数右侧输入数值或拖动滑块条，其中拖动滑块条就能够看到明显的效果。
- 倾斜 Y/Z：如果希望以倾斜的角度渲染 3D 模型的剖面，则可以控制"倾斜 Y"和"倾斜 Z"处的参数。
- 平面：选中此复选框，渲染时显示用于切分 3D 模型的平面，其中包括了 X、Y 或 Z 三个选项。
- 不透明度：此处可以设置横截面处平面的透明属性。
- 相交线：选中此复选框，渲染时在剖面处显示一条线，在此右侧可以控制该平面的颜色。
- "互换横截面侧面"按钮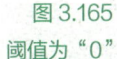：单击此按钮，可以交换渲染区域。
- 侧面 A/B：单击此处的两个按钮，可分别显示横截面 A 侧或 B 侧的内容。

3.20 实战演练

微视频：戒指宣传设计

3.20.1 戒指宣传设计

1）按【Ctrl+N】键新建一个文件，设置弹出的对话框如图 3.170 所示，单击"确定"按钮退出对话框，以创建一个新的空白文件。设置前景色为"1c5391"，按【Alt+Delete】键填充背景。

> **提 示**
>
> 下面利用素材图像，结合变换、混合模式以及复制图层等功能，制作背景中的图像效果。

2）打开本书配套课程网站中的资源文件"第 3 章 \3.20.1- 素材 1.psd"，如图 3.171 所示。使用移动工具将其拖至上一步新建的文件中，同时得到"图层 1"。

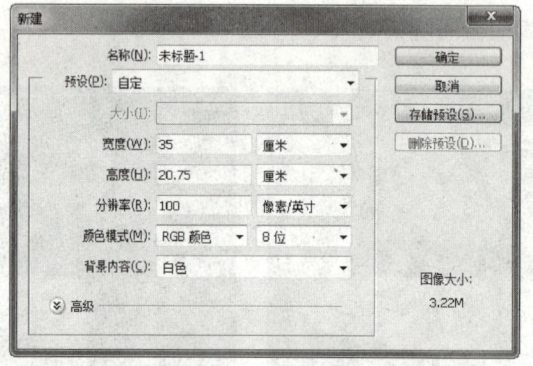

图 3.170
"新建"对话框

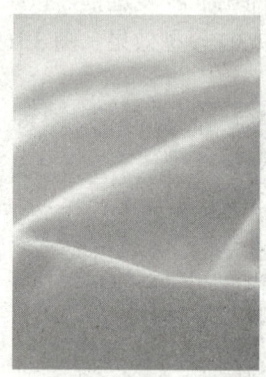

图 3.171
素材图像

3）在"图层 1"图层名称上单击右键，在弹出的菜单中选择"转换为智能对象"图层，从而将其转换为智能对象图层，以在 100% 的比例内反复变换时不会影响图像的质量。此时"图层"面板如图 3.172 所示。

4）按【Ctrl+T】键调出自由变换控制框，在控制框内单击右键，在弹出的菜单中选择"水平翻转"命令，然后调整图像的高度、宽度以及位置，如图 3.173 所示。按【Enter】键确认操作。

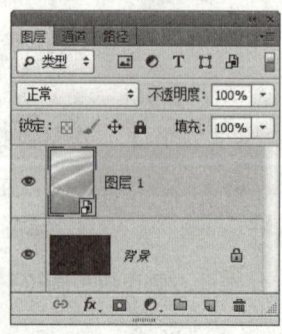

图 3.172
"图层"面板

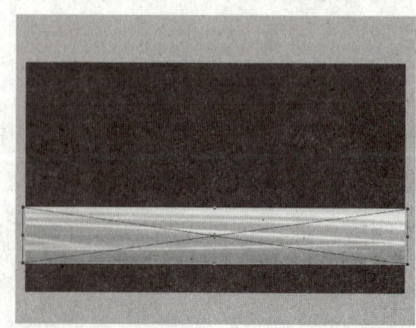

图 3.173
换状态

5）设置"图层1"的混合模式为"叠加"，以混合图像，得到的效果如图3.174所示。复制"图层1"得到"图层1拷贝"，利用自由变换控制框进行水平翻转、调整大小及位置，如图3.175所示。按【Enter】键确认操作。

6）按照上一步的操作方法，结合复制图层及变换功能，制作画布下方的波纹效果，如图3.176所示，同时得到"图层1拷贝2"。选中"图层1"及其拷贝图层，此时"图层"面板如图3.177所示。

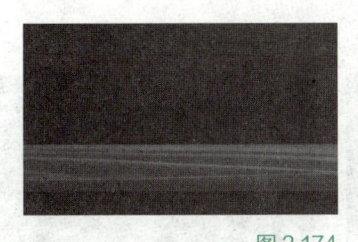
图 3.174
设置混合模式后的效果

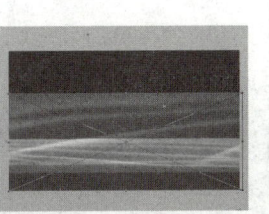
图 3.175
变换状态

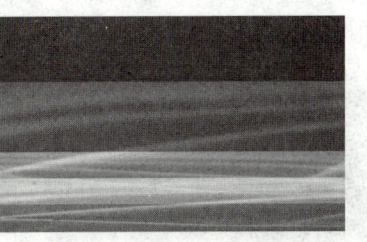
图 3.176
制作波纹效果

7）在选中的图层名称上单击右键，在弹出的菜单中选择"删格化图层"命令，从而将选中的图层转换为普通图层，以便下面应用调整命令。

8）选择"图层1"，选择"图像"｜"调整"｜"去色"命令，以去除图像的色彩，得到的效果如图3.178所示。重复刚刚的操作，分别将"图层1拷贝"及"图层1拷贝2"图层中的图像的色彩去除，得到的效果如图3.179所示。

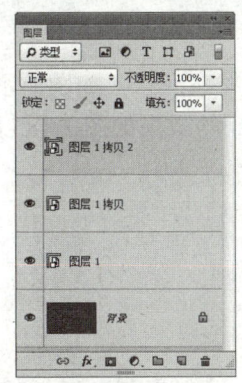
图 3.177
"图层"面板

图 3.178
去色后的效果1

图 3.179
去色后的效果2

> **提 示**
> 下面利用图层蒙版的功能，使整体图像融为一体。

9）选择"图层1拷贝"，单击添加图层蒙版按钮 为当前图层添加蒙版，设置前景色为黑色；选择画笔工具，在其工具选项栏中设置适当的画笔大小及不透明度，在图层蒙版中进行涂抹，以将上方的图像隐藏起来，直至得到如图3.180所示的效果。此时蒙版中的状态如图3.181所示。

> **提 示**
>
> 用画笔在涂抹蒙版时，如果遇到较直的区域可以配合【Shift】键进行涂抹，这样可以涂抹出很直的直线，方法是，在一端单击，然后将鼠标移动另一处按【Shift】键单击即可。

10）按照上一步的操作方法，分别为"图层 1"和"图层 1 拷贝 2"添加蒙版，应用画笔工具 在蒙版中进行涂抹，以将不需要的图像隐藏，得到的效果如图 3.182 所示，"图层"面板如图 3.183 所示。

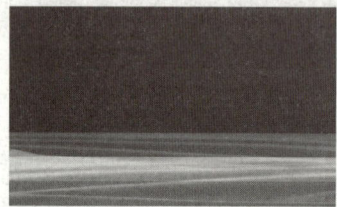
图 3.180
添加图层蒙版后的效果

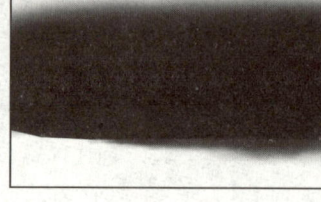
图 3.181
蒙版中的状态

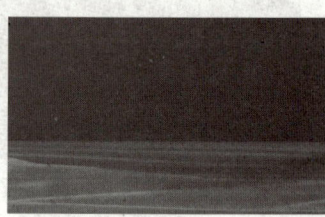
图 3.182
隐藏不需要的图像

11）更改"图层 1 拷贝 2"的混合模式为"线性加深"，以混合图像，得到的效果如图 3.184 所示。

> **提 示**
>
> 下面利用素材图像制作画面中的人物。

12）打开本书配套课程网站中的资源文件"第 3 章 \3.20.1- 素材 2.psd"，如图所示。按【Shift】键使用移动工具 将其拖至上一步制作的文件中，得到的效果如图 3.185 所示，同时得到组"女人"。

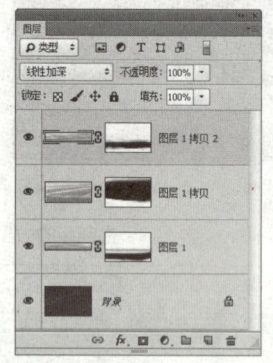
图 3.183
"图层"面板

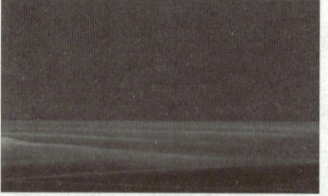
图 3.184
更改混合模式后的效果

图 3.185
素材图像

> **提 示**
>
> 本步是以组的形式给的素材，由于并非本例讲解的重点，读者可以参考最终效果源文件进行参数设置，展开组即可观看到操作的过程。下面制作飘带及戒指图像。

13）按照前面所讲解的操作方法，打开本书配套课程网站中的资源文件"第 3 章 \3.20.1- 素材 3.psd"，结合变换以及复制图层等功能，制作画面中的飘带图像，如图 3.186 所示。此时"图层"面板如图 3.187 所示。

14）打开本书配套课程网站中的资源文件"第 3 章 \3.20.1- 素材 4.psd"，如图 3.188 所示。结合移动工具、变换以及图层蒙版的功能，制作飘带中间的戒指图像，如图 3.189 所示。同时得到"图层 3"。

图 3.186 拖入素材图像　　图 3.187 制作飘带图像　　图 3.188 "图层"面板

15）选择"图层 3"图层缩览图，如图 3.190 所示。在工具箱中选择涂抹工具，并在其工具选项栏中设置适当的画笔大小及强度，在戒指两端涂抹，使整体具有完整性，以达到逼真效果，如图 3.191 所示。

图 3.189 素材图像　　图 3.190 制作戒指图像　　图 3.191 涂抹后的效果

16）最后，打开本书配套课程网站中的资源文件"第 3 章 \3.20.1- 素材 5.psd"，制作画面中的形状及文字图像，得到的最终效果如图 3.192 所示。"图层"面板如图 3.193 所示。

笔记

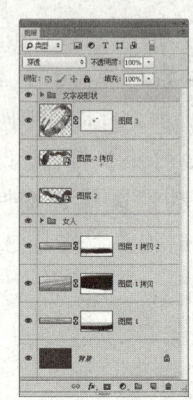

图 3.192
最终效果

图 3.193
"图层"面板

3.20.2 制作包装盒立体效果

资源文件：
3.20.2.psd；
3.20.2-素材

1) 选择 "文件" | "打开" 命令，打开本书配套课程网站中的资源文件 "第 3 章 \3.20.2-素材 \ 素材 .psd"，如图 3.194 所示，其 "图层" 面板如图 3.195 所示。在本例中，将结合其中的三维模型及月饼包装图像，完成一个包装三维立体效果图的制作。

> **提 示**
> 在此素材文件中，已经包含了调整好的 3D 模型，以便于下面专门针对改变模型贴图做讲解。如果读者希望练习调整该模型的操作方法，可以使用本节学习导入三维模型时的素材文件进行练习。

2) 首先，修改 "顶" 贴图，即月饼盒的正面图像。双击 "顶" 贴图此时将弹出一个图像文件，且默认该文件中的图像显示为白色。

3) 打开本书配套课程网站中的资源文件 "第 3 章 \3.20.2-素材 \ 顶 .jpg"，如图 3.196 所示。按【Ctrl+A】键执行 "全选" 操作，按【Ctrl+C】键执行 "复制" 操作，然后关闭该文件，返回至本例第 1) 步打开的文件中，按【Ctrl+V】键执行 "粘贴" 操作，然后选择 "图像" | "显示全部" 命令，从而将该贴图图像完全显示出来。

图 3.194
素材图像

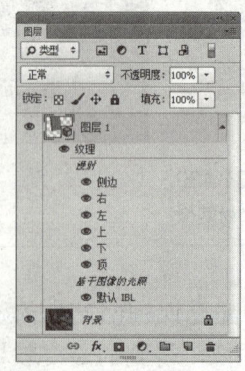

图 3.195
"图层"面板

图 3.196
素材图像

4) 关闭并保存对文件的修改，此时图像将变为如图 3.197 所示的效果。

> 提 示
>
> 此时从图像中不难看出，包装整体图像显得很暗，所以下面编辑三维模型的光照设置。

5）双击"图层 1"的缩览图以调出"3D"面板，在弹出的面板中选择"滤镜：光源"按钮，然后双击"无限光 2"，调出相应的"属性"面板，然后按照如图 3.198 所示进行参数设置，以提高光照的亮度，并色彩与整体相匹配，得到如图 3.199 所示的效果。

图 3.197
加入贴图后的效果

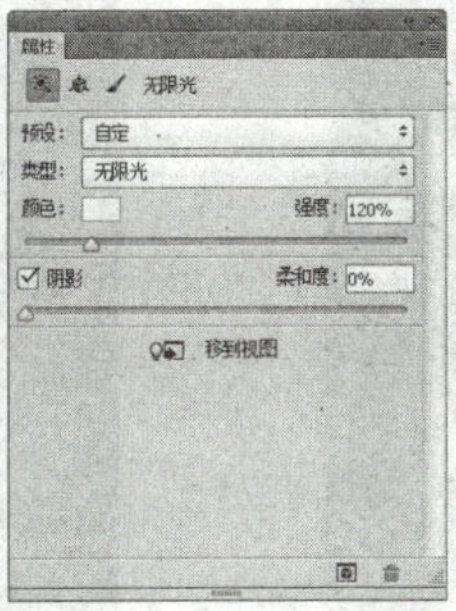

图 3.198
"属性"面板

图 3.199
调整光照后的效果

> 提 示
>
> 在"属性"面板中，颜色块的颜色值为 R:255、G:248、B229。

6）下面再来编辑"左"贴图。同样是双击该贴图名称并弹出一个文件。打开本书配套课程网站中的资源文件"第 3 章\3.20.2-素材\下.jpg"，如图 3.200 所示。按照第 3）步的操作方法（但不要关闭并保存对图像的修改）将该粘贴至"左"贴图文件并显示全部后的状态如图 3.201 所示。

图 3.200
素材图像

图 3.201
显示全部图像后的状态

> 提 示
>
> 由于此次的贴图在高度上的数值很小，所以仅使用"显示全部"命令已经无法满足对贴图的编辑需要，所以下面要继续对其进行编辑。

7）为了使文件仅显示贴图图像，可以按【Ctrl】键并单击粘贴图像所在的图层（默

认为"图层1")以载入其选区,然后选择"图像"|"裁剪"命令,按【Ctrl+D】键取消选区,从而使当前文件仅显示贴图文件。

8)选择"图像"|"旋转画布"|"旋转90度(顺时针)"命令,使贴图的方向与三维包装盒相匹配,得到如图3.202所示的效果。

9)按照第3)步~第7)步中的操作方法,再继续编辑其他的贴图文件,直至将贴图全部添加完毕为止,此时将得到类似如图3.203所示的最终效果。

图3.202
模糊贴图后的效果

图3.203
最终效果

习题

一、选择题

1. 下列关于新建图层的操作中,正确的有(   )。

A. 按【Ctrl+N】键
B. 单击创建新图层按钮
C. 选择"图层"|"新建"|"图层"命令
D. 在"图层"面板的弹出菜单中选择"新建图层"命令

2. 下列关于图层蒙版的说法正确的有(   )。

A. 单击添加图层蒙版按钮可以为当前所选的单个图层添加图层蒙版
B. 图层蒙版可以用来显示和隐藏图像内容
C. 在图层蒙版中,黑色可以隐藏图像
D. 在图层蒙版中,白色可以显示图像

3. 要合并选中的图层,可以执行的操作有(   )。

A. 按【Ctrl+E】键   B. 按【Ctrl+Shift+E】键
C. 选择"图层"|"合并图层"命令   D. 选择"图层"|"拼合图像"命令

4. 剪贴蒙版由(   )和(   )两部分图层组成。

A. 形状图层   B. 剪贴图层   C. 内容层   D. 基层

5. 下列不可以同时对齐和分布图层的情况有(   )。

A. 选中一个包含多个图层的图层组   B. 选中任意2个图层

C. 选中 3 个形状图层　　　　　　　　D. 选中 3 个以上的隐藏图层

6. 下列可以将一个正方形变换成为一个平行四边形的变换命令包括（　　）。
   A. 缩放　　　　　　B. 旋转　　　　　　C. 斜切　　　　　　D. 透视
7. 下列属于调整模型的工具包括（　　）。
   A. 旋转 3D 对象工具　　　　　　　　B. 滚动 3D 对象工具
   C. 拖动 3D 对象工具　　　　　　　　D. 滑动 3D 对象工具
8. 在 Photoshop 中，下列关于 3D 模型贴图的说法错误的有（　　）。
   A. 如果所打开的模型有贴图，则三维模型文件应该与其贴图处于同一文件夹中，否则 Photoshop 无法显示该模型所使用的贴图
   B. 贴图文件中最多只能包含不超过 3 个的图层
   C. 在贴图文件中，用户可以像在正常的文件中操作一样，在其中执行新建图层、调整颜色等操作
   D. 要使用自由变换控制框变换模型，必须先将其转换成为智能对象图层
9. 以下可以通过图层搜索功能过滤的图层有（　　）。
   A. 文字图层　　　B. 调整图层　　　C. 形状图层　　　D. 智能对象图层

二、操作题

1. 打开本书配套课程网站中的资源文件"第 3 章 \3.22-1- 素材 .psd"素材图像，如图 3.204 所示，结合本章对于图层样式功能的讲解，制作得到如图 3.205 所示的金属立体文字效果。

资源文件：
第 3 章操作题素材

图 3.204　　　　　　　　　　　　　　　　　　图 3.205
素材图像　　　　　　　　　　　　　　　　　　文字效果

2. 打开本书配套课程网站中的资源文件"第 3 章 \3.22-2- 素材 1.tif""第 3 章 \3.22-2- 素材 2.tif""第 3 章 \3.22-2- 素材 3.tif"素材，如图 3.206、图 3.207 和图 3.208 所示。结合本章讲解的图层混合模式及图层蒙版等功能，制作得到如图 3.209 所示的效果。

 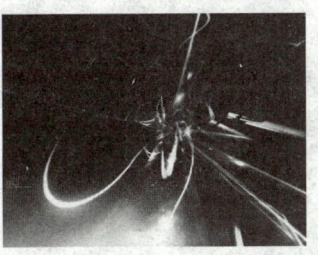 

图 3.206　　　　　　　　　图 3.207　　　　　　　　　图 3.208
素材 1　　　　　　　　　　素材 2　　　　　　　　　　素材 3

3. 打开本书配套课程网站中的资源文件"第 3 章 \3.22-3- 素材 1.psd""第 3 章 \3.22-3- 素材 2.psd""第 3 章 \3.22-3- 素材 3.psd"素材,如图 3.210、图 3.211 和图 3.212 所示,结合本章讲解的图层混合模式、图层蒙版以及前面章节中讲解的选区等功能,制作得到类似如图 3.213 所示的效果。

图 3.209
合成后的效果

图 3.210
素材 1

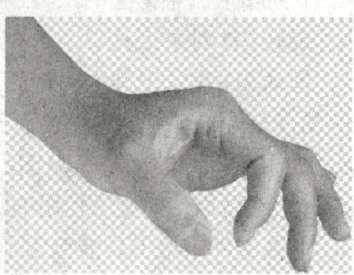
图 3.211
素材 2

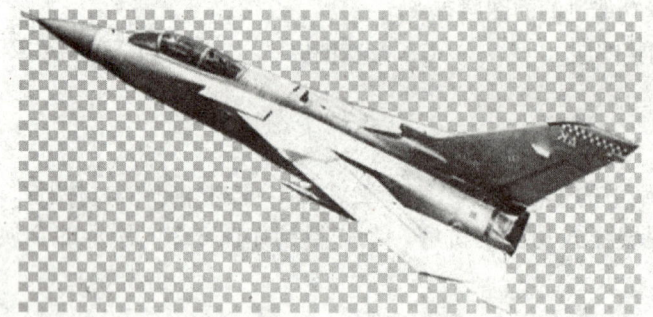
图 3.212
素材 3

图 3.213
合成后的效果

4. 打开本书配套课程网站中的资源文件"第 3 章 \3.22-4- 素材 1.3ds""第 3 章 \3.22-4- 素材 2.tif""第 3 章 \3.22-4- 素材 3.tif"素材,图 3.214 所示是已导入 Photoshop 后的状态、图 3.215 和图 3.216 所示,结合本章讲解的 3D 功能,制作得到类似如图 3.217 所示的效果。

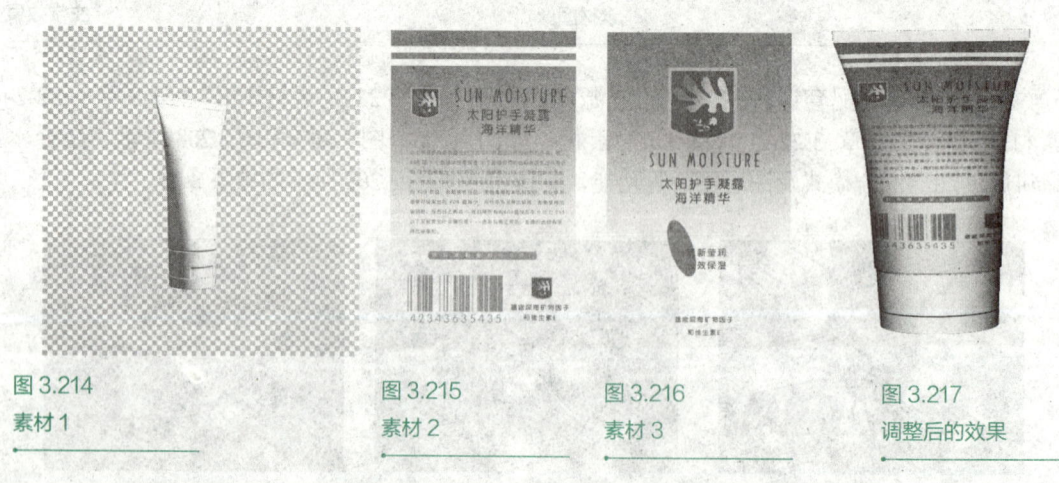

图 3.214
素材 1

图 3.215
素材 2

图 3.216
素材 3

图 3.217
调整后的效果

5. 打开本书配套课程网站中的资源文件"第 3 章 \3.22-5- 素材 1.tif""第 3 章 \3.22-5- 素材 2.tif""第 3 章 \3.22-5- 素材 3.tif"素材,如图 3.218 所示,结合本章讲解的图层混合模式、图层蒙版，以及前面章节中讲解的选区等功能，制作得到类似如图 3.219 所示的效果。

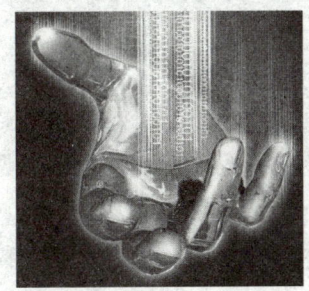

图 3.218
素材图像

图 3.219
融合后的效果

提示

本题在操作上略显复杂，但本章在关于图层蒙版的讲解中，已经略有提到本题最终效果的制作方法及其"图层"面板，读者可以参考这些内容进行制作。

6. 打开本书配套课程网站中的资源文件"第 3 章 \3.22-6- 素材 .psd"，如图 3.220 所示，其对应的"图层"面板如图 3.221 所示。请结合本章中讲解的"图层样式"功能，尝试制作得到类似如图 3.222 所示的效果。

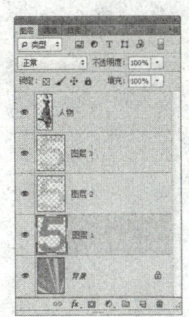

图 3.220
素材图像

图 3.221
"图层"面板

图 3.222
最终效果

提示

本章所用到的素材及效果文件位于本书配套课程网站"第 3 章"的资源文件内，其文件名与章节号对应。

第4章 调整图像色彩

Photoshop CC 中文版标准教程

知识要点：

- 减淡工具
- 加深工具
- "去色"命令
- "反相"命令
- "阈值"命令
- "亮度/对比度"命令
- "色彩平衡"命令
- "照片滤镜"命令
- "阴影/高光"命令
- "黑白"命令
- "色阶"命令
- "曲线"命令
- "色相/饱和度"命令
- "可选颜色"命令

课题导读：

Photoshop 提供了一系列功能各异的图像调整命令。使用它们可以对图像进行调色、校正对比度、校正曝光不足、显示亮部及暗部细节、统一图像色调、平衡图像色彩甚至改变图像的整体质感等操作。

本章将通过大量的照片处理实例，来讲解 Photoshop 中易用且实用的图像调整命令，同时还穿插讲解了大量照片处理时的常用手法及技巧。

4.1 使用调整工具

4.1.1 使用减淡工具提亮图像

使用减淡工具可以分别对图像中的高光、中间调以及阴影区域进行提亮调整，其工具选项栏如图 4.1 所示。

图 4.1 减淡工具选项栏

PPT：调整图像色彩

减淡工具选项栏中各参数的含义如下：
- 画笔：在其中可以选择一种画笔，以定义使用减淡工具操作时的笔刷大小，画笔越大操作时提亮的区域也越大。
- 范围：在此下拉列表中选择选项，可以定义减淡工具应用的范围，其中有"阴影""中间调"及"高光" 3 个选项，分别选择这些选项，可以处理图像中处于 3 个不同色调的区域。
- 曝光度：在该数值框中输入数值或拖动三角滑块，可以定义使用减淡工具操作时的淡化程度，数值越大，提亮的效果越明显。
- 保护色调：选中此复选框，可以使操作后的图像色调不发生变化。

资源文件：
4.1.1.psd；
4.1.1-素材.jpg

例如，图 4.2 所示的人像照片，左侧部分由于受光少，因而显得较暗；图 4.3 所示是针对这部分图像进行局部提亮后的效果。

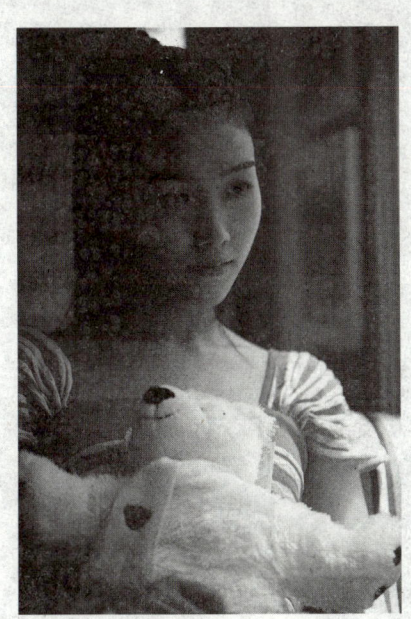
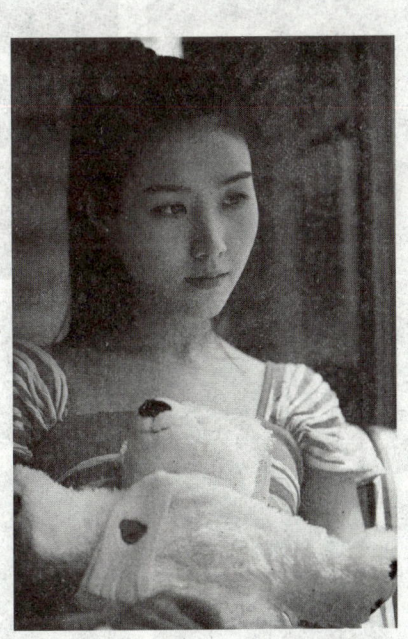

图 4.2 原图像

图 4.3 处理后的图像效果

4.1.2 使用加深工具增加图像对比度

与减淡工具 刚好相反，加深工具 可以对图像中的高光、中间调以及阴影区域进行提亮调整，其工具选项栏及操作方法与减淡工具的相同，故不再重述。

例如，图 4.4 所示为原图像；图 4.5 所示为使用加深工具 加深暗部后的效果。可以看出，操作后面部更具有立体感。

图 4.4
原图

图 4.5
加深面部后的效果

灵活地使用加深工具 与减淡工具 ，可以绘制出很多漂亮的插画作品。例如，图 4.6 所示即为一个使用这两个工具通过加深与提亮操作绘制插画的基本流程。

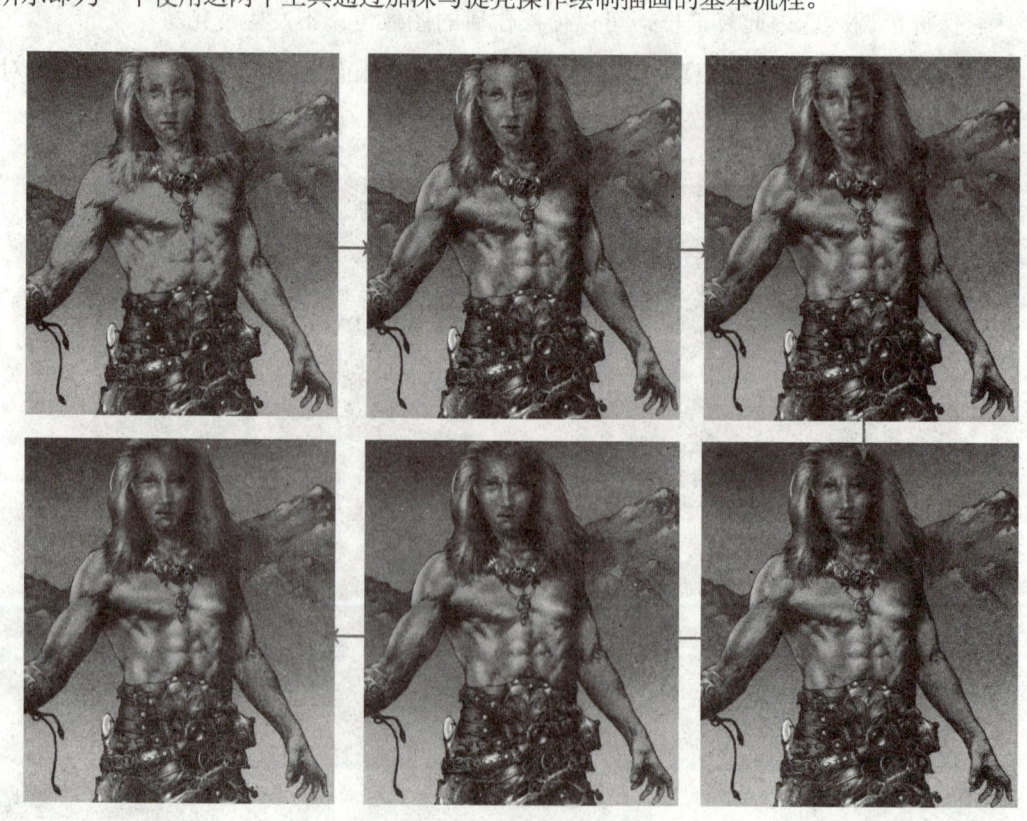
图 4.6
插画绘制的流程图

4.2 色彩调整的基本方法

本节讲解一些简单、快速的调整图像色彩的命令，如"去色""反相""阈值"及"色调分离"等。

4.2.1 "去色"命令

资源文件：
4.2.1.psd；
4.2.1-素材.jpg

顾名思义，"去色"命令就是去除图像中的所有色彩，从而得到一幅灰度图像的效果。

与选择"图像"|"模式"|"灰度"命令不同，选择"图像"|"调整"|"去色"命令后，可在原图像的颜色模式下将图像转换为灰度效果。

下面以一个实例来讲解使用"去色"命令制作图像视觉焦点的方法，其操作步骤如下：

① 打开本书配套课程网站中的资源文件"第 4 章 \4.2.1-素材 .jpg"，如图 4.7 所示。在这幅图像中将使用"去色"命令将人物的眼睛、嘴唇及戒指图像制作为视觉焦点。

② 使用套索工具并按住【Shift】键沿着图像中要突出的眼睛、嘴唇及戒指图像的边缘绘制选区，如图 4.8 所示。

③ 按【Ctrl+Shift+I】键执行"反向"操作，以选中要处理为灰色的图像。

④ 选择"图像"|"调整"|"去色"命令或按【Ctrl+Shift+U】键执行"去色"操作。

⑤ 按【Ctrl+D】键取消选区，得到如图 4.9 所示的效果。

图 4.7　原图效果　　　　　图 4.8　绘制选区　　　　　图 4.9　最终效果

4.2.2 "反相"命令

资源文件：
4.2.2-素材.jpg

按【Ctrl+I】键或选择"图像"|"调整"|"反相"命令，可反相图像的色彩，即将图像中的颜色改变为其补色。此命令没有参数和选项可设置。例如，图 4.10 所示为原图；图 4.11 所示是反相图像色彩前后的效果。

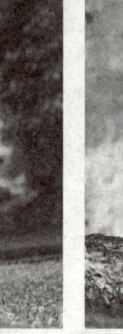

图 4.10　　　　　　　　　　　　　　　图 4.11
原图像　　　　　　　　　　　　　　　反相后的效果

同样，如果当前图像存在选区，可以仅仅反相选区中图像的色彩。

4.2.3　"阈值"命令

黑白图像不同于灰度图像，灰度图像有黑、白及黑到白过渡的 256 级灰，而黑白图像仅有黑色和白色两个色调。要将一幅图像转换为黑白色调图像，可以选择"图像"|"调整"|"阈值"命令，在弹出的如图 4.12 所示的对话框中拖动滑块以定义阈值。滑块越向右偏移，"阈值色阶"数值越大，所得到的图像中黑色区域越大；反之，得到的图像中白色区域越大。

图 4.13 所示是应用"阈值"命令前后图像的效果。

图 4.12　　　　　　　　　　　　图 4.13
"阈值"对话框　　　　　　　　　　"阈值"命令应用示例

4.3　色彩调整的中级方法

本节讲解一些较复杂的图像调整命令，其中主要包括"亮度/对比度""色彩平衡""照片滤镜""阴影/高光"以及"黑白"命令等。

4.3.1　"亮度/对比度"命令

选择"亮度/对比度"命令可以方便快捷地调整图像明暗度，其操作方法如下：

1) 打开本书配套课程网站中的资源文件"第 4 章\4.3.1- 素材 .jpg"，如图 4.14 所示。选择"图像"|"调整"|"亮度/对比度"命令，弹出如图 4.15 所示的对话框。

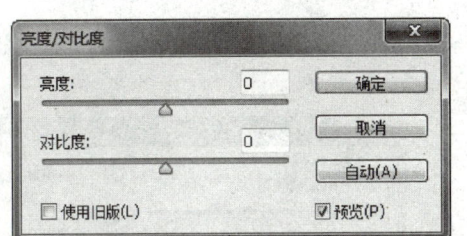

图 4.14　要调整的图像　　　　　　　图 4.15　"亮度/对比度"对话框

2）拖动对话框中的滑块进行调整。对于本例的图像笔者所使用的参数如图 4.16 所示。

- 亮度：用于调整图像的亮度。数值为正时，增加图像亮度；数值为负时，降低图像的亮度。
- 对比度：用于调整图像的对比度。数值为正时增加图像的对比度，数值为负时降低图像的对比度。
- 使用旧版：可以通过选中此复选框，来使用 CS3 版本以前的"亮度/对比度"命令以调整图像，但不建议选中此复选框。
- "自动"按钮：单击此按钮后，即可自动针对当前的图像进行亮度及对比度的调整。

3）设置参数后单击"确定"按钮，图像明暗度则发生相应改变，如图 4.17 所示。

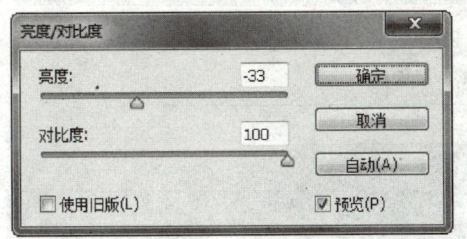

图 4.16　图像调整所使用的参数　　　　图 4.17　调整后的图像效果

4.3.2　"色彩平衡"命令

使用"图像"|"调整"|"色彩平衡"命令可以增加某一颜色的补色，从而达到去除某种颜色的目的。这是在调整偏色照片时经常用到的一个命令。选择"图像"|"调整"|"色彩平衡"命令，则弹出如图 4.18 所示的对话框。

"色彩平衡"对话框中各参数的含义如下：

- 阴影：选中此单选按钮，调整图像阴影部分的颜色。

资源文件：
4.3.2.psd；
4.3.2-素材.jpg

微视频："色彩平衡"命令的使用方法

- 中间调：选中此单选按钮，调整图像中间调的颜色。
- 高光：选中此单选按钮，调整图像高亮部分的颜色。
- 保持明度：选中此复选框，可以保持图像原来的亮度，即在操作时仅有颜色值被改变，像素的亮度值不变。

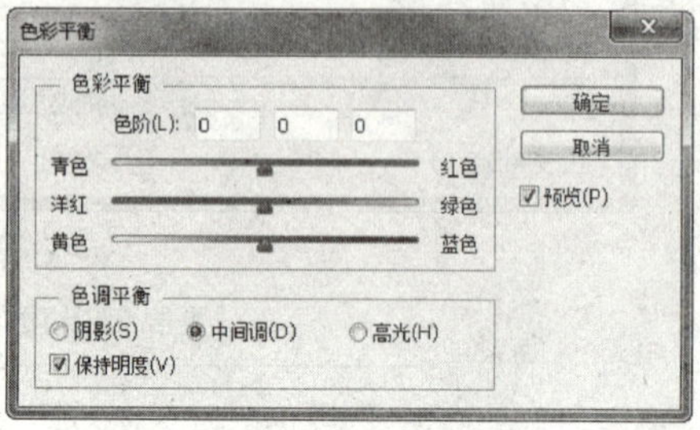

下面以一个实例来讲解，如何利用"色彩平衡"命令平衡图像的色彩，其操作步骤如下：

1）打开本书配套课程网站中的资源文件"第4章\4.3.2-素材.jpg"，如图4.19所示。选择"图像"|"调整"|"色彩平衡"命令。

2）在"色彩平衡"控制区中选择需要调整的图像色调区，例如要调整图像的暗部，则应选中"阴影"单选按钮。

3）拖动3个滑块条上的滑块，例如要为图像增加红色，向右拖动"红色"滑块，拖动的同时要观察图像的调整效果。

4）得到满意效果后单击"确定"按钮即可。图4.20和图4.21所示为设置的参数。图4.22所示为应用"色彩平衡"命令后的效果。

图 4.18
"色彩平衡"对话框

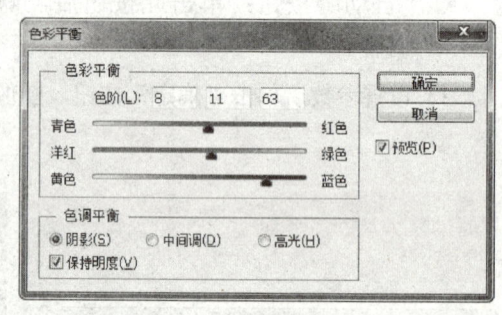

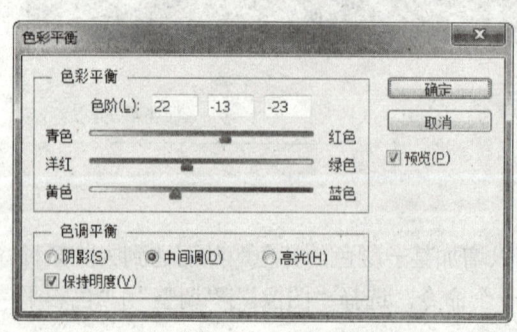

图 4.19
素材图像

图 4.20
"阴影"选项

图 4.21
"中间调"选项

图 4.22
应用"色彩平衡"命令后的效果

4.3.3 "照片滤镜"命令

用户可通过"图像"|"调整"|"照片滤镜"命令调整图像的色调，例如将暖色调照片调整成为冷色调等。调整图像的色调，使其具有暖色调或冷色调，也可以根据实际情况自定义为其他的色调。选择"图像"|"调整"|"照片滤镜"命令，则弹出如图 4.23 所示的对话框。

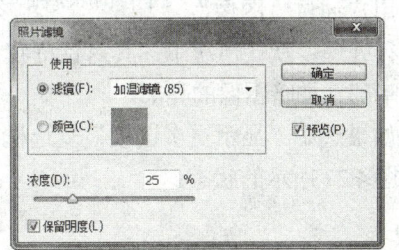

图 4.23
"照片滤镜"对话框

"照片滤镜"对话框中各参数的含义如下：

- 滤镜：在该下拉列表中有多达 20 种预设选项，可以根据需要选择合适的选项，对图像进行调节。
- 颜色：单击该色块在弹出的"拾色器"对话框中可以自定义一种颜色作为图像的色调。
- 浓度：拖动滑块可以调整应用于图像的颜色数量，该数值越大，应用的颜色调整越大。
- 保留明度：在调整颜色的同时保持原图像的亮度。

下面就以一个实例来讲解，如何利用"照片滤镜"命令来自定义图像的色调，其操作步骤如下：

① 打开本书配套课程网站中的资源文件"第 4 章\4.3.3-素材.jpg"，如图 4.24 所示。

② 选择"图像"|"调整"|"照片滤镜"命令，在弹出的"照片滤镜"对话框中执行下列操作之一：

- 选择"加温滤镜"可以将图像调整为暖色调。
- 选择"冷却滤镜"可以将图像调整为冷色调。
- 在"滤镜"下拉列表中选择选项，可以将图像调整为不同的色调。
- 单击"颜色"后面的颜色块，在弹出的"拾色器"对话框中可以选择一种需要的颜色，从而将图像调整为该色调。

③ 拖动"浓度"滑块或在该数值框中输入数值，以定义色调的浓度。

④ 参数设置完毕，单击"确定"按钮退出对话框即可。

图 4.25 所示为经过调整后图像色调偏冷的效果。

图 4.24
原图像

图 4.25
偏冷色调的图像

4.3.4 “阴影 / 高光”命令

资源文件：
4.3.4.psd；
4.3.4- 素材 .jpg

用户通过“图像”|“调整”|“阴影 / 高光”命令可针对图像中过暗或过亮区域的细节图像进行处理，默认情况下，其对话框状态如图 4.26 所示，通过拖动“数量”滑块即可提亮图像的暗部、加暗图像的亮部。

如果选中“显示更多选项”复选框，则可以进行高级参数的设置，此时其对话框将显示为如图 4.27 所示的状态。

笔 记

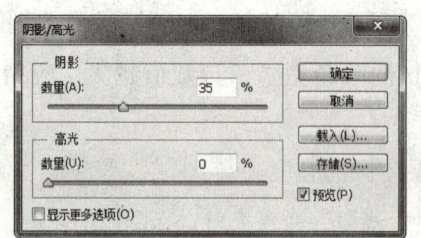

图 4.26
“阴影 / 高光”对话框

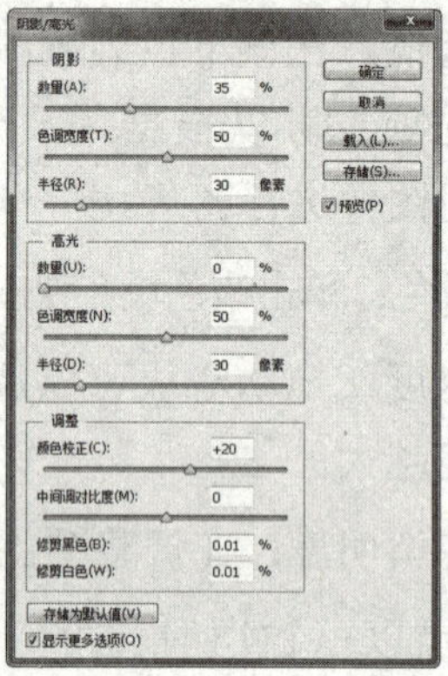

图 4.27
扩展后的对话框

下面分别讲解这些参数的含义：

- 数量：在“阴影”或“高光”区域中拖动该滑块，可以对图像暗调或高光区域进行调整，该数值越大则调整的幅度也越大。
- 色调宽度：在“阴影”或“高光”区域中拖动该滑块，可以控制对图像的暗调或高光部分的修改范围，该数值越大则调整的范围也越大。
- 半径：在“阴影”或“高光”区域中拖动该滑块，可以确定图像中哪些区域是暗调区域，哪些区域是高光区域，然后对已确定的区域进行调整。
- 颜色校正：拖动该滑块或在此数值框中输入数值，可以对图像的颜色进行微调，数值越大则图像中的颜色饱和度越高，反之则图像颜色的饱和度降低。
- 中间调对比度：拖动该滑块或在此数值框中输入数值，可以调整位于暗调和高光部分之间的中间色调，使其与调整暗调和高光后的图像相匹配。
- 修剪黑色、修剪白色：在该数值框中输入数值，可以确定新的暗调截止点（设置“修剪黑色”数值）和新的高光截止点（设置“修剪白色”数值）。这两个数值设置的越大，则图像的对比度越强。
- 存储为默认值：单击该按钮可以将当前所做的设置存储为对话框的默认参数，当再次选择该命令时，就会以存储的默认参数对图像进行调节。如果恢复系统默认的参数，可以按住【Shift】键，此时该按钮会显示为“复位默认值”，单击该按钮即可将参数恢复为 Photoshop 默认的参数。

使用“阴影 / 高光”调整图像的亮部与暗部区域，可以按照以下步骤操作：

1. 打开本书配套课程网站中的资源文件“第 4 章 \4.3.4- 素材 .jpg”，如图 4.28 所示。

② 观察图像可以看出，图像的暗部和亮部区域都未完全显示出图像的细节，下面就来解决这个问题。

③ 选择"图像"|"调整"|"阴影/高光"命令。

④ 在弹出的对话框中拖动"阴影"区域中的"数量"滑块，直至让暗调区域中的细节显示出满意的效果为止，如图 4.29 所示。此时的预览效果如图 4.30 所示。

 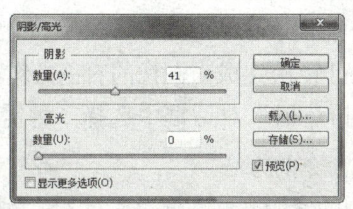 

图 4.28　素材图像　　　图 4.29　"阴影/高光"对话框　　　图 4.30　预览效果

⑤ 按照上一步中的方法拖动"高光"区域中的"数量"滑块，以显示出亮部区域中的细节，如图 4.31 所示，直至得到满意的效果为止，如图 4.32 所示。

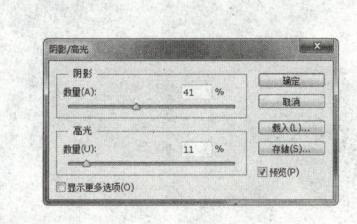 

图 4.31　"阴影/高光"对话框　　　图 4.32　最终效果

⑥ 调整完毕单击"确定"按钮退出对话框即可。

4.3.5　"黑白"命令

用户通过"黑白"命令可以将图像处理成灰度图像效果，也可以选择一种颜色，将图像处理成单一色彩的图像。选择"图像"|"调整"|"黑白"命令，即可调出如图 4.33 所示的对话框。

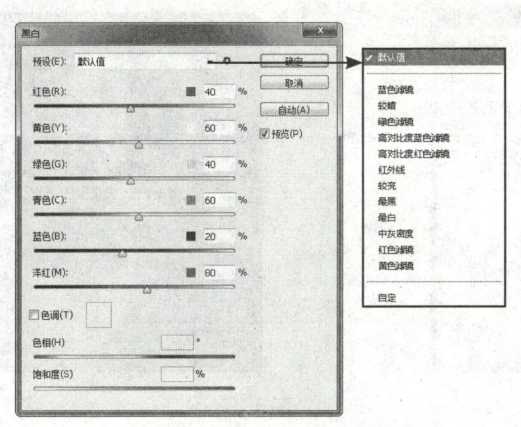

图 4.33　"黑白"对话框

资源文件：
4.3.5.psd；
4.3.5-素材.jpg

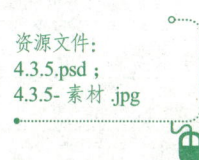

微视频："黑白"命令的使用方法

笔记

"黑白"对话框中各参数的解释如下：

- 预设：在此下拉菜单中，可以选择 Photoshop 自带的多种图像处理方案，从而将图像处理成不同程度的灰度效果。
- 颜色设置：在对话框中间的位置，存在着 6 个滑块，分别拖动各滑块，即可对原图像中对应色彩的图像进行灰度处理。
- 色调：选择该选项后，对话框底部的两个色条及右侧的色块将被激活，如图 4.34 所示。其中两个色条分别代表了"色相"与"饱和度"，在其中调整出一个要叠加到图像上的颜色，即可轻松完成对图像的着色操作。另外，也可以直接单击右侧的颜色块，在弹出的"拾色器"对话框中选择一种需要的颜色即可。

下面通过一个实例，讲解此命令的方法。

1）打开本书配套课程网站中的资源文件"第 4 章 \4.3.5- 素材 .jpg"图像，如图 4.35 所示。在本例中，将使用"黑白"命令先制作灰度图像，再为图像叠加颜色，从而处理得到艺术化的摄影图像效果。

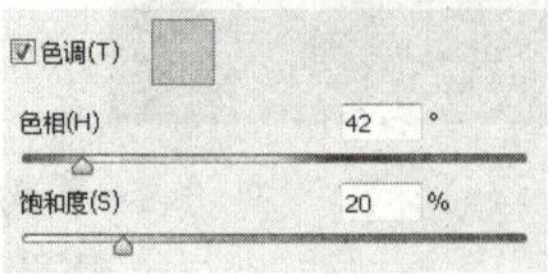

图 4.34
激活后的色彩调整区

图 4.35
素材图片

2）按【Ctrl+Alt+Shift+B】键或选择"图像"|"调整"|"黑白"命令，在弹出的对话框中，可以在"预设"下拉菜单中选择一种处理方案，如图 4.36 所示。此时图像的预览效果如图 4.37 所示。

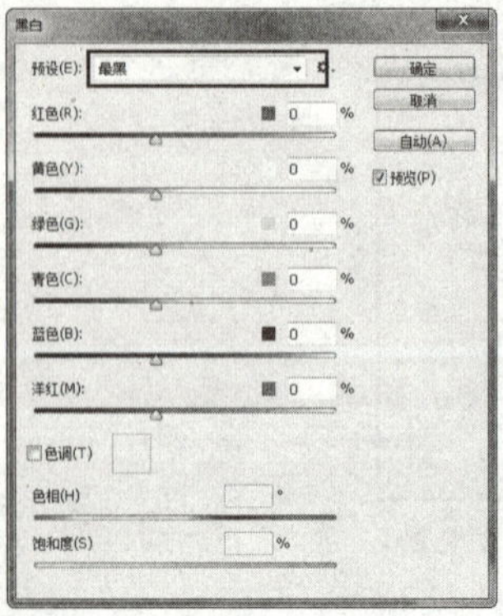

图 4.36
选择预设

图 4.37
预览效果

3）也可以直接在中间的颜色设置区域中拖动各滑块，以调整图像的效果。

> **提　示**
>
> 至此，已经将图像完全处理成为满意的灰度效果了。下面再继续在此基础上，为图像叠加一种艺术化的色彩。

4）选中对话框底部的"色调"选项，此时下面的颜色设置区域将被激活，分别拖动"色相"及"饱和度"滑块，同时预览图像的效果，直至满意为止。

图4.38所示是调整的单色效果，读者可以尝试制作。

图 4.38
两种调色效果

4.4 色彩调整的高级方法

本节讲解 Photoshop 的高级图像调整命令，其中包括"色阶""曲线"命令以及"色相/饱和度"命令等。

4.4.1 "色阶"命令

利用"色阶"命令可以调整图像的明暗度、中间色和对比度。该命令是图像调整过程中使用最为频繁的命令之一。选择"图像"|"调整"|"色阶"命令，弹出如图4.39所示的对话框。

资源文件：
4.4.1-1.psd；
4.4.1-1-素材.jpg

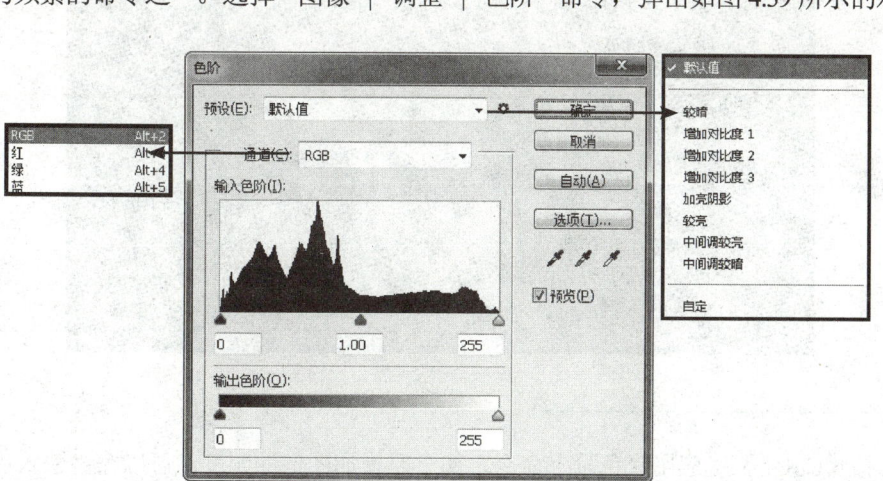

图 4.39
"色阶"对话框

"色阶"对话框中各参数的含义如下：
- 通道：在该下拉列表中可以选择要调整的通道。在调整不同颜色模式的图像时，该下拉列表中的选项也不尽相同。例如，在 RGB 模式的图像中，该下拉列表中显示"RGB""红""绿"和"蓝"4 个选项；而在灰度模式下，由于此时只有一个"灰色"通道，所以该下拉列表将不再提供任何选项。
- 输入色阶：分别拖动"输入色阶"直方图下面的黑、灰、白色滑块或在"输入色阶"数值框中输入数值，可以对应地改变照片的暗调、中间调或高光，从而增加图像的对比度。向左拖动白色滑块或灰色滑块，可以加亮图像；向右拖动黑色滑块或灰色滑块，可以使图像变暗。
- 拖动"输出色阶"下面的控制条上的滑块或在"输出色阶"数值框中输入数值，可以重新定义暗调和高光值，以降低图像的对比度。其中向右拖动黑色滑块，可以降低图像暗部对比度从而使图像变亮；向左拖动白色滑块，可以降低图像亮部对比度从而使图像变暗。
- 存储预设 / 载入预设：单击"预设"右侧的按钮，选择"存储预设"命令，可以将当前对话框的设置保存为一个 *.alv 文件，在以后的工作中如果遇到需要进行同样设置的图像，可以选择"载入预设"命令，调出该文件，以自动调整对话框的设置。
- 自动：单击"自动"按钮，Photoshop 将自动调整图像，其实质是 Photoshop 以 0.5% 的比例调整图像的亮度，将图像中最亮的像素变成白色，将最暗的像素变成黑色，使图像中的亮度分布更均匀，消除图像不正常的亮部与暗部像素。

1. 使用滑块调整图像对比度

使用"色阶"命令可以简单、快速地调整图像的明暗度，其操作步骤如下：

1）打开本书配套课程网站中的资源文件"第 4 章 \4.4.1-1- 素材 .jpg"，如图 4.40 所示。

微视频：使用滑块调整图像对比度

图 4.40
素材图像

2）按【Ctrl+L】键应用"色阶"命令，如果要增加图像的明度，可以在"输入色阶"区域中向左侧拖动白色滑块，如图 4.41 所示，此时的预览效果如图 4.42 所示。

4.4 色彩调整的高级方法

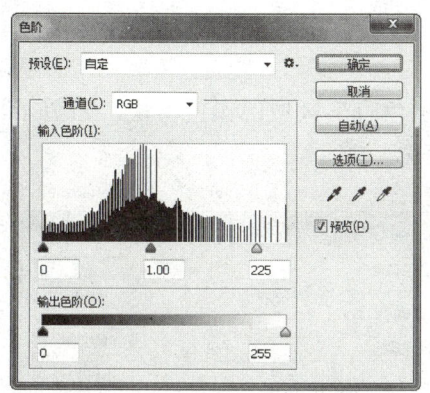

图 4.41　拖动白色滑块增加图像明度

图 4.42　调整后的效果

3）如果要增加图像的暗度，可以向右侧拖动"输入色阶"区域中的黑色滑块，如图 4.43 所示。此时的预览效果如图 4.44 所示。

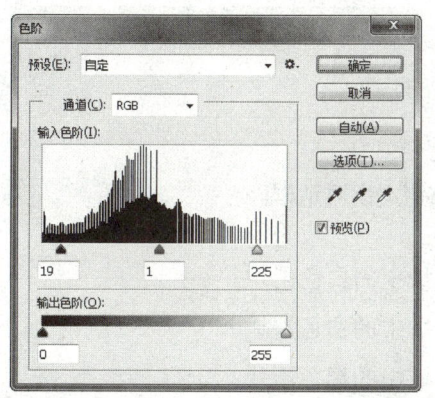

图 4.43　拖动黑色滑块增加图像暗度

图 4.44　调整后的效果

4）向右拖动"输入色阶"的中间灰色滑块，可以提亮中间调图像，如图 4.45 所示；反之，向左侧拖动，则可以调暗。图 4.46 所示是调亮后的效果。

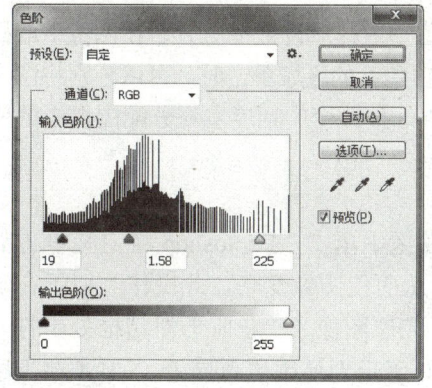

图 4.45　拖动黑色滑块增加图像暗度

图 4.46　调整后的效果

5）如要降低图像的明度可以向左侧拖动"输出色阶"区域的白色滑块，如图 4.47 所示。

6）如要降低图像的暗度可以向右侧拖动"输出色阶"区域的黑色滑块，如图 4.48 所示。

图 4.47
降低图像的明度

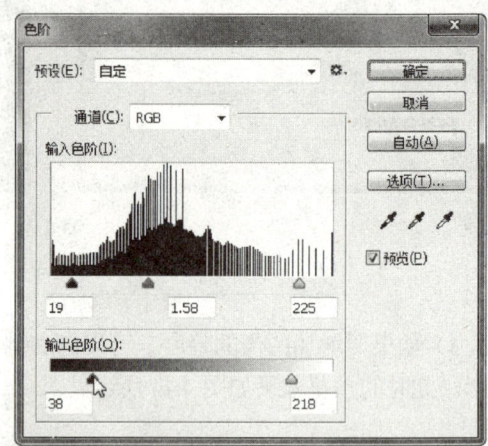

图 4.48
降低图像的暗度

7）调整完毕得到满意的效果后，单击"确定"按钮退出对话框。

通过本案例，可以总结出以下规律：

- 要增加图像的明度可以拖动"输入色阶"区域中的白色滑块。
- 要降低图像的明度可以拖动"输出色阶"区域中的白色滑块。
- 要增加图像的暗度可以拖动"输入色阶"区域中的黑色滑块。
- 要降低图像的暗度可以拖动"输出色阶"区域中的黑色滑块。

2. 使用黑白吸管调整图像亮度

除使用"输入色阶"与"输出色阶"对图像进行调整外，还可以使用对话框中的 3 个吸管工具对图像进行调整。从左到右 3 个吸管依次为在图像中取样以设置黑场 ✐、在图像中取样以设置灰场 ✐ 和在图像中取样以设置白场 ✐，单击其中任一吸管，然后将光标移到图像窗口中，光标将变成相应的吸管形状，单击即可完成色调调整。

黑、白吸管的工作原理是，当用户分别使用在图像中取样以设置黑场 ✐、在图像中取样以设置白场 ✐ 在图像的最暗与最亮（注意不是黑色与白色）的区域单击时，可以分别将图像最暗与最亮处的像素映射为黑色与白色，并使 Photoshop 按改变的幅度重新分配图像中的所有像素，从而调整图像。

下面分别讲解各个吸管工具的作用：

- 在图像中取样以设置黑场 ✐：用该吸管在图像中单击，Photoshop 将定义单击处的像素为黑点，并重新分布图像的像素值，从而使图像变暗，此操作类似于在输入色阶中向右侧拖动黑色滑块。图 4.49 所示为原图像及"色阶"对话框处于打开状态下黑色滴管工具 ✐ 所在的位置。图 4.50 所示为使用黑色滴管工具 ✐ 单击图像后图像整体变暗的效果。

微视频：使用黑白吸管调整图像亮度

资源文件：
4.4.1-2.psd；
4.4.1-2- 素材 .jpg

图 4.49　　　　　　　　　　　　　　　　　　　图 4.50
原图像及黑色滴管工具所在的位置　　　　使用黑色滴管单击图像后效果

- 在图像中取样以设置白场：与黑色吸管相反，Photoshop 将定义白色吸管所单击处的像素为白点，并重新分布图像的像素值，从而使图像变亮，此操作类似于在输入色阶中向左侧拖动白色滑块，但此操作更直观、精确。图 4.51 所示为原图像及"色阶"对话框处于打开状态下使用白色滴管工具所在的位置，图 4.52 所示为使用白色滴管工具单击图像后图像整体变亮的效果。

图 4.51　　　　　　　　　　　　　　　　　　　图 4.52
原图像及白色滴管工具所在的位置　　　　用白色滴管单击图像后的效果

3. 使用灰色吸管工具纠正图像偏色

在使用素材图像的过程中，不可避免地会遇到一些偏色的图像，而使用"色阶"对话框中的灰色滴管工具可以轻松地解决这个问题。

灰色滴管工具纠正偏色操作的方法很简单，只需要使用吸管单击图像中的某种颜色，即可在图像中消除或减弱此种颜色，从而纠正图像中的偏色状态。

图 4.53 所示为原图像。图 4.54 所示为"色阶"对话框处于打开状态下，使用灰色滴管在图像中单击后的效果。可以看出，由于去除了部分蓝像素，图像中的人像面部呈现出红润的颜色。

资源文件：
4.4.1-3.psd；
4.4.1-3-素材.jpg

> 提 示
>
> 使用灰色滴管单击的位置不同，得到的效果也不会相同，因此需要特别注意。

笔 记

图 4.53
原图像

图 4.54
使用灰色滴管后的效果

4.4.2 "曲线"命令

"曲线"命令是 Photoshop 中调整图像最为精确的一个命令，其对话框如图 4.55 所示。在调整图像时可以通过在对话框中的调节线上添加控制点并调整其位置，对图像进行精确的调整。

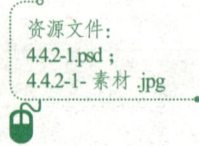
资源文件：
4.4.2-1.psd；
4.4.2-1- 素材 .jpg

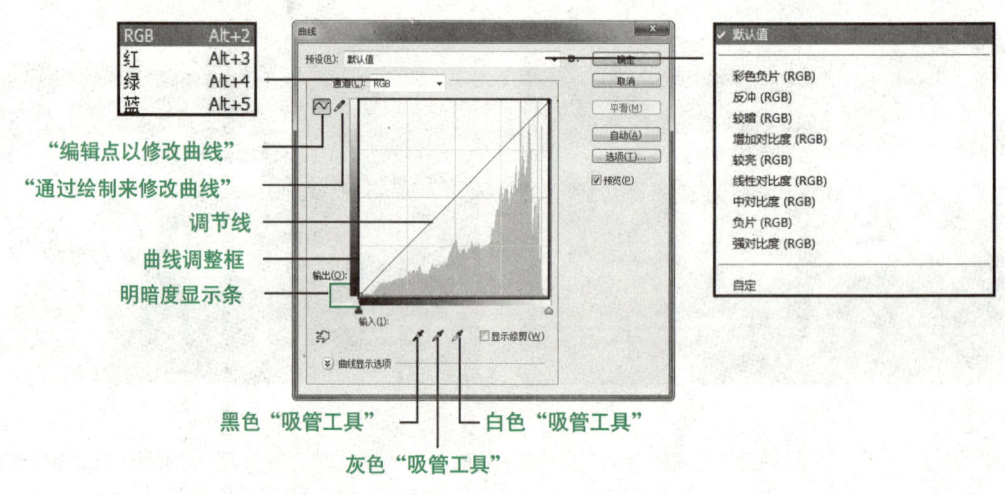

图 4.55
"曲线"对话框

"曲线"对话框中各参数的解释如下：

- 预设：除了可以手工编辑曲线来调整图像外，还可以直接在"预设"下拉菜单中选择一个 Photoshop 自带的调整选项。
- 通道：与"色阶"命令相同，在不同的颜色模式下，该下拉菜单将显示不同的选项。
- 曲线调整框：该区域用于显示当前对曲线所进行的修改，按住【Alt】键在该区域中单击可以增加网格的显示数量，从而便于对图像进行精确的调整。
- 明暗度显示条：即曲线调整框左侧及底部的渐变条。横向的显示条为图像在调整前的明暗度状态，纵向的显示条为图像在调整后的明暗度状态。图 4.56 所示为分别向上和向下拖动节点时，该点图像在调整前后的对应关系。

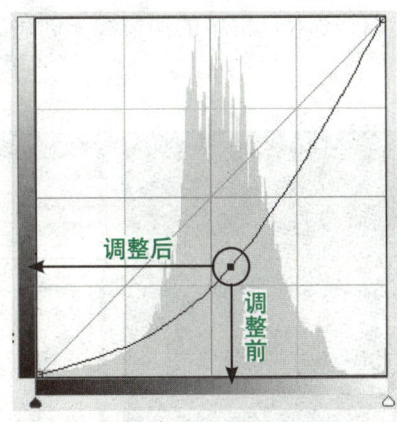

图 4.56
节点的对应关系

- 调节线：在该直线上可以添加最多不超过 14 个节点，当鼠标置于节点上并变为选中状态时，就可以拖动该节点对图像进行调整。要删除节点，可以选中并将节点拖至对话框外部，或在选中节点的情况下，按【Delete】键即可。
- "编辑点以修改曲线"：使用该工具可以在调节线上添加控制点，将以曲线方式调整调节线。
- "通过绘制来修改曲线"：使用该工具可以手绘方式在曲线调整框中绘制曲线。
- 平滑：当使用"通过绘制来修改曲线"绘制曲线时，该按钮才会被激活，单击该按钮可以让所绘制的曲线变得更加平滑。

1. 精确调整图像明暗度

本小节通过一个简单的实例，讲解使用"曲线"命令精确调整图像明暗度的操作方法。

- 打开本书配套课程网站中的资源文件"第 4 章 \4.4.2-1- 素材 .jpg"，如图 4.57 所示。
- 观察图像可以看出，图像中最亮和最暗的部分大致应为图 4.58 中黑色圆圈内部所标示的位置。
- 选择"图像"|"调整"|"曲线"命令或按【Ctrl+M】键调出"曲线"对话框。

图 4.57
原图像

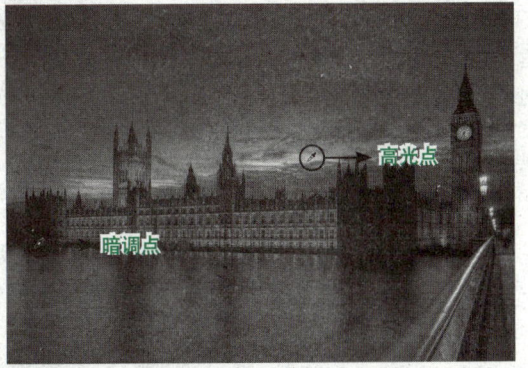

图 4.58
图像的最亮点与最暗点

微视频：使用"曲线"命令精确调整图像明暗度的操作方法

笔记

- 将光标移至"曲线"对话框外，置于图像的高光点处，按住鼠标左键不放，此时在曲线调整框中的调节线上会出现与之对应的标记，然后按住【Ctrl】键单击鼠标左键，此时 Photoshop 会在调节线上自动添加一个控制节点。

⑤ 按照上一步中的方法在"曲线"对话框中的调节线上创建与暗调点相对应的控制节点，如图 4.59 所示。

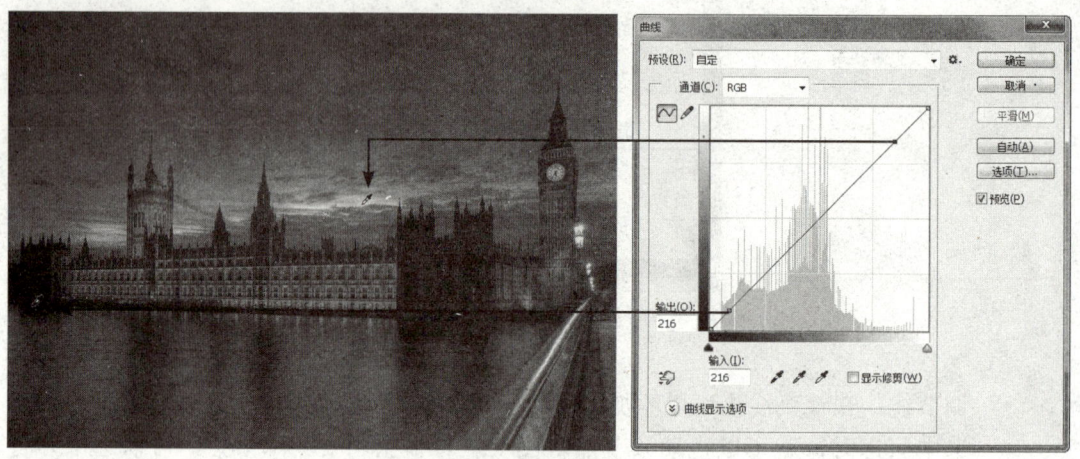

图 4.59
创建暗调控制节点

⑥ 确定了最亮点与最暗点后，将调节线调整为 S 形即可，如图 4.60 所示。

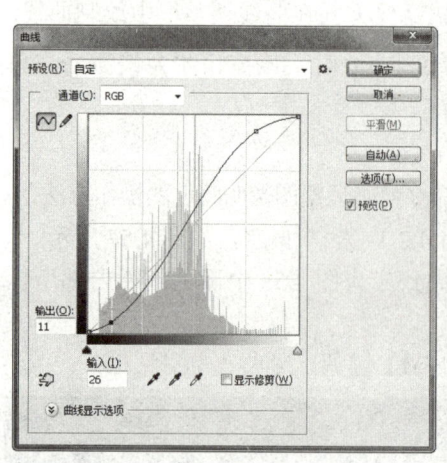

图 4.60
利用 S 形曲线增加图像对比度后的效果

2. 显示更多的细节图像

在前面的讲解中曾提到过，"曲线"命令是 Photoshop 中最为精确的一个图像调整命令。利用此命令的精确性，可以在尽量保证图像质量的情况下，显示出图像中的细节内容。下面以一个实例进行讲解，其操作步骤如下：

资源文件：
4.4.2-2 素材 .jpg；
4.4.2-2.psd

图 4.61
素材图像

① 打开本书配套课程网站中的资源文件"第 4 章 \4.4.2-2- 素材 .jpg"，如图 4.61 所示。观察图像可以看出，图像的整体都偏暗。下面就利用"曲线"命令来解决这个问题。

② 选择"图像"|"调整"|"曲线"命令或按【Ctrl+M】键调出"曲线"对话框。

4.4 色彩调整的高级方法

③ 在调节线的左下方添加一个控制点，并向上拖动至如图 4.62 所示的状态，此时的预览效果如图 4.63 所示。可以看出，此时底部较暗图像中的细节已经基本显示出来了。

笔 记

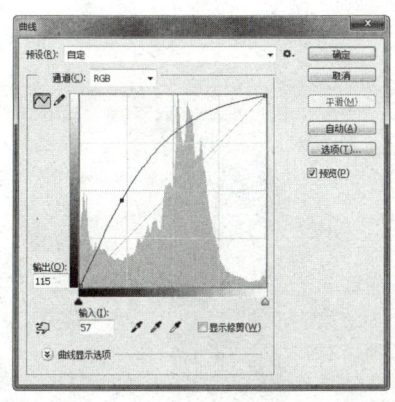

图 4.62　　　　　　　　　　　　　　　　　　　　图 4.63
添加并调整节点　　　　　　　　　　　　　　　　显示暗部的图像

④ 此时图像的暗调区域仍然有比较明显的死黑区域，所以下面将继续在暗调区域的对应位置（即调节线的左下方）添加节点，并向上拖动，以更多的显示出暗调区域的图像，如图 4.64 所示，此时图像的预览效果如图 4.65 所示。

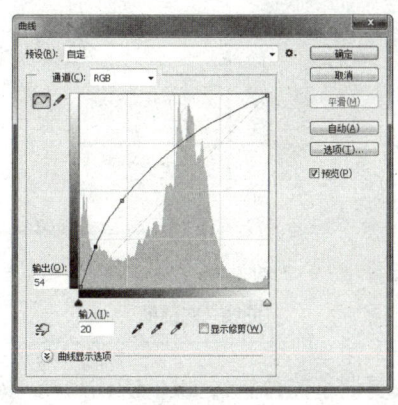

图 4.64　　　　　　　　　　　　　　　　　　　　图 4.65
向上拖动左下方的控制点　　　　　　　　　　　　继续显示更多暗调区域的细节

提 示

此时，暗调图像已经基本显示出来，但整体的对比度则有些偏低，下面就来解决这个问题。

⑤ 在调节线右上方添加一个节点并向上拖动，以提高图像的对比度，如图 4.66 所示，此时图像的预览效果如图 4.67 所示。

⑥ 调整得到满意效果后，单击"确定"按钮退出对话框。

3. 直接拖动调整曲线

单击"曲线"对话框中的"在图像上单击并拖动可修改曲线"按钮后，可以在图像中通过拖动的方式快速调整图像的色彩及亮度。

图 4.68 所示是单击"在图像上单击并拖动可修改曲线"按钮后在要调整的图像位置

微视频：直接拖动调整曲线

摆放光标时的状态，由于当前摆放光标的位置显得曝光不足，所以将向上拖动光标以提亮图像，如图 4.69 所示。此时的"曲线"对话框如图 4.70 所示。

资源文件：
4.4.2-3- 素材 .jpg

笔 记

图 4.66
添加并调整节点

图 4.67
调整中间部分图像对比度后的效果

图 4.68
摆放光标位置

图 4.69
向上拖动光标以提亮图像

图 4.70
"曲线"对话框

在上面图像处理的基础上，再将光标置于阴影区域要调整的位置，如图 4.71 所示。按照前面所述的方法，此时将向下拖动鼠标以调整阴影区域，如图 4.72 所示。此时的"曲线"对话框如图 4.73 所示。

图 4.71
摆放光标位置

图 4.72
向下拖动光标以降暗图像

图 4.73
"曲线"对话框

通过上面的示例可以看出，实际上"在图像上单击并拖动可修改曲线"按钮 只不过是在操作的方法上有所不同，而在调整的原理上是没有任何变化的，就像刚刚的示例中，利用了 S 形曲线增加图像的对比度，而这样的形态曲线也完全可以在"曲线"对话框中通过编辑曲线的方式创建得到，所以读者在实际运用过程中，可以根据自己的喜好，选择使用何种方式来调整图像。

4.4.3 "色相／饱和度"命令

用户通过"图像"|"调整"|"色相／饱和度"命令可以依据不同的颜色分类进行调色操作，还可以直接为图像进行统一的着色操作。选择"图像"|"调整"|"色相／饱和度"命令，弹出如图 4.74 所示的对话框。

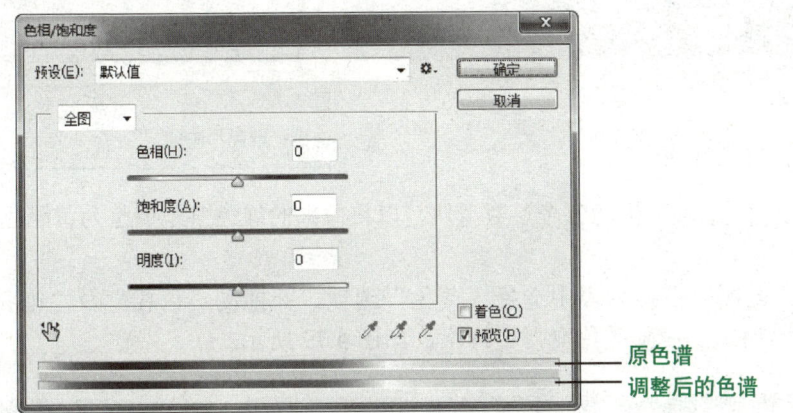

图 4.74 "色相／饱和度"对话框

"色相／饱和度"对话框中各参数的含义如下：
- 全图：选择此选项，将同时调整图像中所有的颜色。
- 源色：选择"红色""黄色""绿色""青色""蓝色"和"洋红"中的一种，仅调整图像中相应的颜色。
- 色相：用于调整图像颜色的色彩。
- 饱和度：用于调整图像颜色的饱和度。数值为正时，加深颜色的饱和度；数值为负时，降低颜色的饱和度，如果数值为 –100，调整的颜色将变为灰度。
- 明度：用于调整图像颜色的亮度。
- "拖动调整工具" ：在对话框中单击选中此工具后，在图像中单击某一种颜色，并在图像中向左或向右拖动，可以减少或增加包含所单击像素的颜色范围的饱和度；如果在执行此操作时按住【Ctrl】键，则左右拖动可以改变相对应区域的色相。

1. 快速调整图像颜色

下面以一个实例来讲解使用"色相／饱和度"命令调整图像颜色的操作步骤：
- 打开本书配套课程网站中的资源文件"第 4 章\4.4.3-1- 素材 .jpg"，如图 4.75 所示，在本例中将原图像中绿色的草地调整为秋天的黄绿色，并增强图像整体的饱和度。
- 按【Ctrl+U】键应用"色相／饱和度"命令，在弹出对话框的"全图"下拉列表中选择要调整的颜色。首先来调整一下图像中的草地图像，需要在其中选择"绿色"选项，

资源文件：
4.4.3-1.psd；
4.4.3-1- 素材 .jpg

微视频：使用"色相／饱和度"命令快速调整图像颜色

如图 4.76 所示。

图 4.75
素材图像

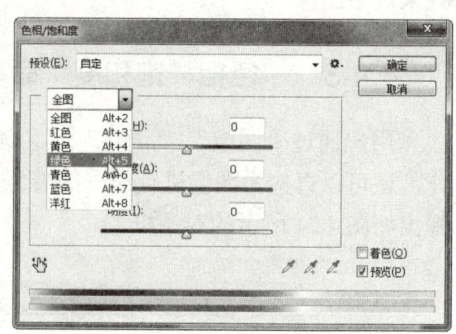

图 4.76
选择"绿色"选项

③ 选中"预览"选项，拖动各个参数滑块，以将原来的绿色草地调整为黄绿色，如图 4.77 所示。

④ 下面在"全图"下拉列表中选择"黄色"选项，并拖动"色相"及"饱和度"滑块，如图 4.78 所示，使其颜色变得更鲜艳，如图 4.79 所示。

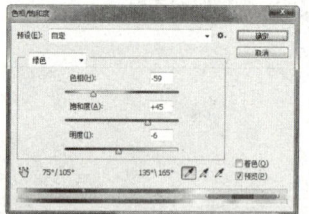

图 4.77
调整颜色后的效果

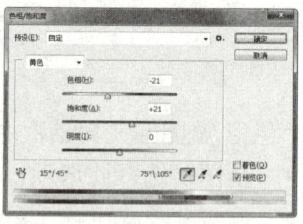

图 4.78
选择"黄色"选项

⑤ 前面的操作都是针对绿色及黄色进行提高亮度和饱和度的操作，所以小部分在此范围以外的颜色并没有被调整，为了使整体变得协调统一，需要返回"全图"选项，并再次提高图像整体的饱和度，如图 4.80 所示。此时图像的预览效果如图 4.81 所示。

图 4.79
调整颜色后的效果

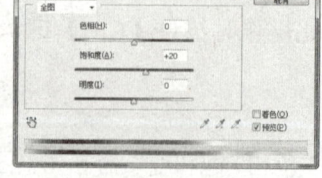

图 4.80
拖动"饱和度"滑块

图 4.81
调整颜色后的效果

⑥ 设置完成选项后单击"确定"按钮即可。

2. 为图像着色

如果要为图像着色，使其变为单色图像，可以选中"着色"选项，并分别拖动各个调整滑块，直至得到满意效果为止，如图 4.82 所示。

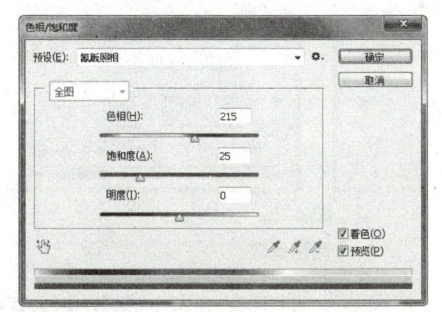

图 4.82
为图像重新着色后的效果

3. 使用模糊控件调整图像颜色

当在选择除"全图"选项以外的任意一种颜色时，颜色范围控件就会被激活，如图 4.83 所示。

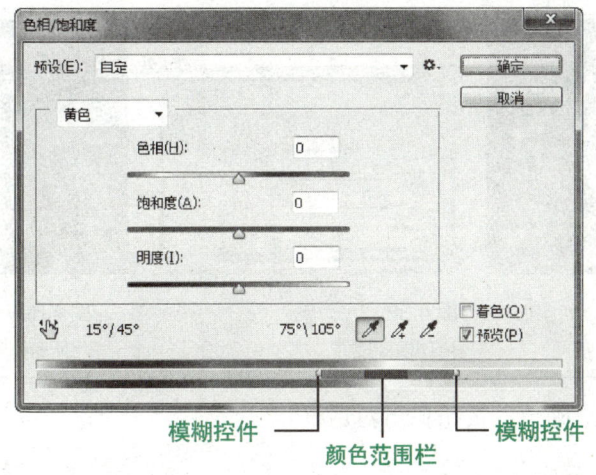

微视频：使用"色相、饱和度"命令中的模糊控件调整图像颜色

资源文件：
4.4.3-3.psd；
4.4.3-3- 素材 .jpg

图 4.83
显示颜色范围控件时的"色相/饱和度"对话框

图 4.83 所示的"颜色范围栏"和"模糊控件"统称为颜色范围控件，下面分别讲解：

- 颜色范围栏：拖动该栏可以控制要调节的主颜色范围。拖动颜色范围栏左右两侧的模糊条可以增大或减小颜色调整的范围。
- 模糊控件：拖动左右两侧模糊控件中的滑块，可以在不影响主颜色范围的情况下，增加或减少调整的颜色范围。

下面以一个实例来讲解模糊控件的使用方法，其操作步骤如下：

① 打开本书配套课程网站中的资源文件"第 4 章 \4.4.3-3- 素材 .jpg"，如图 4.84 所示。本实例将把图像中的绿色树叶转换为橙红色。

② 按【Ctrl+U】键应用"色相/饱和度"命令，在弹出对话框的"全图"下拉列表中选择被调整颜色的主色，在此要调整的是绿色的树叶，所以选择"绿色"选项，如图 4.85 所示。

笔记

③ 向右拖动"色相"滑块至如图 4.86 所示的位置，以调整图像的颜色，在选中"预览"选项的情况下，可以看到如图 4.87 所示的效果。

图 4.84
原图像

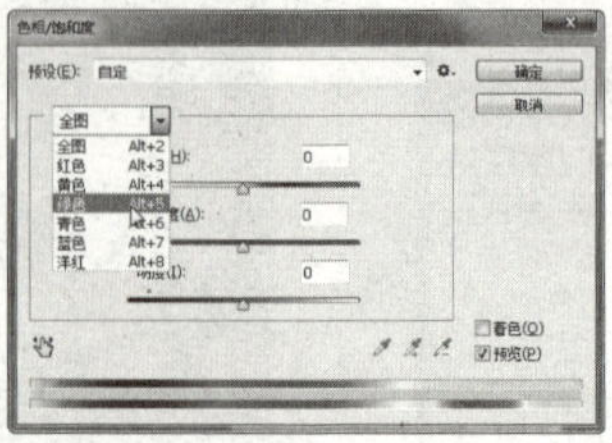

图 4.85
选择"绿色"选项

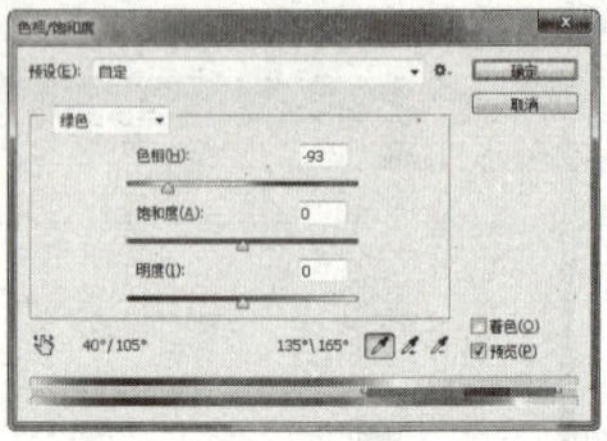

图 4.86
调整参数

④ 观察图像可以看出，已经有一部分的绿叶变为了橙红色，但仍有相当一部分并没有改变，或只是保持在黄色的状态，下面来解决这个问题。

⑤ 由于剩余没有改变的颜色主要为橙红色，所以将右侧的模糊控件向黄色方向拖动，以增加此命令调整颜色的范围，如图 4.88 所示，同时观察图像中树叶的变化，直至所有的树叶都变为橙红色为止，如图 4.89 所示。

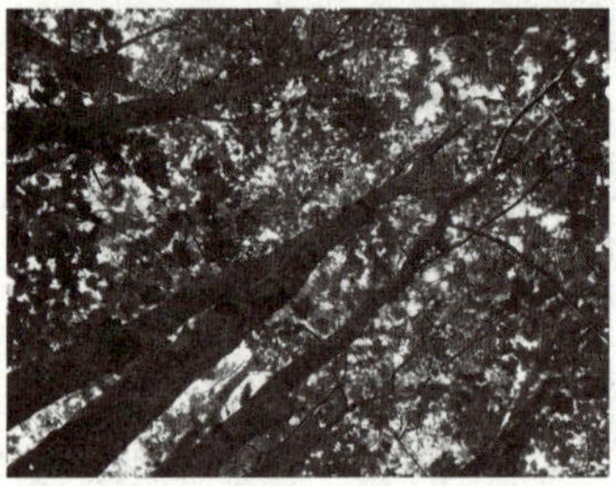

图 4.87
预览效果

图 4.88
拖动模糊控件

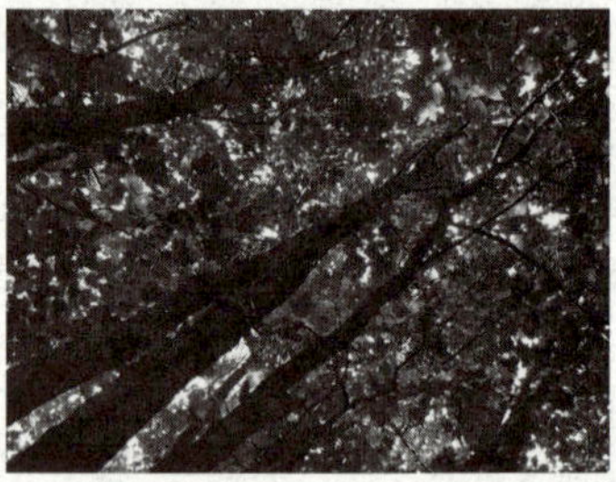

图 4.89
将所有树叶调整为绿色后的效果

⑥ 调整完毕，单击"确定"按钮退出对话框。

4.4.4 "可选颜色"命令

相对于其他调整命令，"可选颜色"命令的原理较为难以理解。具体来说，它是通过为一种选定的颜色，增减青色、洋红、黄色及黑色，从而实现改变该色彩的目的，选择"图像"|"调整"|"可选颜色"命令，调出"可选颜色"对话框，如图 4.90 所示。下面以图 4.91 所示的 RGB 三原色示意图为例，对其进行图像调整。

图 4.92 所示是在"颜色"下拉列表中选择"红色"选项，表示对该颜色进行调整，并在选中"绝对"单选按钮时，向右侧拖动"青色"滑块至 100%。由于红色与青色是互补色，当增加了青色时，红色就相应地变少，当增加青色至 100% 时，红色完全消失变为黑色，如图 4.93 所示。

虽然该命令在使用时没有其他调整命令那么直观，但熟练掌握之后，就可以实现多样化的调整。以图 4.94 所示的素材为例，图 4.95 所示是进行多个色彩调整后的效果。

资源文件：4.4.4.psd；
4.4.4- 素材 1.psd；
4.4.4- 素材 .jpg

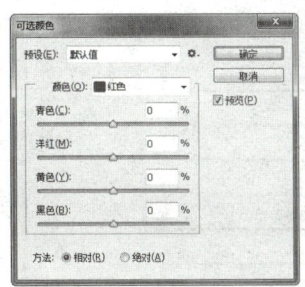
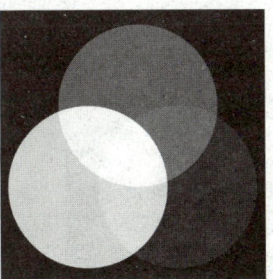
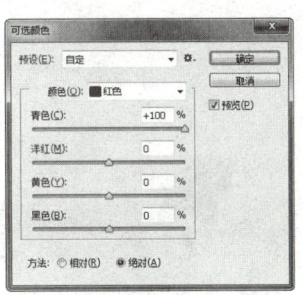

图 4.90　"可选颜色"对话框　　图 4.91　RGB 三原色示意图　　图 4.92　调整青色参数

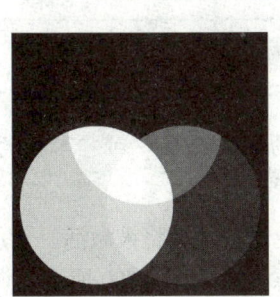

图 4.93　调整后的效果　　图 4.94　原图像　　图 4.95　多个色彩调色后的图像效果

4.5　实战演练

4.5.1　制作艺术单色照片

在上面小节的实例中，是利用"去色"命令将图像处理成灰度，然后再结合其他图像调整命令为图像重新着色，从而制作得到单色照片效果。而在本例中，可以直接使用"黑白"命令完成照片单色艺术处理的整个操作。其操作步骤如下：

1）打开本书配套课程网站中的资源文件"第 4 章 \4.5.1- 素材 .jpg"，如图 4.96 所示。
2）选择"图像"|"调整"|"黑白"命令，此时图像预览效果如图 4.97 所示。

> **提　示**
>
> 　　观看图像有点灰蒙蒙的感觉，整体的层次感略显不足。由于图像的背景为黄色、绿色、青色和蓝色，而我们希望灰度图像的背景稍暗一些，以突出其前景的人像，因此下面调整各颜色的滑块，将图像背景处理得稍黑些。

3）在"黑白"对话框中，直接在中间的颜色设置区域中拖动各个滑块，如图 4.98 所示，调整后的图像效果如图 4.99 所示。

资源文件：
4.5.1.psd；
4.5.1- 素材 .jpg

图 4.96　素材图像

图 4.97　应用"黑白"命令后的效果

图 4.98　"黑白"对话框

> **提示**
> 至此，已经将图像完全处理成满意的灰度效果了，下面在此基础上，为图像叠加一种艺术化的色彩。

4）选中对话框底部的"色调"选项，此时下面的颜色设置区域将被激活，分别拖动"色相"及"饱和度"滑块，同时预览图像的效果，直至满意为止。图 4.100 所示是调整的颜色参数，得到的图像效果如图 4.101 所示。

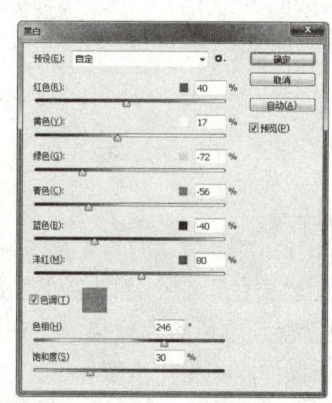

图 4.99　应用"黑白"命令后的效果

图 4.100　颜色参数设置

图 4.101　调色后的效果

4.5.2　校正照片偏色

照片偏色的校正，一直都是在处理数字照片时被讨论得最多的操作之一。在本例中，将通过一个实例讲解一下校正照片偏色的操作流程。读者在学习完本例后，除了熟悉和掌握其中用到的技术外，更要了解各个调色功能的运用手法，即如何使用各个命令校正照片的偏色，从而能够举一反三。

1）打开本书配套课程网站中的资源文件"第 4 章 \4.5.2- 素材 .jpg"，如图 4.102 所示。

微视频：校正照片偏色

资源文件：
4.5.2.psd；
4.5.2- 素材 .jpg

图 4.102
素材图像

2）按【Ctrl+B】键应用"色彩平衡"命令，在弹出的对话框中选择"阴影"选项，设置其对话框中的参数如图 4.103 所示，得到的效果如图 4.104 所示。

3）在"色彩平衡"对话框中选中"中间调"单选按钮，设置如图 4.105 所示，得到的效果如图 4.106 所示。

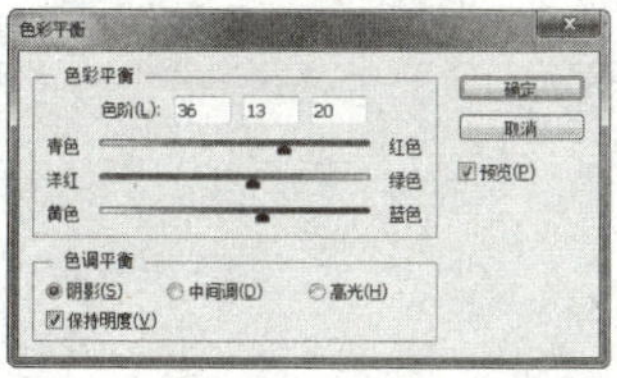

图 4.103
"色彩平衡"对话框

图 4.104
调整阴影后的效果

图 4.105
调整"中间调"单选按钮

4）在"色彩平衡"对话框中选中"高光"单选按钮，设置如图 4.107 所示，得到的最终效果如图 4.108 所示。

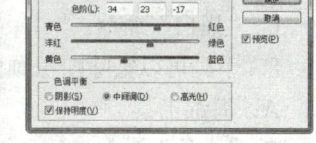

图 4.106
调整中间调后的效果

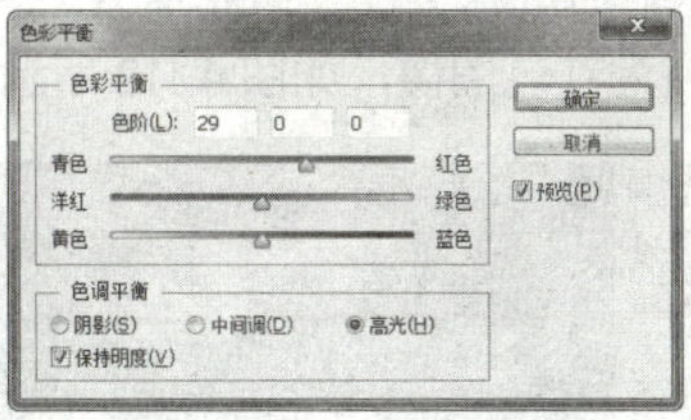

图 4.107
调整"高光"

图 4.108
最终效果

习题

一、选择题

1．下面可以去除图像颜色的包括（　　）。

A. "去色"命令　　　　　　　　B. 减淡工具
C. "反相"命令　　　　　　　　D. "色相/饱和度"命令

2. 应用"色彩平衡"命令的快捷键是（　　）。
A.【Ctrl+C】键　　　　　　　B.【Ctrl+Alt+B】键
C.【Ctrl+Shift+F】键　　　　D.【Ctrl+B】键

3. 下列可以提亮图像的功能包括（　　）。
A. 减淡工具　　　　　　　　B. 加深工具
C. "亮度/对比度"命令　　　D. "色阶"命令

4. 使用"色阶"命令可以（　　）。
A. 提高图像对比度　　　　　B. 校正图像偏色
C. 为图像着色　　　　　　　D. 降低图像对比度

5. 使用"色相/饱和度"命令可以（　　）。
A. 调整图像颜色　　　　　　B. 增加图像的饱和度
C. 降低图像的亮度　　　　　D. 增加图像的对比度

6. 使用"色彩平衡"命令可以（　　）。
A. 校正图像颜色　　　　　　B. 为图像着色
C. 修复图像中的斑点　　　　D. 实现色调分离效果

7. 下列可以制作单色照片的命令有（　　）。
A. "色彩平衡"命令　　　　　B. "色相/饱和度"命令
C. "黑白"命令　　　　　　　D. "亮度/对比度"命令

8. 下列可以去除图像颜色的功能包括（　　）。
A. 海绵工具　　　　　　　　B. "色相/饱和度"命令
C. "去色"命令　　　　　　　D. "反相"命令

二、操作题

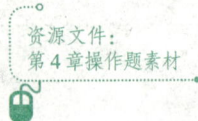

资源文件：
第4章操作题素材

1. 结合本章讲解的颜色调整命令，至少使用3种方法将图4.109所示的本书配套课程网站中的文件"第4章\4.7-1-素材.tif"素材图像，调整为如图4.110所示的效果。

2. 打开本书配套课程网站中的资源文件"第4章\4.7-3-素材.tif"，如图4.111所示，结合本章的讲解，将绿色图像调整为红色图像，如图4.112所示。

图 4.109　　　　　　　　　　　图 4.110　　　　　　　　　　　图 4.111
素材图像　　　　　　　　　　　校正后的图像效果　　　　　　　素材图像

3. 打开本书配套课程网站中的资源文件"第4章\4.7-4-素材.tif"，如图4.113所示，结合本章的讲解，使用至少两种方法将其处理成如图4.114所示的亮度效果。

图 4.112　调整后的图像效果　　　　　图 4.113　素材图像　　　　　图 4.114　调整亮度后的效果

4. 打开本书配套课程网站中的资源文件"第 4 章 \4.7-5- 素材 .psd",如图 4.115 所示,结合本章的讲解,使用至少两种方法将其处理成如图 4.116 所示的灰度图像效果,其中有一种方法是必须使用"黑白"命令。

5. 打开本书配套课程网站中的资源文件"第 4 章 \4.7-6- 素材 .psd",如图 4.117 所示,结合本章的讲解,使用至少 3 种方法提亮图像,如图 4.118 所示,其中一种方法为必须使用减淡工具,而另外两种方法应为本章讲解过的调整命令。

图 4.115　素材图像　　　　　图 4.116　转换为灰度后的效果　　　　　图 4.117　素材图像

6. 结合本章讲解的颜色调整命令,至少使用 3 种方法将图 4.119 所示的本书配套课程网站中的资源文件"第 4 章 \4.7-7- 素材 .tif"素材图像,调整为如图 4.120 所示的单色效果。

图 4.118　提亮后的效果　　　　　图 4.119　素材图像　　　　　图 4.120　制作单色后的效果

7. 结合本章讲解的颜色调整命令，至少使用 3 种方法将图 4.121 所示的本书配套课程网站中的资源文件"第 4 章 \4.7-8- 素材 .jpg"素材图像，调整为如图 4.122 所示的效果。

图 4.121
素材图像

图 4.122
制作单色后的效果

> **提 示**
>
> 　　本章所用到的素材及效果文件位于本书配套课程网站"第 4 章"的资源文件内，其文件名与章节号对应。

第 5 章

Photoshop CC 中文版标准教程

绘制与修饰图像

知识要点:

- 画笔工具
- "画笔"面板中的各参数
- 创建及绘制实色、透明渐变
- 填充及描边图像
- 橡皮擦工具
- 背景橡皮擦工具
- 魔术橡皮擦工具
- 仿制图章工具
- 修复画笔工具
- 污点修复画笔工具
- 修补工具

课题导读:

除了图像的融合功能外,Photoshop还提供了丰富且强大的绘图功能,如画笔、渐变、描边及填充等,以便用户根据需要绘制出各种图像内容。

另外,图像的修饰及修复功能,也是在处理数字照片或电修图像时必不可少的。本章将对这些常用的强大功能进行详细的讲解。

5.1 画笔工具

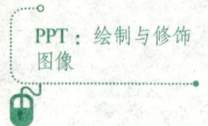
PPT：绘制与修饰图像

使用"画笔工具" ![]能够绘制边缘柔和的线条，此工具在绘制工作中使用最为频繁。另外，在很多合成作品中，它也是融合图像、编辑图层蒙版以及模拟物体间投影等多方面不可或缺的工具之一。

在使用"画笔工具" ![]进行绘制工作时，除了需要选择正确的绘图前景色以外，还必须正确设置"画笔工具" ![]选项。在工具箱中选择"画笔工具" ![]，其工具选项栏如图 5.1 所示，在此可以选择画笔的笔刷类型并设置绘图透明度及其混合模式。

图 5.1
"画笔工具"选项栏

- 画笔：在此下拉列表中选择合适的画笔大小。
- 模式：设置用于绘图的前景色与作为画纸的背景之间的混合效果。"模式"下拉列表中的大部分选项与图层混合模式相同。
- 不透明度：设置绘图颜色的不透明度，数值越大绘制的效果就越明显；反之，则越不清晰。图 5.2 所示为分别利用 50% 和 100% 的不透明度创建的不同绘制效果。

（a）50%　　　　　　（b）100%

图 5.2
分别利用 50% 和 100% 的不透明度创建的不同绘制效果

- 流量：设置拖动光标一次得到图像的清晰度，数值越小，越不清晰。
- "喷枪工具" ![]：单击此图标，将"画笔工具" ![]设置为"喷枪工具" ![]，在此状态下得到的笔画边缘更柔和，而且如果在图像中单击并按住鼠标不放，前景色将在此点淤集，直至释放鼠标。

5.2 "画笔"面板

5.2.1 认识"画笔"面板

要在 Photoshop 中掌握"画笔工具" ![]及"画笔"面板的使用方法非常重要，因为包括"画笔工具" 、"模糊工具" 、图章工具等都使用该面板定义当前工作时所使用的笔刷状态及工作属性。换言之，在使用这些工具之前，除了需要在这些工具的工具选项栏中选择合适的参数，还需要在"画笔"面板中选择合适的笔刷，或通过在此面板上对笔刷的参数进行设置。

选择"窗口"|"画笔"命令或按【F5】键，可弹出如图5.3所示的"画笔"面板。

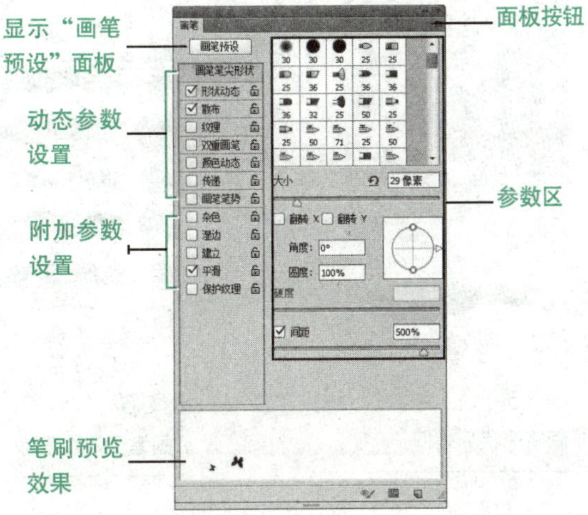

虽然，初看上去"画笔"面板中的参数众多、选项复杂，但只要明白了"画笔"面板的工作方式，则不难掌握这些参数与选项。下面对"画笔"面板中各区域的作用进行简单的介绍。

图5.3 "画笔"面板

- "画笔预设"按钮，单击此按钮可以调出"画笔预设"面板。

- 面板按钮：单击"画笔"面板右上角的面板按钮，在弹出的菜单中可对画笔进行简单的控制。弹出的菜单如图5.4所示。

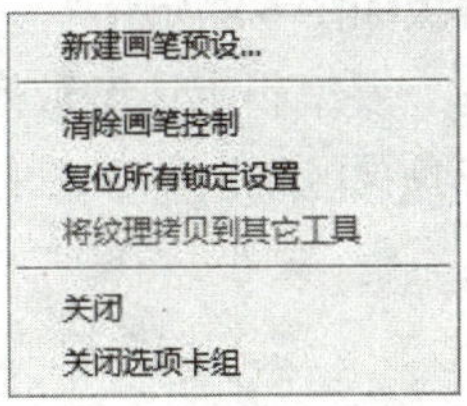

- 动态参数设置：在该区域中列出了可以设置动态参数的选项，其中包含"画笔笔尖形状""形状动态""散布""纹理""双重画笔""颜色动态""传递"和"画笔笔势"8个选项。

- 附加参数设置：在该区域中列出了一些选项，选择它们可以为画笔增加杂色及湿边等效果。

图5.4 "画笔"面板下拉菜单

- 参数区：该区域中列出了与当前所选的动态参数相对应的参数，在选择不同的选项时，该区域所列的参数也不相同。

- 笔刷预览效果：在该区域可以看到根据当前的画笔属性生成的预览图。

- 切换实时笔尖画笔预览按钮：选中此按钮后，默认情况下将在画布的左上方显示笔刷的形态。需要注意的是，必须启用"使用图形处理器"选项才能使用此功能。

- 打开预设管理器按钮：单击此按钮可以调出画笔的"预设管理器"对话框，用于管理和编辑画笔预设。

- 创建新画笔按钮：单击此按钮，可以将当前选择的画笔定义为一个新画笔。

5.2.2 选择画笔

在"画笔"面板的显示预设画笔区列有各种画笔，要选择一种画笔，只需在预设区中单击要选择的画笔即可，如图5.5所示。另外，还可以单击"画笔"面板中的"画笔预设"按钮，在弹出的"画笔预设"面板中选择所需要的画笔，如图5.6所示。

在选择画笔工具 的情况下，还可以在画布中单击右键，在弹出的画笔选择框中选择需要的画笔类型，并设置基本的画笔大小及硬度属性，如图5.7所示。

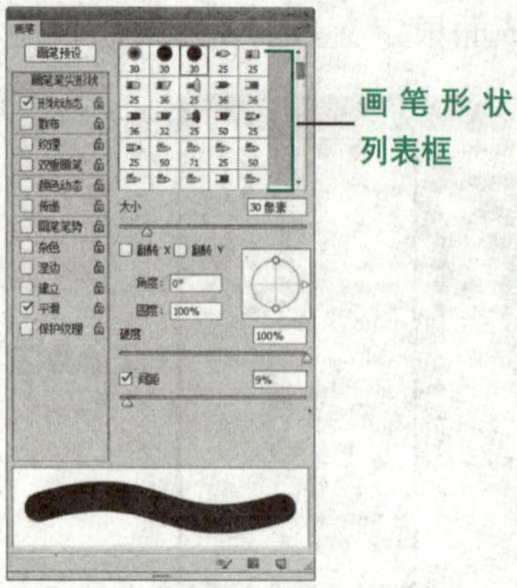

图 5.5
画笔形状列表框

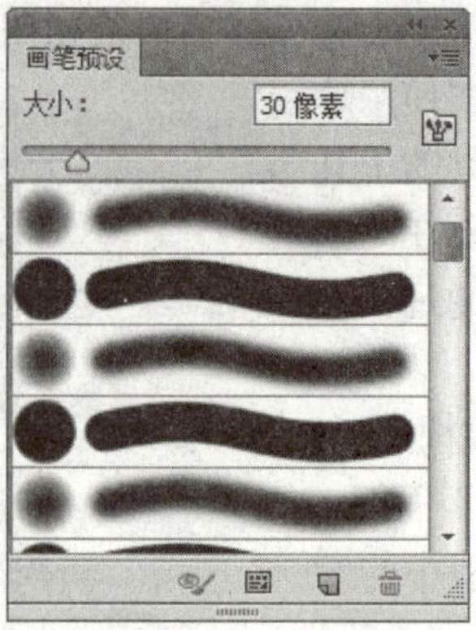

图 5.6
"画笔预设"面板

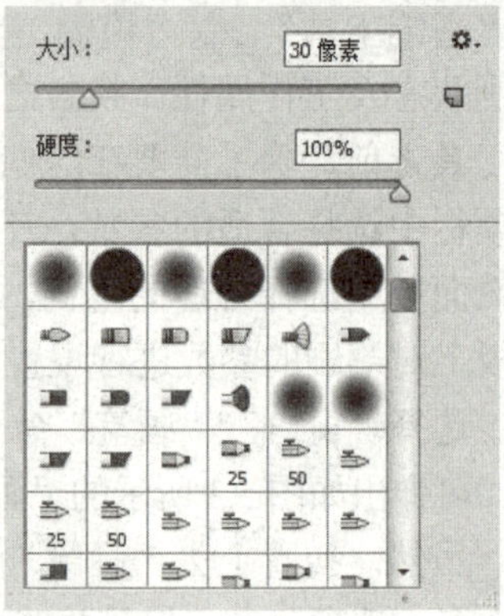

图 5.7
画笔选择框

5.2.3 编辑画笔的常规参数

基本上，"画笔"面板中的每一种笔刷都有数种属性可供编辑，其中包括"大小""角度""圆度""间距"，对于圆形画笔还有"硬度"参数可供编辑。

要编辑上述常规参数，可以单击"画笔"面板左上角的"画笔笔尖形状"，此时"画笔"面板如图 5.8 所示。

要编辑上述参数拖动相应的滑块，或在参数输入框中输入数值即可，在调节的同时，可在预视区观察调节后的效果。其中重要参数解释如下所述：

- 大小：在"大小"数值框中输入数值或调节滑块，可以设置笔刷的大小，数值越大，笔刷直径越大，如图 5.9 所示。

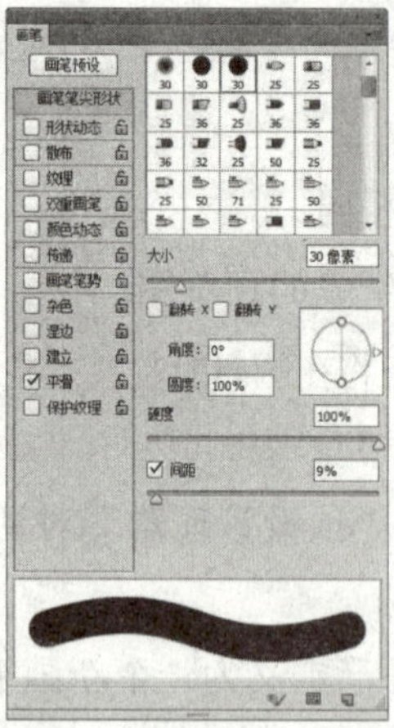

图 5.8
显示常规参数的"画笔"面板

图 5.9
笔刷大小示例

- 硬度：在"硬度"数值框中输入数值或调节滑块，可以设置笔刷边缘的硬度，数值越大，笔刷的边缘越清晰，数值越小边缘越柔和。
- 间距：在"间距"数值框中输入数值或调节滑块，可以设置绘图时组成线段的两点间的距离，数值越大间距越大。为笔刷的间距值设置一个足够大的数值，则可以得到如图 5.10 所示的点线效果。

（a）"间距"数值为 100% 时的效果

（b）"间距"数值为 200% 时的效果

图 5.10
点线效果

- 圆度：在"圆度"数值框中输入数值，可以设置笔刷的圆度，数值越大笔刷越趋向于正圆或画笔在定义时所具有的比例。

对于圆形笔刷，如果圆度小于 100% 时，在"角度"数值框中输入数值，可以设置笔刷旋转的角度。而对于非圆形笔刷，在"角度"数值框中直接输入数值，则可以设置笔刷旋转的角度。

图 5.11 所示为圆形笔刷的效果。图 5.12 所示为非圆形笔刷的效果。

图 5.11
圆形笔刷绘图效果

图 5.12
非圆形笔刷绘图效果

5.2.4 编辑画笔的动态参数

通过控制笔刷的"形状动态"参数，可以控制笔刷在绘制过程中的大小抖动、圆度抖动、角度抖动等参数属性的变化，并通过设置这些参数得到千变万化的笔刷形态。

在"形状动态"选项被选中的情况下，"画笔"面板如图 5.13 所示。

"画笔"面板中重要参数的解释如下：

- **大小抖动**：此参数控制笔刷在绘制过程中尺寸上的波动幅度，其数值越大，则波动的幅度也越大。图 5.14 所示为设置不同数值时的笔刷效果。

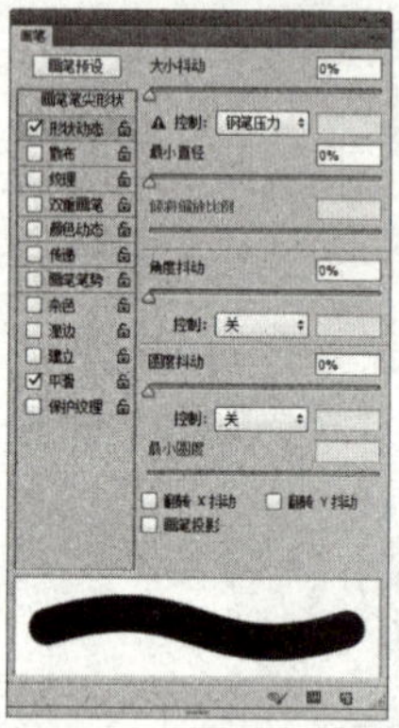

图 5.13
选中"形状动态"选项时的"画笔"面板

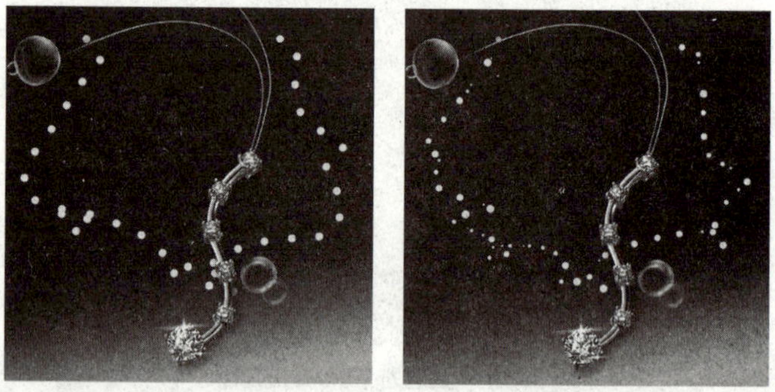

图 5.14
不同"大小抖动"数值的对比效果图

- **控制**：此下拉列表中的选项控制波动发生的方式，其中有"关""渐隐""钢笔压力""钢笔斜度""光笔轮" 5 种方式可选。

由于"钢笔压力""钢笔斜度""光笔轮" 3 种方式都需要压感笔的支持，因此如果没有安装此硬件，在"控制"下拉列表的左侧将显示一个叹号。

比较常用的是"渐隐"，选择此选项后其右侧将激活一个文本框，在此可以输入数值以改变渐退步长。图 5.15 所示为"渐隐"数值分别为 50 与 30 时的效果。可以看出，步长的数值越大，则笔画消失的距离越长。

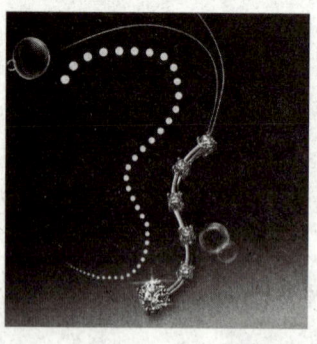 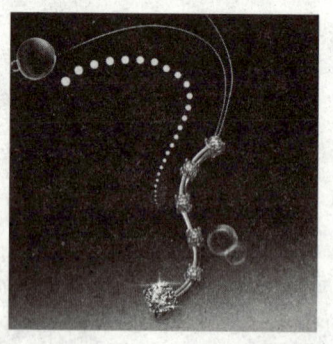

图 5.15
不同"渐隐"数值的对比效果图

提 示

由于在下面要讲到的"角度抖动""圆度抖动"都具有此下拉列表，且其选项及意义相同，故不再重述。

- **最小直径**：此数值控制在尺寸发生波动时，笔刷的最小尺寸值。此数值越大，则发生波动的范围越小，则波动的幅度也会相应变小。

图 5.16 所示为此数值是 25 及 60 时的笔刷对比效果。可以看出，当数值较大时，笔刷尺寸的波动幅度越发不明显（为了使观看效果更明显，笔者将"大小抖动"数值设置为 100%、间距为 200%）。

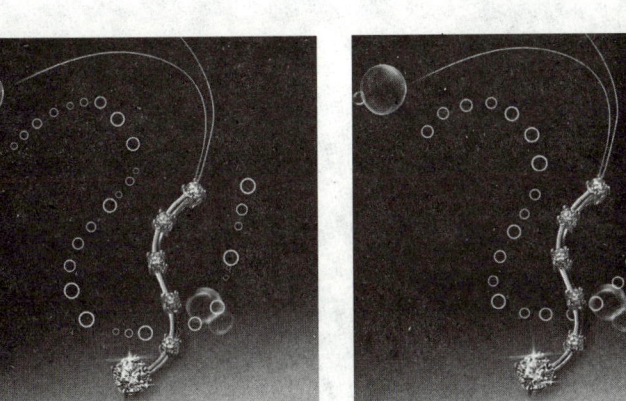

图 5.16
不同"最小直径"的对比效果图

- 角度抖动：此参数控制笔刷在绘制过程中笔刷在角度上的波动幅度。其数值越大，则波动的幅度也越大。
- 圆度抖动：此参数控制笔刷在绘制过程中笔刷在圆度上的波动幅度。其数值越大，则波动的幅度也越大。图 5.17 所示为此数值为 0 及 100 时的笔刷的效果。

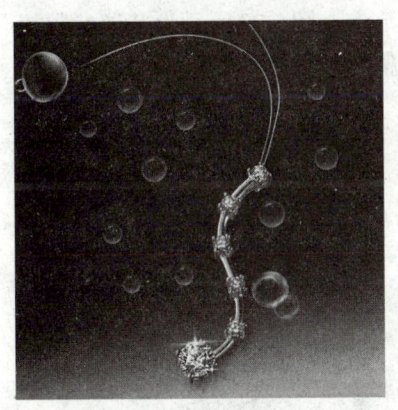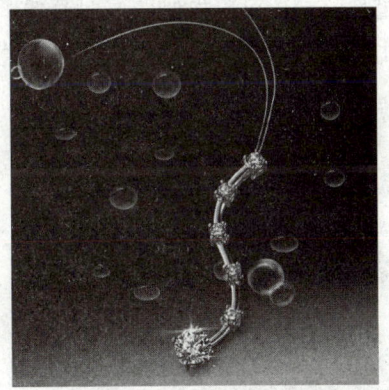

图 5.17
不同"圆度抖动"数值的对比效果图

- 最小圆度：此数值控制笔刷在圆度发生波动时，笔刷的最小圆度尺寸值。此数值越大，则发生波动的范围越小，波动的幅度也会相应变小。
- 画笔投影：在选中此选项后，并在"画笔笔势"选项中设置倾斜及旋转参数，可以在绘图时得到带有倾斜和旋转属性的笔尖效果。

5.2.5 分散度属性参数

选择"散布"选项后，"画笔"面板如图 5.18 所示。
选择"散布"选项时"画笔"面板中的参数含义如下：

- 散布：此参数控制使用画笔绘画时笔画的偏离程度，百分数越大，偏离的程度越大。图 5.19 所示为在其他参数相同的情况下，设置不同"散布"值时的不同绘画效果。

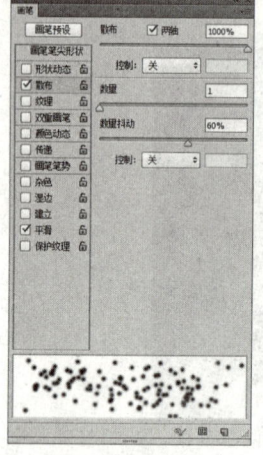

图 5.18
选择"散布"选项时的"画笔"面板

图 5.19
设置不同的"散布"值得到的效果

- 两轴：选择此选项，画笔在 X 及 Y 两个轴向上发生分散；如果不选择此选项，则只在 X 轴向上发生分散。
- 数量：此参数可以控制绘画时画笔的数量。图 5.20 所示为其他参数相同的情况下，使用较小"数量"值与较大"数量"值时所得到的绘画效果。

图 5.20
设置不同的"数量"值得到的效果

- 数量抖动：此参数控制在绘画时笔画中画笔数量的波动幅度。

5.2.6　颜色动态参数

在"画笔"面板中选择"颜色动态"选项，"画笔"面板显示如图 5.21 所示。选择此选项，可以动态地改变画笔的颜色效果。

- 应用每笔尖：选择此选项后，将在绘画时，针对每个画笔进行颜色动态变化；反之，则仅使用第一个画笔的颜色。图 5.22 所示是选中此选项前后的描边效果对比。

资源文件：5.2.6-1.psd
5.2.6-2.psd

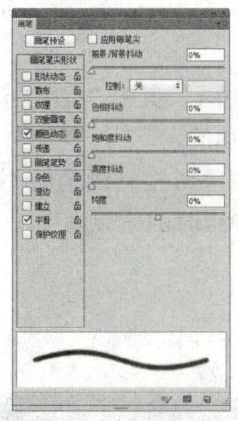

图 5.21
"画笔"面板

图 5.22
选中"应用每笔尖"选项前后的描边效果对比

- 前景／背景抖动：在此键入数值或者拖动滑块，可以在应用画笔时控制画笔的颜色变化情况。数值越大，画笔的颜色发生随机变化时，越接近于背景色；数值越小，画笔的颜色发生随机变化时，越接近于前景色。

- 色相抖动：此参数用于控制画笔色相的随机效果。数值越大，画笔的色相发生随机变化时，越接近于背景色的色相；数值越小，画笔的色相发生随机变化时，越接近于前景色的色相。

- 饱和度抖动：此参数用于控制画笔饱和度的随机效果。数值越大，画笔的饱和度发生随机变化时，越接近于背景色的饱和度；数值越小，画笔的饱和度发生随机变化时，越接近于前景色的饱和度。

- 亮度抖动：此参数用于控制画笔亮度的随机效果。数值越大，画笔的亮度发生随机变化时，越接近于背景色的亮度；数值越小，画笔的亮度发生随机变化时，越接近于前景色的亮度。

- 纯度：在此键入数值或者拖动滑块，可以控制画笔的纯度。当设置此数值为 −100% 时，画笔呈现饱和度为 0 的效果；当设置此数值为 100% 时，画笔呈现完全饱和的效果。

图 5.23 所示为原图像。图 5.24 所示是结合"形状动态""散布"以及"颜色动态"等参数设置后，绘制得到的彩色散点效果。图 5.25 所示是为图像设置了图层的混合模式后的效果。

图 5.23
原图像

图 5.24
制作的彩色散点效果

图 5.25
设置混合模式后的效果

5.2.7 传递参数

在"画笔"面板中选择"传递"选项,"画笔"面板显示如图 5.26 所示。其中"湿度抖动"与"混合抖动"参数主要是针对 CS5 新增的"混合器画笔工具" 使用的。

- 不透明度抖动:在此输入数值或拖动滑块,可以在应用画笔时控制画笔的不透明变化情况,如图 5.27 所示为数值分别设置为 10% 和 100% 时的效果。

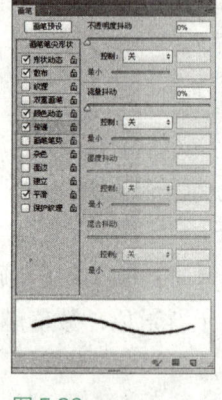
图 5.26
"画笔"面板

图 5.27
设置不同参数时的绘制效果

- 流量抖动:此选项用于控制画笔速度的变化情况。
- 湿度抖动:在混合器画笔工具选项栏上设置了"潮湿"参数后,在此处可以控制其动态变化。
- 混合抖动:在混合器画笔工具选项栏上设置了"混合"参数后,在此处可以控制其动态变化。

5.2.8 附加参数

在此区域中选择不同的选项,可以得到各种复杂的附加绘图效果,如杂色以及湿边等。下面分别讲解各选项的作用。

- 杂色:选择该选项时,画笔边缘越柔和,杂色效果就越明显,也就是当画笔"硬度"数值为 0% 时杂色效果最明显;"硬度"值为 100% 时效果最不明显。
- 湿边:选择该选项后,在进行绘图时将沿着画笔的边缘增加油彩量,从而创建出水彩画的效果。
- 建立:选择该选项后,与在画笔工具 选项条上选中喷枪按钮 的作用是相同的,当使用画笔工具 并按住鼠标左键不放时,会产生颜色淤积的效果。
- 平滑:选择该选项后,在绘图过程中可能产生较平滑的曲线,尤其在使用压感笔的时候,选择该选项得到的平滑效果更为明显。
- 保护纹理:选择该选项后,将对所有具有纹理的画笔预设应用相同的图案和比例。选择此选项后,在使用多个纹理画笔笔尖绘画时,可以模拟出一致的画布纹理。

5.2.9 存储画笔

通过保存画笔，可以将画笔保存为一个文件，以便其他用户使用。

要保存画笔可以单击"画笔"面板中的"画笔预设"按钮，然后单击"画笔预设"面板右上角的面板按钮，在弹出的菜单中选择"存储画笔"命令，在弹出的"存储"对话框中输入画笔名称并选择合适的路径，单击"保存"按钮，将其以文件形式保存起来。

5.2.10 载入预设的画笔

要载入预设的画笔，可以单击"画笔"面板中的"画笔预设"按钮，然后单击"画笔预设"面板右上角的面板按钮，在弹出的菜单中选择"载入画笔"命令，在弹出的"载入"对话框中输入画笔名称并选择合适的路径，单击"载入"按钮即可将载入的画笔追加在当前已有画笔的后面。

另外，也可以直接拖动画笔预设文件至 Photoshop 中，从而快速完成载入画笔预设的操作。

5.2.11 新建画笔

资源文件：
5.2.11- 素材 .tif

Photoshop 自带了大量的预设画笔，但即使这样也难以满足实际工作中的需要，而对于缺少的画笔，可以通过自定义画笔的形式制作个性的画笔，以便于使用。

下面以将一幅花瓣素材图像定义为画笔为例，讲解定义画笔的方法，其操作步骤如下：

- 打开本书配套课程网站中的资源文件"第 5 章 \5.2.11- 素材 .tif"，如图 5.28 所示。
- 由于在 Photoshop 中无法将白色与透明区域定义为画笔，所以要确认需要定义为画笔的区域为非白色图像区域。
- 选择"编辑"|"定义画笔预设"命令，在弹出的对话框中输入新画笔的名称，如图 5.29 所示。
- 单击"确定"按钮退出对话框即完成定义画笔。此时就可以看到刚刚定义的画笔，如图 5.30 所示。

图 5.28
素材图像

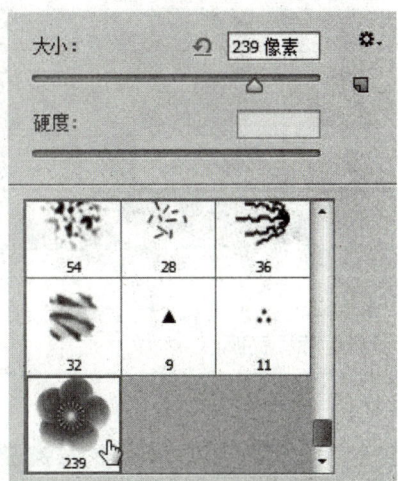

图 5.29
"画笔名称"对话框

图 5.30
查看自定义的画笔

5.2.12 复位画笔

要将当前"画笔"面板中的画笔种类恢复至默认的状态，可以单击"画笔"面板中的"画笔预设"按钮，然后单击"画笔预设"面板右上角的面板按钮，在弹出的菜单中选择"复位画笔"命令，会弹出如图 5.31 所示的提示对话框。

图 5.31
复位画笔预设时的提示对话框

提示对话框中各个按钮的含义如下：
- 单击"确定"按钮即可复位画笔预设，从而完全清除无用的笔刷。
- 单击"取消"按钮，则放弃复位画笔。
- 单击"追加"按钮，则将默认的画笔预设追加至当前的画笔预设中。

5.2.13 删除画笔

要删除画笔，可以执行以下操作之一：
- 在"画笔"面板中单击"画笔预设"按钮，在弹出的"画笔预设"面板中选择要删除的画笔，单击删除画笔按钮，在弹出的对话框中单击"确定"按钮即可。
- 在"画笔"面板中单击"画笔预设"按钮，在弹出的"画笔预设"面板中选择要删除的画笔，按住鼠标左键将要删除的画笔拖至删除画笔按钮上即可。

5.3 绘制渐变图像

5.3.1 渐变工具选项栏

"渐变工具"的使用较为简单，其操作步骤如下：

图 5.32
"渐变类型"面板

1）在工具箱中选择"渐变工具"。
2）在工具选项栏所示的 5 种渐变类型中选择合适的渐变类型。
3）单击渐变类型选择框"下拉列表"按钮，在弹出的如图 5.32 所示的"渐变类型"面板中选择合适的渐变效果。
4）设置"渐变工具"的工具选项栏中的其他选项。
5）应用"渐变工具"在图像中拖动，即可创建渐变效果。

> **提 示**
>
> 拖动过程中如果拖动的距离越长，则渐变过渡越柔和；反之，过渡越急促。如果在拖动过程中，按住【Shift】键，则可以在水平、垂直或 45°方向应用渐变。

在 Photoshop 中可以通过在工具选项栏中单击按钮，分别来创建如图 5.33 所示的 5 类渐变。

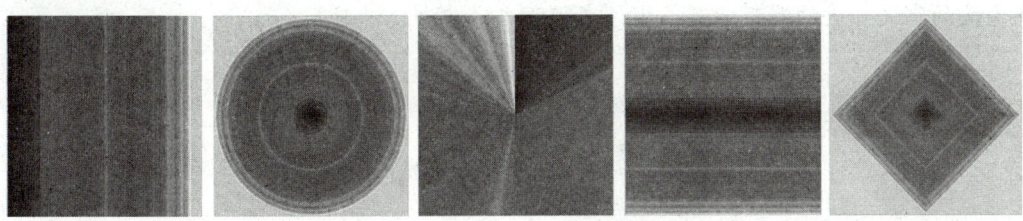

图 5.33
5 类渐变效果

选择"渐变工具" 后，工具选项栏显示如图 5.34 所示。

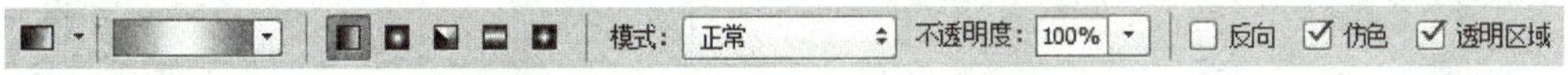

图 5.34
"渐变工具"选项栏

下面讲解该工具选项栏中较为重要的选项及参数。
- 模式：选择其中的选项可以设置渐变颜色与底图的混合模式。
- 不透明度：在此所设置的数值可设置渐变的不透明度，数值越大，则渐变越不透明；反之，越透明。
- 反向：选择该选项，可以使当前的渐变反向填充。
- 仿色：选择该选项，可以平滑渐变中的过渡色，以防止在输出混合色时出现色带效果，从而导致渐变过渡出现跳跃效果。
- 透明区域：选择该选项可使用当前的渐变按设置呈现透明效果；反之，即使此渐变具有透明效果亦无法显示出来。

5.3.2 创建实色渐变

要创建实色渐变，可按下述步骤操作：
1）在工具选项栏中选择任一种渐变类型。
2）单击渐变类型选择框，如图 5.35 所示，以调出"渐变编辑器"对话框，如图 5.36 所示。

微视频：创建实色渐变的操作方法

图 5.35
单击渐变类型选择框

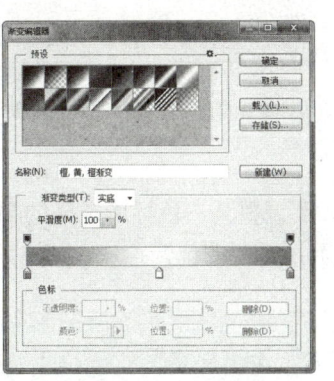

图 5.36
"渐变编辑器"对话框

3）单击"预设"列表框中的任意一种渐变，基于该渐变来创建新渐变。

> **提示**
> 在此选择一种与要定义的渐变相近的渐变能够节省许多用于自定义渐变的时间。

4）在"渐变类型"下拉列表中选择"实底"选项，如图 5.37 所示。
5）单击起始颜色色标，如图 5.38 所示。

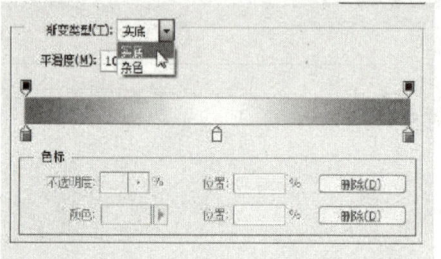

图 5.37
选择"实底"选项

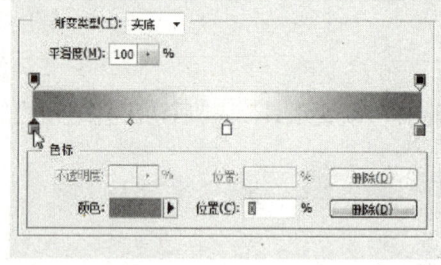

图 5.38
单击起始颜色色标

6）单击"颜色"三角按钮▶，在弹出的菜单中选择"前景"以将该色标定义为前景色；如果选择"背景"可以将该色标定义背景色；如果需要选择其他颜色来定义该色标，可选择"用户颜色"选项，在弹出的"拾色器"对话框中选择所需要的颜色。

7）按第5）步和第6）步所述方法定义终点颜色色标。

8）如果要定义多色渐变，可以直接在渐变条上单击以添加一个色块，如图 5.39 所示，左图为在渐变条下的空白处放置鼠标，右图为单击以添加一个色标，然后按第5）步和第6）步所述方法定义该颜色色标的颜色。

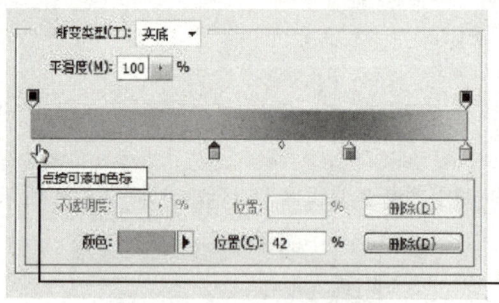 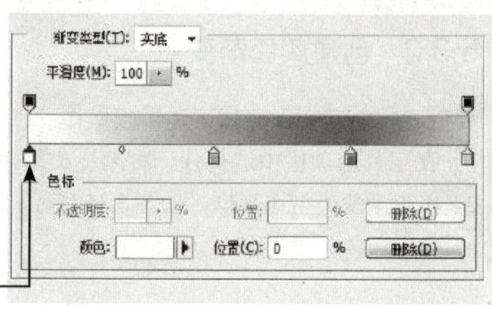

图 5.39
添加色块

单击鼠标左键添加一个色标并重新设置其颜色

9）要调整某一色标所定义的颜色出现在渐变中的位置，可以在水平方向上将相应的色标拖曳到所需要的位置。

> **提示**
> 在色标被选中的情况下，在"位置"数值框中输入一个百分数，可以精确定义色标的位置。

10）要调整渐变的急缓程度，可以拖曳两个色标中间的"颜色中点"滑块（即菱形滑块）。

向右侧拖动可以使右侧色标所定义的颜色缓慢向左侧色标所定义的颜色过渡；反之，如果向左侧拖动则可使右侧色标所定义的颜色缓慢向左侧色标所定义的颜色过渡。

11）如果要删除处于选中状态下的色标，可以直接按住【Delete】键。

12）完成渐变颜色设置后，在"名称"文本框中输入该渐变的名称。

13）如果要将渐变存储在预设面板中，在"渐变编辑器"对话框中单击"新建"按钮。

14）单击"确定"按钮退出对话框，新创建的渐变自动处于被选中状态。

> **提 示**
>
> 如果要将当前对话框中的预设面板中所有渐变保存为一个可调用的文件，可以单击对话框中的"存储"按钮。

5.3.3 创建透明渐变

在 Photoshop 中除了可以创建不透明的实色渐变外，还可以创建具有透明效果的渐变。要创建具有透明效果的渐变，操作步骤如下：

1）按照上一小节所讲述的创建实色渐变的方法创建渐变。

2）在渐变色条上方需要产生透明效果处单击鼠标左键，添加一个不透明度色标，如图 5.40 所示。

3）在该不透明度色标处于被选中状态时，在"不透明度"数值框中键入数值以定义其不透明度，如图 5.41 所示。

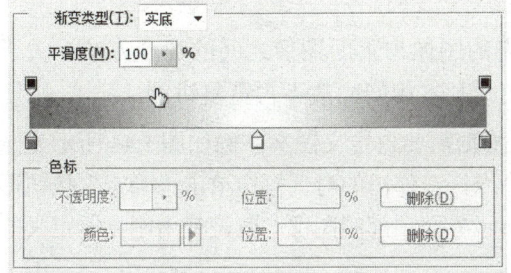

图 5.40
添加不透明度色标

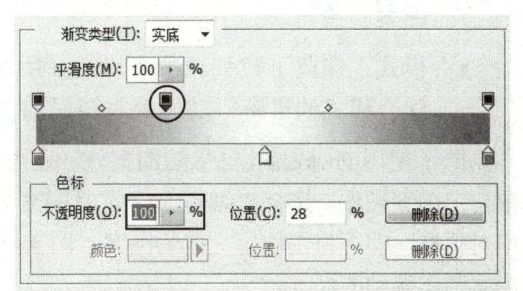

图 5.41
定义不透明度

4）如果需要在渐变色条的多处位置产生透明效果，可以在渐变色条上多次单击鼠标左键，以添加多个不透明度色标。

5）如果需要控制由两个不透明度色标所定义的透明效果间的过渡效果，可以拖动两个不透明度色标中间的菱形滑块。

图 5.42 所示为一个非常典型的具有多个不透明度色标的透明渐变。

5.3.4 渐变管理命令

与画笔工具  一样，也可以存储、载入和删除渐变预设，以便于对渐变类型进行管理。由于其操作方法较为简单。故不再详述。

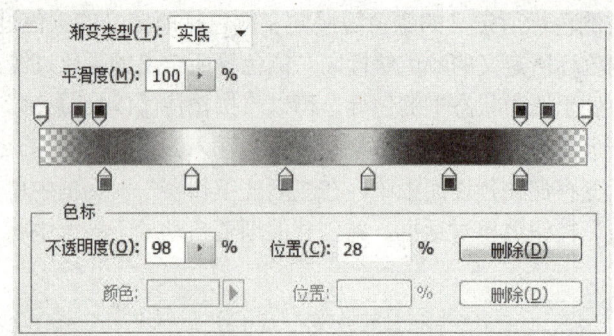

图 5.42
具有多个不透明度色标的渐变

资源文件：
5.4-素材.jpg；
5.4.psd

5.4 填充图像

填充实色的操作非常简单，按【Alt+Delete】键可以填充前景色，按【Ctrl+Delete】键则使用背景色进行填充。但如果要进行更为复杂的图案填充及其他多个参数的控制，则需要使用"编辑"|"填充"命令，其对话框如图 5.43 所示。

"填充"对话框中的重要参数解释如下：

- 使用：在此下拉列表中，可以选择不同的填充内容，例如使用前景色填充、背景色填充以及使用图案进行填充等。如果选择了"图案"选项，则下面的"自定图案"选项将被激活，单击右侧的图案缩览图，在弹出的菜单中可以选择要填充的图案。

笔 记

- 模式：在此下拉列表中可以选择所填充的图像与下面图像之间的混合方法。关于混合模式的讲解，其原理与图层混合模式基本相同，故不再重复讲解。

除了使用 Photoshop 自带的图案外，还可以根据需要自定义图案。例如图 5.44 所示为一幅自定图案图像，选择"编辑"|"定义图案"命令，在弹出的对话框中单击"确定"按钮退出对话框，即可将图像定义成为图案。图 5.45 所示界面顶部的图像，就是使用刚刚所定义的图案制作得到的。

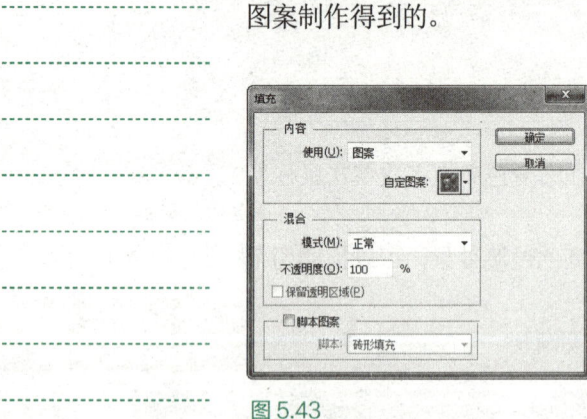

图 5.43
"填充"对话框

图 5.44
图案图像

图 5.45
图案的应用效果

如果只需要将图像中的部分，可以使用矩形选框工具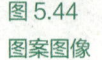，在没有设置任何"羽化"数值的情况下，在绘制选区将要定义的图像选中，然后选择"编辑"|"定义图案"命令来定义

图案即可。

"内容识别"的填充方式，与其说它是一个填充，更不如说是一个具有创造力的智能修补工具，即在填充选定的区域时，可以根据所选区域周围的图像进行修补。就实际的效果来说，虽不能说百发百中，但确实为图像处理工作提供了一个更智能、更有效率的解决方案。

在实际使用时，可以先使用选区工具将要修除的对象选中，然后选择"编辑"|"填充"命令，在弹出对话框的"使用"下拉列表中选择"内容识别"选项，单击"确定"按钮即可。以图 5.46 所示的图像为例，图 5.47 所示是将人物身后的钢筋选中时的状态，图 5.48 所示是填充后的效果。

图 5.46
原图像

图 5.47
绘制选区

图 5.48
填充后的效果

5.5 描边图像

在当前存在选区的情况下，选择"编辑"|"描边"命令，弹出如图 5.49 所示的对话框。

"描边"对话框中各参数的含义如下：

- 宽度：在该数值框中输入数值可确定描边线条的宽度，数值越大线条越宽。
- 颜色：单击该颜色块，可在弹出的"拾色器"对话框中选择一种合适的颜色。
- 位置：选择其中的一个单选按钮，可以设置描边线条相对于选区的位置。
- 保留透明区域：如果当前描边的选区范围内存在透明区域，则选中该复选框后，将不对透明区域进行描边。

例如，图 5.50 所示为原图像；图 5.51 所示是绘制选区后的状态；图 5.52 所示为描边后的效果。

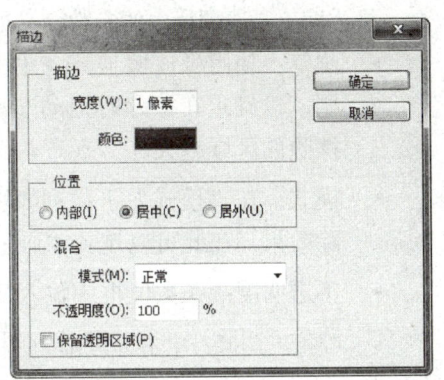

图 5.49
"描边"对话框

资源文件：
5.5.psd；
5.5-素材.jpg

图 5.50　原图像

图 5.51　选区状态

图 5.52　描边后的效果

5.6　擦除像素

Photoshop 提供了橡皮擦工具组来对图像进行多种方式的擦除操作，例如用于直接擦除图像的橡皮擦工具，依据图像边缘进行图像擦除的背景橡皮擦工具，以及具有一定智能化的魔术橡皮擦工具。本节将分别对这些工具的功能进行详细讲解。

5.6.1　橡皮擦工具

"橡皮擦工具"和现实中所使用的橡皮擦的作用是相同的，用此工具在图像上涂抹时，被涂抹到的图像会被擦除掉。

如果在"背景"图层中或是在锁定了透明像素的图层中工作，被擦除的区域会填充背景色。"橡皮擦工具"选项栏如图 5.53 所示。

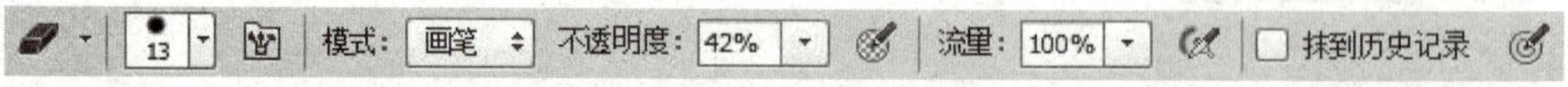

图 5.53　"橡皮擦工具"选项栏

橡皮擦工具选项栏中的参数含义如下：

- 画笔：使用橡皮擦工具做擦除操作前，首先需要在"画笔"下拉列表中选择笔刷，以确定在擦除时拖动一次所能擦除区域的大小，选择的笔刷越大，一次所能擦除的区域越大。
- 模式：在"模式"下拉列表中，可以选择不同的橡皮擦工作方式以创建不同的擦除效果，在此可以选择"画笔""铅笔"和"块"3 个选项作为绘图模式。
- 不透明度：在数值框中输入数值或拖动滑块，可以设置橡皮擦的不透明度。
- 喷枪工具：单击工具选项栏中的喷枪工具，以喷枪工具的作图模式进行擦除。
- 抹到历史记录：在此选项被选中的情况下，使用橡皮擦工具在图像上擦除时，可以将擦除的图像恢复至某一擦除前的状态。

资源文件：
5.6.2.psd

5.6.2　背景橡皮擦工具

使用"背景橡皮擦工具"，可在拖移时将图层上的像素擦为透明，并在擦除背景的同时在前景中保留对象的边缘。"背景橡皮擦工具"选项栏如图 5.54 所示。

图 5.54
"背景橡皮擦工具"选项栏

"背景橡皮擦工具"选项栏中的主要参数含义如下：
- 限制：此选项用于设置擦除颜色的限制方式。选择"不连续"选项，将擦除图层中任一位置的颜色；选择"连续"选项，将擦除取样点及与取样点相互连接的颜色；选择"查找边缘"选项，将擦除取样点和与取样点相连的颜色，但能较好地保留与擦除位置颜色反差较大的边缘轮廓。
- 容差：用于控制擦除颜色的区域，其数值越大，能擦除的颜色范围越大；数值越小，所能擦除的颜色范围越小。
- 保护前景色：选中此选项可以保护图像中与前景色相同的颜色区域。
- 取样：此处选项用于设置清除颜色的方式。选择连续按钮 ，表示随着鼠标的拖移，会在图像中连续地进行颜色取样，并根据取样进行擦除，所以；该选项可用来擦除连续区域中的不同颜色；选择一次按钮 ，则只擦除第一次单击取样的颜色；选择背景色板按钮 ，则只擦除包含背景颜色的区域。

例如，图 5.55 所示为原图像；图 5.56 所示是使用背景橡皮擦工具 擦除云彩图像后的效果；图 5.57 所示是继续使用此工具擦除了远山图像后的效果；图 5.58 所示是笔者为其增加了一个新背景图像后的效果。

图 5.55
原图像

图 5.56
擦除云彩

图 5.57
擦除远山图像

图 5.58
增加新背景后的效果

资源文件：
5.6.3-素材.tif

5.6.3 魔术橡皮擦工具

使用"魔术橡皮擦工具"  可以一次性地完成使用魔术棒选择相同的颜色再将其擦去的操作。其工具选项栏如图5.59所示。

图5.59
"魔术橡皮擦工具"选项栏

"魔术橡皮擦工具"选项栏中的参数含义如下：
- 容差：其中的数值用于控制擦除颜色的区域，其数值越大擦除的颜色范围越大。
- 消除锯齿：选中该复选框，可以擦除不同颜色区域边缘处的杂色，所以将操作后的图像放在另外一种颜色的背景上就不会出现杂色边缘效果了。
- 连续：若未选择该选项，则能一次性地擦除颜色值在"容差"范围内的所有像素；若选择该选项，则只能一次性擦除颜色值在"容差"范围内的相邻像素。
- 对所有图层取样：选择该选项后，在擦除图像时则会将当前所有可见图层中的图像视为一幅图像进行擦除。
- 不透明度：该数值框用于指定擦除的强度，数值为100%时，则将完全抹除像素。

例如，图5.60所示为原图像；图5.61所示为在选中"连续"选项时擦除中间红色图像后的效果；图5.62所示为未选中"连续"选项时的擦除中间红色图像后的效果。可以看出，其他区域的红色图像也同样被擦除了。

图5.60
原图像

图5.61
选中"连续"时的擦除效果

图5.62
未选中"连续"时的擦除效果

5.7 修复图像

微视频：仿制图章工具的使用方法

5.7.1 仿制图章工具

利用"仿制图章工具" 可以将图像中的像素复制到当前图像的另一个位置。下面通过一个实例说明如何去除照片中的杂物。

1）打开本书配套课程网站中的资源文件"第 5 章 \5.7.1- 素材 .jpg"，如图 5.63 所示。由于被修除的对象与人物重叠在一起，因此需要先绘制一个选区，以避免误操作。图 5.64 所示是使用磁性套索工具在人物边缘绘制选区并反选后的状态。

资源文件：
5.7.1.psd；
5.7.1- 素材 .jpg

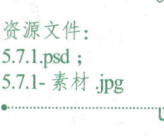

图 5.63
打开素材图像

图 5.64
使用磁性套索工具

2）单击创建新图层按钮 得到"图层 1"，在工具箱中选择"仿制图章工具" ，设置其工具选项栏如图 5.65 所示。

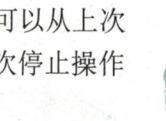

图 5.65
"仿制图章工具"选项栏

- 对齐：在工具选项栏中选中"对齐"复选框，整个取样区域仅应用一次，即使操作由于某种原因而停止，当再次使用"仿制图章工具" 操作时，仍可以从上次结束操作时的位置开始，直到再次取样。如果不选中此复选框，则每次停止操作后再进行时，又从头开始复制。
- 样本：在其下拉列表中，可以选择定义源图像时的图层范围，包括"当前图层""当前和下方图层"以及"所有图层"三个选项。

3）将设置好的光标置于杂物附近的草地上，如图 5.66 所示，按【Alt】键单击以定义源图像，释放【Alt】键，在杂物区域进行拖动，复制后的效果如图 5.67 所示。

笔 记

图 5.66
光标位置

图 5.67
复制后的效果

笔记

4）图 5.68 所示为按照上一步的操作方法重新定义图像进行修复后的效果；图 5.69 所示为修复其他区域后的整体效果。

图 5.68
修复杂物后的状态

图 5.69
最终效果

5.7.2 修复画笔工具

资源文件：
5.7.2.psd；
5.7.2-素材 .jpg

"修复画笔工具"的最佳操作对象是有皱纹或雀斑等杂点的照片，或有污点、划痕的图像，因为工具能够根据要修改点周围的像素及色彩将其完美无缺地复原，而不留任何痕迹。

使用"修复画笔工具"的具体操作步骤如下：

1）打开本书配套课程网站中的资源文件"第 5 章\5.7.2-素材 .jpg"。
2）选择"修复画笔工具"，在其工具选项栏中设置选项，如图 5.70 所示。

图 5.70
"修复画笔工具"选项栏

"修复画笔工具"选项栏中的重要参数解释如下：

- 取样：用取样区域的图像修复需要改变的区域。
- 图案：用图案修复需要改变的区域。

3）在"画笔"选项下拉列表中选择合适大小的画笔。

提 示

画笔的大小取决于需要修补的区域的大小。

4）在"修复画笔工具"选项栏中选中"取样"单选按钮，按住【Alt】键在用于修改的区域单击取样，如图 5.71 所示。
5）释放【Alt】键并将光标在放置复制图像的目标区域，按左键拖动此工具，即可修复此区域，如图 5.72 所示。

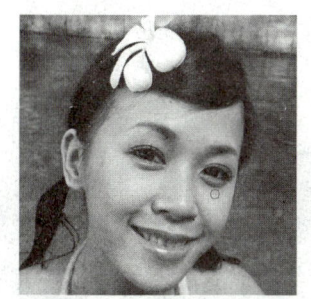

图 5.71
在眼睛下方单击以取样

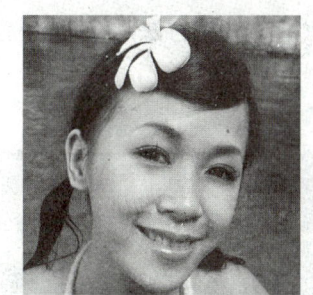

图 5.72
修复人物皱纹及眼袋的效果

笔 记

资源文件：
5.7.3.psd；
5.7.3- 素材 .jpg

5.7.3 污点修复画笔工具

“污点修复画笔工具”用于去除照片中的杂色或者污斑。此工具与下面将要讲解到的“修复画笔工具”非常相似，但不同的是，使用此工具时不需要进行取样操作，只需要用此工具在图像中有需要的位置单击即可去除此处的杂色或者污斑。

下面讲解此工具的使用方法。

1）打开本书配套课程网站中的资源文件“第 5 章 \5.7.3-素材 .jpg”，如图 5.73 所示。

2）选择“污点修复画笔工具”并设置其工具选项栏中的参数，如图 5.74 所示。

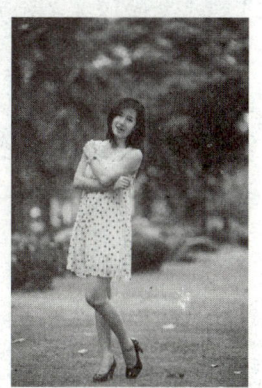

图 5.73
原图像

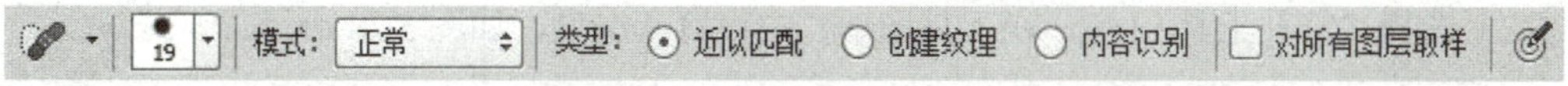

图 5.74
“污点修复画笔工具”选项栏

提 示

在实际操作过程中，“污点修复画笔工具”的大小可以根据要修复的斑点大小来决定。

3）选择“污点修复画笔工具”，设置适当的画笔大小并将光标放在要修除的杂物上，如图 5.75 所示，单击鼠标左键并释放左键即可将其清除，效果如图 5.76 所示。

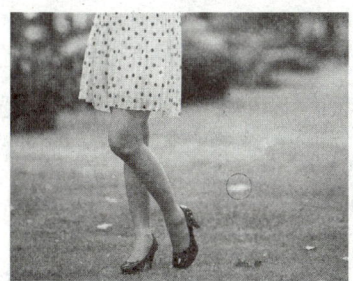

图 5.75
光标位置

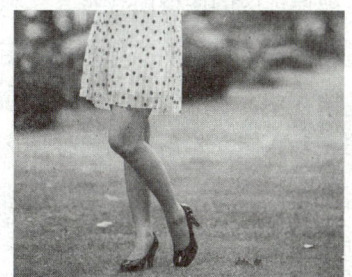

图 5.76
去除杂物

4）按照上一步的方法，将其他位置的杂物也修除，效果如图 5.77 所示。

图 5.77
局部效果及最终效果

5.7.4 修补工具

"修补工具"  与"修复画笔工具" 的原理相似，也可完美地恢复图像不满意的区域，与"修复画笔工具" 的不同之处在于，"修复画笔工具" 着眼于点，而此工具着眼于面。换言之，使用此工具能够大面积修补图像，其操作步骤如下：

1）打开本书配套课程网站中的资源文件"第 5 章 \5.7.4- 素材 .jpg"。
2）选择"修补工具" ，在工具选项栏中设置其选项，如图 5.78 所示。

图 5.78
"修补工具"选项栏

- 源：选中"源"单选按钮，则拖动选区并释放鼠标后，选区内的图像将被选区释放时所在的区域所代替。
- 目标：选中"目标"单选按钮，则拖动选区并释放鼠标后，释放选区时的图像区域将被原选区的图像所代替。
- 透明：选中"透明"单选按钮后，被修饰的图像区域内的图像效果呈半透明状态。
- 使用图案：在未选中"透明"单选按钮的状态下，在"修补工具"  选项栏中选择一种图案，然后单击"使用图案"按钮，则选区内将被应用为所选图案。

3）用"修补工具"  在图像中选择需要修补或覆盖的区域，如图 5.79 所示。
4）将光标放在选区中点按并拖动选区至目标图像区域，如图 5.80 所示。
5）释放左键，即可用目标图像区域的图像覆盖被选中的图像，得到如图 5.81 所示的效果。
6）按此方法经多次操作即可完整修补或覆盖图像，得到满意的效果，如图 5.82 所示。

图 5.79
选择需要修补或覆盖的区域

图 5.80
拖动选区

图 5.81
释放左键后的效果

图 5.82
最终效果

5.8　实战演练

5.8.1　修除乱发

1）打开本书配套课程网站中的资源文件"第 5 章 \5.8.1- 素材 .jpg"，如图 5.83 所示。在"图层"面板底部单击创建新图层按钮 ，得到"图层 1"。

图 5.83
素材图像

资源文件：
5.8.1.psd；
5.8.1- 素材 .jpg

> **提　示**
> 在本例中主要是将手臂上的乱发修除。

2）在工具箱中选择"修复画笔工具" ⌀，设置其工具选项栏如图 5.84 所示。

图 5.84
"修复画笔工具"选项栏

3）将光标置于头发与手臂中间，按【Alt】键单击以定义源图像，如图 5.85 所示。释放【Alt】键，将光标置于手臂边缘的乱发上（要使用定义的源图像与画面中的图像吻合），如图 5.86 所示。

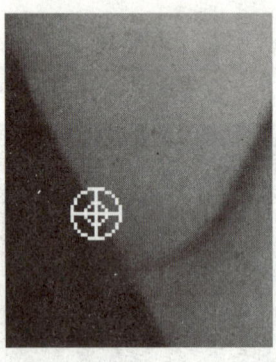

图 5.85
定义源图像

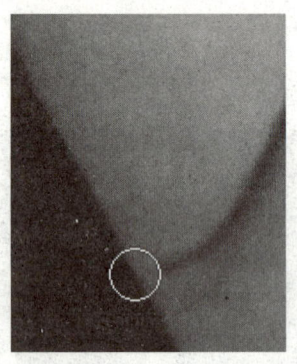

图 5.86
光标位置

> **提 示**
>
> 为了让读者更清楚地观看光标的位置，本步中图的显示比例为 200% 状态。

4）确定位置后单击，以将手臂边缘的乱发修除，如图 5.87 所示。在工具选项栏中调整不同画笔的硬度，应用"修复画笔工具" ⌀定义不同的源图像，将手臂上的乱发修除。图 5.88 所示为修除前后的效果对比。

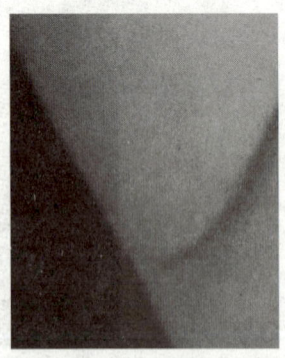

图 5.87
修除手臂边缘的乱发

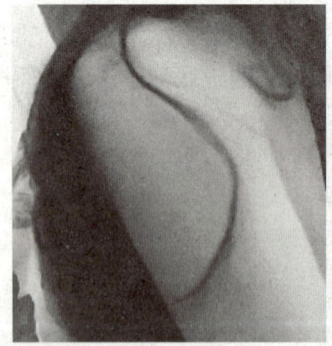 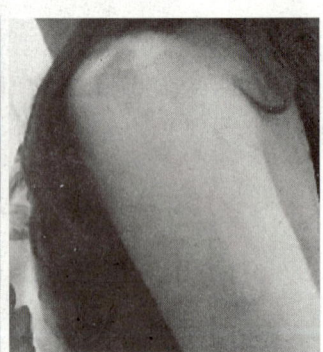

图 5.88
修除乱发前后的效果对比

> **提 示**
>
> 下面使用"仿制图章工具" ▣将肩膀区域的黑色阴影修除，其使用方法和修复画笔工具 ⌀一样。

5)在工具箱中选择"仿制图章工具" ，并在其工具选项栏中设置适当的画笔大小、硬度，通过定义源图像，将肩头的阴影修除，如图 5.89 所示。

6)至此，完成本例的操作，最终整体效果如图 5.90 所示。"图层"面板如图 5.91 所示。

图 5.89
修除阴影后的效果

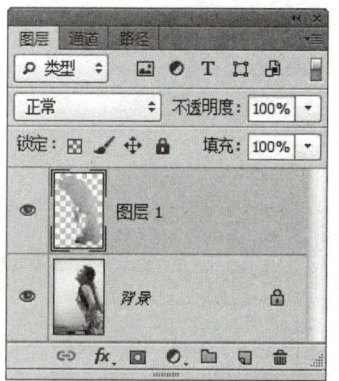
图 5.90
最终效果

图 5.91
"图层"面板

5.8.2 Hello Kitty主题海报设计

- 按【Ctrl+N】键新建一个文件，设置弹出的"新建"对话框如图 5.92 示。
- 设置前景色的颜色值为 5b87d7，背景色的颜色值为 b7d6ff，选择"线性渐变工具" ，并设置渐变类型为"前景色到背景色渐变"，从上到小绘制渐变，得到类似如图 5.93 所示的效果。
- 打开本书配套课程网站中的资源文件"第 5 章 \5.8.2- 素材 1.psd"，如图 5.94 所示，使用"移动工具" 将其移动到新建的文件中央，得到"图层 1"，按【Ctrl+T】键调出自由变换控制框，按【Shift】键将其缩小，按【Enter】键确认变换操作，得到如图 5.95 所示的效果。

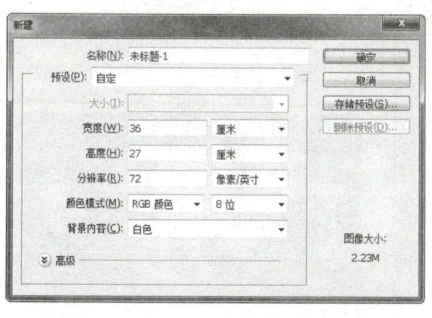
图 5.92
"新建"对话框

图 5.93
绘制渐变后的效果

图 5.94
素材图像

- 打开本书配套课程网站中的资源文件"第 5 章 \5.8.2- 素材 2.psd"，如图 5.96 所示，选择"编辑"|"定义画笔预设"命令，在弹出的对话框中单击"确定"按钮，将素材定义为画笔。

⑤ 选择第④步新建的文件,在"背景"图层上方新建一个图层得到"图层 2"。

⑥ 设置前景色的颜色为白色,选择"画笔工具",按【F5】键调出"画笔"面板,选择上一步定义的画笔,设置其"笔尖形状"选项如图 5.97 所示,再选择"形状动态"和"散布"选项,其设置如图 5.98 和图 5.99 所示,在新建文件中单击绘制,得到类似如图 5.100 所示的效果。

图 5.95
调整大小和位置后的效果

图 5.96
素材图像

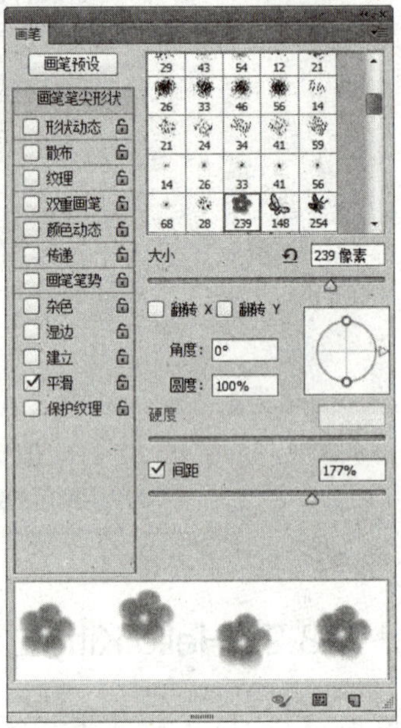

图 5.97
"笔尖形状"选项

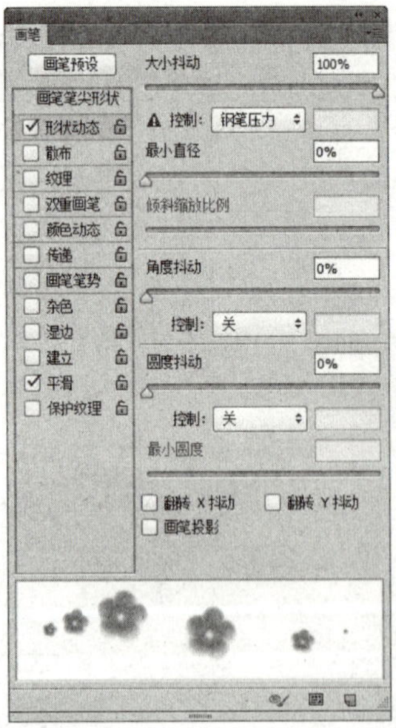

图 5.98
"形状动态"选项

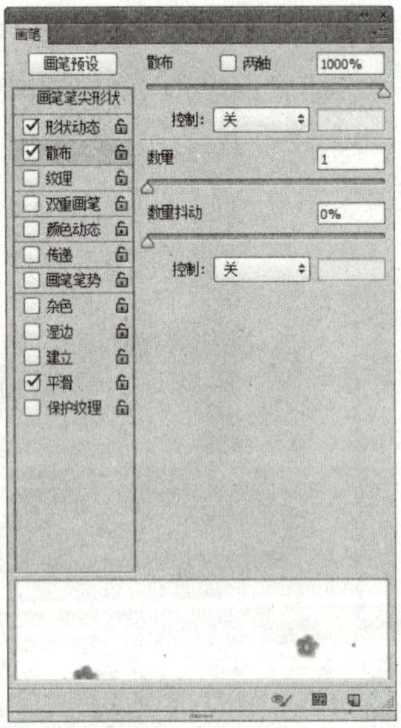

图 5.99
"散布"选项

图 5.100
使用画笔涂抹后的效果

⑦ 新建一个图层得到"图层 3",设置前景色的颜色为白色,选择"画笔工具",在

"画笔"面板中选择画笔"柔角 21"设置其"画笔笔尖形状"选项如图 5.101 所示，再选择"形状动态"和"散布"选项，其设置如图 5.102 和图 5.103 所示，对小猫使用画笔涂抹，得到类似如图 5.104 所示的效果。

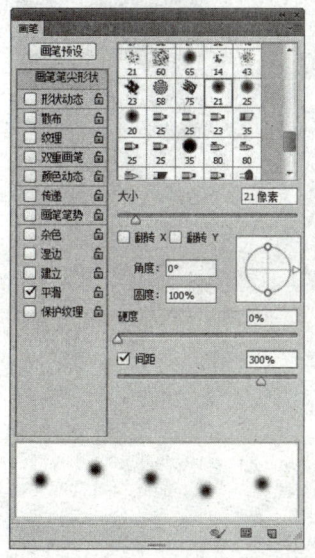

图 5.101
"画笔笔尖形状"选项

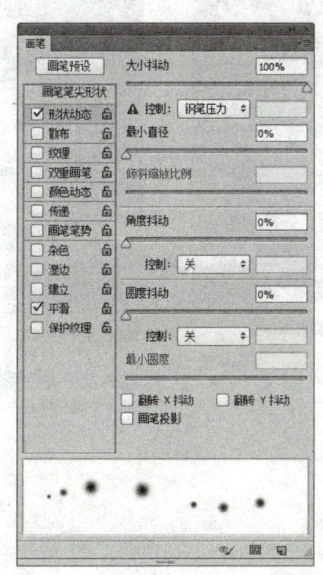

图 5.102
"形状动态"选项

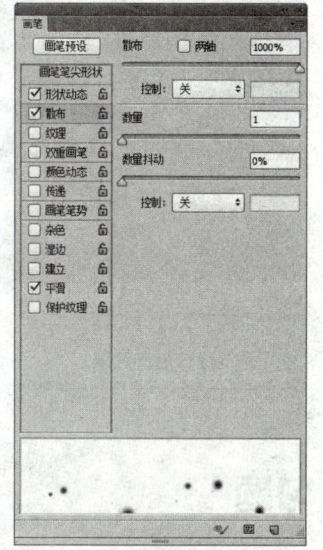

图 5.103
"散布"选项

⑧ 新建一个图层得到"图层 4"，选择"画笔工具" ，在"画笔"面板中选择上一步设置的画笔，修改其"散布"选项如图 5.105 所示，按【Shift】键在小猫周围及背景上绘制类似直线的散点，得到如图 5.106 所示的效果。

图 5.104
使用画笔涂抹后的效果

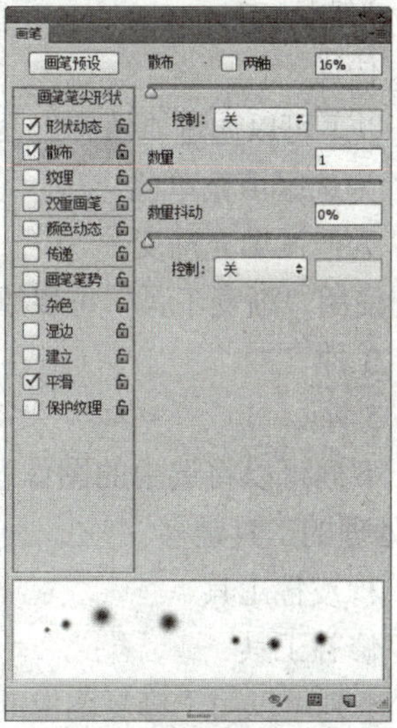

图 5.105
修改"散布"选项

⑨ 设置前景色的颜色为白色，选择"横排文字工具" ，并在其工具选项栏上设置适当的字体和字号，在小猫下方输入文字"HELLO KITTY"，得到相应的文本图层，得

到如图 5.107 所示的效果。

图 5.106
使用画笔涂抹后的效果

图 5.107
输入文字后的效果

习题

一、选择题

1. 显示"画笔"面板的快捷键是（　　）。
   A.【F5】键　　　　　　　　　　　B.【F4】键
   C.【F2】键　　　　　　　　　　　D.【F6】键
2. 下列（　　）不属于"画笔"面板。
   A. 形状动态　　　　　　　　　　　B. 颜色动态
   C. 传递　　　　　　　　　　　　　D. 散布动态
3. 以下可以通过"填充"命令实现的是（　　）。
   A. 为选区填充单色　　　　　　　　B. 对选区中的图像进行智能修复
   C. 为选区填充渐变　　　　　　　　D. 为选区填充图案
4. 使用"渐变工具"可以绘制出（　　）类型的渐变。
   A. 3 种　　　　　　　　　　　　　B. 4 种
   C. 5 种　　　　　　　　　　　　　D. 6 种
5. 下列可以将选中的图像移至其他位置，并根据原图像周围的图像对其所在的位置进行修复处理的工具是（　　）。
   A. 橡皮擦工具　　　　　　　　　　B. 背景橡皮擦工具
   C. 修补工具　　　　　　　　　　　D. 内容感知移动工具
6. 下列可以用于修复图像的工具包括（　　）。
   A. 仿制图章工具　　　　　　　　　B. 污点修复画笔工具
   C. 修复画笔工具　　　　　　　　　D. 修补工具

二、操作题

1. 打开本书配套课程网站中的资源文件"第 5 章\5.10-1-素材.tif"素材图像，如图 5.108

所示，结合本章讲解的各种修复工具，将该图像修复成如图 5.109 所示的效果。

图 5.108
原图像

图 5.109
修复后的效果

2. 打开本书配套课程网站中的资源文件"第 5 章 \5.10-2- 素材 1.tif""第 5 章 \5.10-2- 素材 2.tif"素材图像，如图 5.110 所示。结合本章讲解的擦除图像功能，在不使用图层蒙版及混合模式功能的情况下，试制作出如图 5.111 所示的图像效果（注意水面上的倒影）。

图 5.110
素材图像

3. 结合本章讲解的渐变功能，尝试制作得到图 5.112 所示的简单绘画效果。

图 5.111
混合效果

图 5.112
简单绘画效果

4. 打开本书配套课程网站中的资源文件"第 5 章 \5.10-4- 素材 1.psd"和"第 5 章 \5.10-4-

素材 2.psd"素材图像,如图 5.113 和图 5.114 所示,将其定义为画笔,然后再结合本章中讲解的关于"画笔工具"的讲解,尝试绘制得到类似如图 5.115 所示的星光效果。

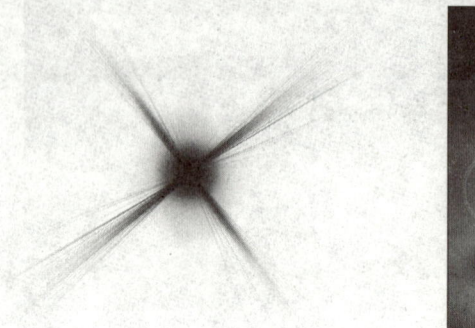

图 5.113
画笔素材

图 5.114
素材图像

图 5.115
绘制后的星光效果

5. 打开本书配套课程网站中的资源文件"第 5 章 \5.10-5- 素材 .jpg"素材图像,如图 5.116 所示,至少使用两种方法修复人物的眼袋,得到类似如图 5.117 所示的效果。

图 5.116
素材图像

图 5.117
处理后的效果

> **提 示**
>
> 本章所用到的素材及效果文件位于本书配套课程网站中"第 5 章"的资源文件内,其文件名与章节号对应。

第 6 章

绘制路径和形状

知识要点：

- 钢笔工具
- 自由钢笔工具
- 添加和删除锚点
- 选择路径和锚点
- 新建和删除路径操作
- 填充和描边路径操作
- 将路径转换为选区操作
- 将选区转换为路径操作
- 使用图形工具绘制图形
- 为形状设置填充与描边
- 创建自定义形状操作
- 路径运算功能

课题导读：

路径是 Photoshop 中的各项强大功能之一，它是基于"贝塞尔"曲线建立的矢量图形，所有使用矢量绘图软件或矢量绘图工具制作的线条，原则上都可以称为路径。

在 Photoshop 中路径主要是以两种形式体现出来的，其中一种是路径线，而另外一种就是带有实色填充内容的形状，在本章中，将对这两种路径形式的创建及编辑等操作进行讲解。

6.1 绘制路径

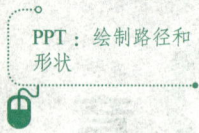
PPT：绘制路径和形状

路径是基于贝赛尔曲线建立的矢量图形，所有使用矢量绘图软件或矢量绘图工具制作的线条，原则上都可以称为路径。

路径可以是一个点、一条直线或者一条曲线，除了点外的其他路径均由锚点、锚点间的线段构成。如果锚点间的线段曲率不为零，锚点的两侧还有控制句柄。锚点与锚点之间的相对位置关系，决定了这两个锚点之间路径线的位置，锚点两侧的控制句柄控制该锚点两侧路径线的曲率。

如图 6.1 所示，是用"钢笔工具"描绘的一条路径，路径线、锚点和控制句柄是其基本组成元素。

> **提示**
> 下面在演示各个功能时所使用的路径，读者可以使用"自定形状工具"绘制得到。

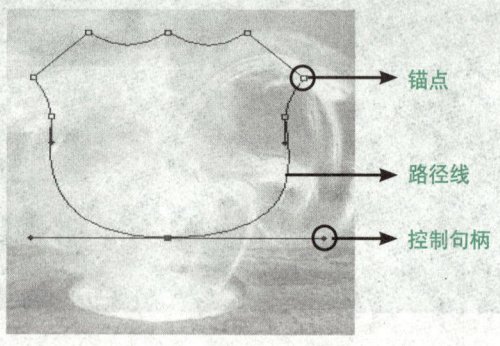

图 6.1
路径的组成结构

在下面的讲解中，将对路径及形状的绘制、编辑等操作进行讲解。

6.1.1 钢笔工具

创建路径最常用的是"钢笔工具"，用"钢笔工具"在页面中单击确定第一点，然后在另一位置单击，两点之间创建一条直线路径；如果在单击另一点时拖动鼠标，则可以得到一条曲线路径。

选择"钢笔工具"后，工具选项栏如图 6.2 所示。

图 6.2
"钢笔工具"选项条

在绘制类型下拉列表中，选择"形状""路径"或"像素"选项，可以绘制得到相应的对象。

在钢笔工具选项条中单击图标，将弹出小面板 □ 橡皮带，在此可以选择"橡皮带"选项。在"橡皮带"选项被选中的情况下，绘制路径时可以依据节点与钢笔光标间的线段，判断下一段路径线的走向。

如果要创建闭合路径，将光标放在第一个节点上，当钢笔光标下面显示一个小圆时，如图 6.3 所示，单击即可得到闭合的路径。

在路径绘制结束后，如果要创建开放的路径，在工具箱中选择"直接选择工具"，然后在工作页面上单击一下，放弃对路径的选择，也可以在绘制过程中按【Esc】键退出路径的绘制状态以得到开放的路径。

图 6.3
绘制闭合路径

6.1.2 自由钢笔工具

选择自由钢笔工具后，其工具选项栏显示如图 6.4 所示。

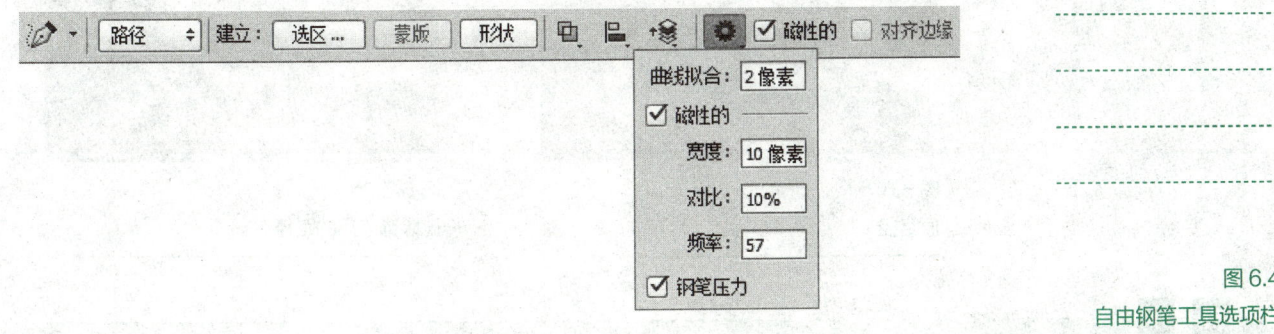

图 6.4
自由钢笔工具选项栏

在使用方法上，自由钢笔工具与铅笔工具有几分相似，不同的只是经过自由钢笔工具描绘过的路径，可以进行编辑从而形成一条比较精确的路径。

"曲线拟合"参数控制了路径对鼠标移动的敏感性，在此可以输入一个数值，数值越高创建的路径锚点越少，路径越光滑。

6.1.3 添加锚点工具

要在一条路径上添加锚点，就可以使用添加锚点工具来完成该操作。

在路径被激活的状态下，选用添加锚点工具，直接单击要增加锚点的位置，即可以增加一个锚点，如图 6.5 所示。

图 6.5
使用添加锚点工具实例

> **提示**
>
> 如果钢笔工具选项条中"自动添加/删除"选项处于被选中状态,则利用钢笔工具也可以直接添加锚点。首先选定路径,再将钢笔工具移动到路径上需要增加锚点的位置,钢笔工具将自动改变为添加锚点工具,单击即可以添加一个锚点。

6.1.4 删除锚点工具

与添加锚点工具刚好相反,删除锚点工具的作用就是删除路径上的锚点,其操作方法非常简单,只需要将此工具光标置于一个锚点上,单击即可删除此锚点。

图 6.6 所示为原路径,图 6.7 所示为删除多个锚点后的效果,由图示可见当删除关键的定位点时路径的形状会发生变化。

 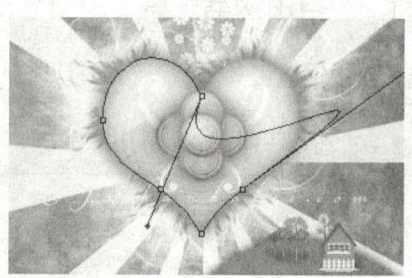

图 6.6
原路径

图 6.7
删除锚点后的路径

> **提示**
>
> 如果钢笔工具选项条中"自动添加/删除"选项处于被选中状态,则可以利用钢笔工具直接删除锚点;首先应该将包含此锚点的路径选中,然后将钢笔工具移动到欲删除的锚点上,此时钢笔工具自动改变为删除锚点工具,单击欲删除的锚点即可。

6.1.5 转换点工具

利用"转换点工具"可以将直角型节点、光滑型节点与拐角节点进行互相转换。
将光滑节点转换为直线型节点时,用"转换点工具"单击此节点即可。
要将直线型节点转换为光滑节点,可以用"转换点工具"单击并拖动此节点,如图6.8所示。

图 6.8
将直线型节点转换为光滑节点

如果要删除路径线段，用"直接选择工具"选择要删除的线段，然后按【Backspace】或【Delete】键即可。

6.2 选择路径

在 Photoshop 中可以使用两种工具完成路径的选择操作，即路径选择工具和直接选择工具，如图 6.9 所示。使用它们可以选择整条路径或只选择路径中的某个锚点，下面将分别讲解它们的用途和使用方法。

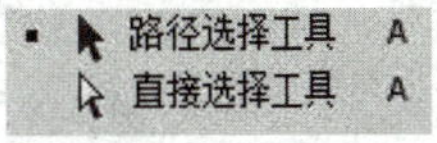

图 6.9 选择工具组

6.2.1 路径选择工具

如果在编辑过程中要选择整条路径，可以使用选择工具组中的路径选择工具，在整条路径被选中的情况下，路径上的锚点全部显示为黑色小正方形，如图 6.10 所示，此时使用此工具可移动整条路径的位置，如图 6.11 所示。

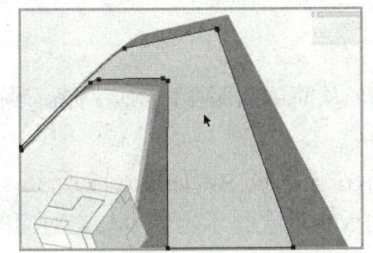

图 6.10
整条路径选择操作实例

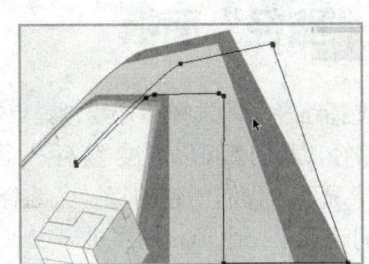

图 6.11
移动路径

> **提示**
> 如果当前使用的工具是直接选择工具，无需切换至路径选择工具，只需按住【Alt】键并单击路径，即可将整条路径选中；如果当前使用的是直接选择工具或者路径选择工具，只要按住【Ctrl】键单击鼠标左键即可在这两个工具间进行切换。

6.2.2 直接选择工具

要选择路径中的锚点，需要使用工具箱中的直接选择工具，在路径中的锚点处于被选定的状态下呈黑色小正方形，未选中的锚点呈空心小正方形，如图 6.12 所示，图 6.13 所示是分别选中各个锚点并拖动其位置后得到的路径效果。

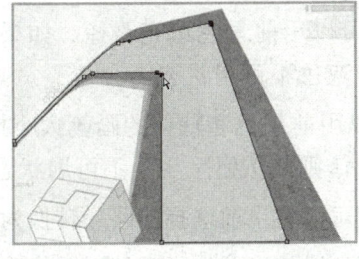

图 6.12
选择锚点

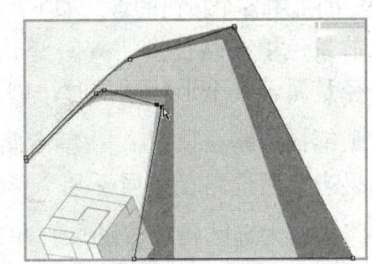

图 6.13
编辑锚点位置

根据需要可以用点选的方法选择一个锚点，如果要选择多个锚点，可以按住【Shift】键不断单击锚点，或按住鼠标左键拖出一个虚线框，释放鼠标左键后，虚线框中的锚点将被选中，如图 6.14 所示。

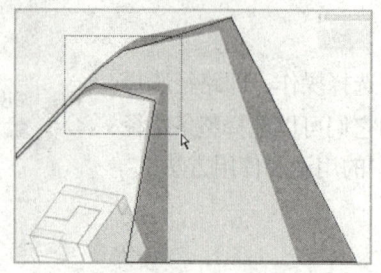
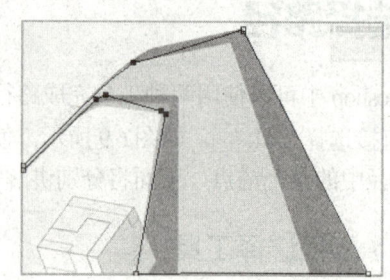

图 6.14
使用直接选择工具选择锚点

6.3 "路径"面板

> 笔记

除了选择路径（即选择路径线、锚点等）以外，从简单的保存、删除路径，到复杂的填充及描边路径，我们都可以通过"路径"面板来完成。

默认情况下，我们创建的每一条路径都会显示在该面板中，如图 6.15 所示，而对于形状，当我们选择了一个形状图层时，在"路径"面板中也会显示出一个与之对应的路径项，如图 6.16 所示。

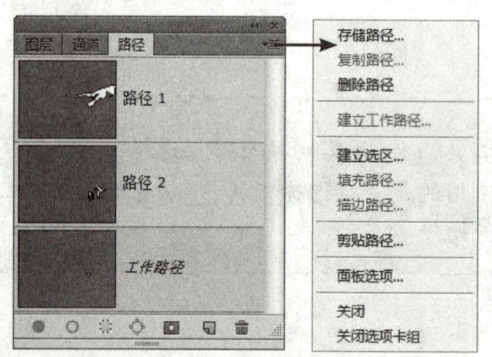
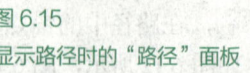
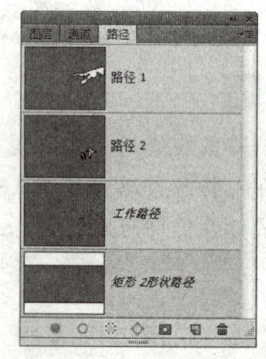

图 6.15
显示路径时的"路径"面板

图 6.16
选择形状图层时的"路径"面板

"路径"面板中各个按钮的含义如下：

- 用前景色填充路径按钮 ● ：单击此按钮可以用前景色填充路径。如果当前所选路径是属于某个形状图层时，则此按钮呈灰色不可用状态。

- 用画笔描边路径按钮 ○ ：单击此按钮可以用前景色和默认的画笔大小描边路径。如果当前所选路径是属于某个形状图层时，则此按钮呈灰色不可用状态。

- 将路径作为选区载入按钮 ：单击此按钮可以将当前选择的路径转换为选区。

- 从选区生成工作路径按钮 ◇ ：单击此按钮可以将当前选区存储为工作路径。

- 创建新路径按钮 ▫ ：单击此按钮可以新建一条路径。

- 删除当前路径按钮 🗑：单击此按钮，在弹出的提示对话框中单击"是"按钮可以删除选中的路径。如果当前所选路径是属于某个形状图层时，如果单击"是"按钮，则该形状图层会因为没有任何路径的限制，而使用本身的颜色填满整个画布。

6.3.1 新建路径

这里所说的新建路径并非前面所说的绘制路径线，在"路径"面板中新建的路径，是用于装载路径线的一个载体，其操作方法就是单击"路径"面板底部的创建新路径按钮 ▫，即可建立空白路径。

另外使用路径绘制工具绘制路径时，如果当前没有在"路径"面板中选择任何一个路径，则 Photoshop 会自动创建一个"工作路径"。

> **提 示**
> 在没有保存路径的情况下，绘制的新路径会替换原来的"工作路径"。

如果需要在新建路径时为其命名，可以按住【Alt】键并单击创建新路径按钮 ▫，在弹出的对话框中输入新路径的名称，单击"确定"按钮即可。

> **提 示**
> 在"路径"面板中没有改变路径名称的命令，但可以通过双击路径的名称，待其名称变为可输入状态时，在弹出的对话框重新输入文字以改变路径的名称。

6.3.2 保存"工作路径"

每次绘制新路径时，Photoshop 中都会自动创建一个"工作路径"，当再次绘制新的路径时，该"工作路径"中的内容就会被新内容所替代，要永久保存"工作路径"中的内容，就必须将其保存起来。

要保存工作路径可以双击该路径的名称，在弹出的对话框中单击"确定"按钮即可。

6.3.3 隐藏路径线

在默认状态下，路径以黑色线显示于当前图像中。这种显示状态在某些情况下，将影响用户所做的其他大多数操作。

要隐藏路径，可以在"路径选择工具" ▶、"直接选择工具" ▶ 及"钢笔工具" ✎ 等任意一种工具被选中的情况下，按【Esc】键。

要隐藏路径，还可以单击"路径"面板的空白处。

> **提 示**
> 在选择"钢笔工具" ✎、"路径选择工具" ▶、"直接选择工具" ▶ 等工具的情况下，也可以按【Enter】键隐藏路径。

笔记

6.3.4 选择路径

在 Photoshop CC 中，新增了选择多个路径的功能，用户可以像选择多个图层一样，在"路径"面板中选择多个路径层。其实用价值就在于，在过往的版本中，若要对多条路径进行编辑，就必须将它们置于同一个路径层中，但在选择和编辑时，路径越多，则越容易出现差错。而在 Photoshop CC 中，用户则可以将这些路径分置于多个路径层中，这样就可以在需要编辑多个路径时，直接在"路径"面板中将其选即可，使得工作的条理更为清晰。

图 6.17 所示就是选择两个不连路径层时的状态，图 6.18 所示则是选择多个连续路径层时的状态。

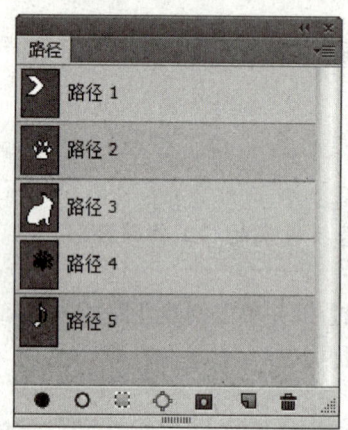
图 6.17
选择非连续路径

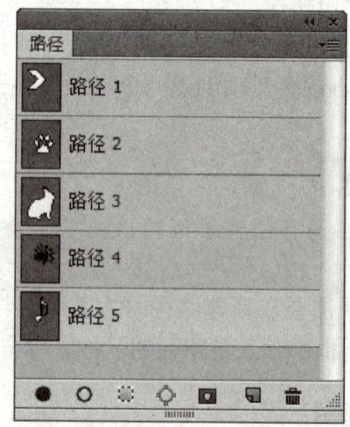
图 6.18
选择连续路径

在选中多个路径层后，用户仍可以使用路径选择工具 、直接选择工具 或钢笔工具 等，对它们进行选择和编辑。若按【Delete】键执行删除操作，则选中的路径层及其中的路径都会被删除。

6.3.5 删除路径

对于不需要的路径可以将其删除。利用"路径选择工具" 选择要删除的路径，然后按【Delete】键。

如果需要删除某路径中所包含的所有路径组件，可以将该路径拖动到"删除当前路径"按钮 上，如图 6.19 所示；也可以在该路径被选中的状态下，单击"路径"面板中的"删除当前路径"按钮 ，在弹出的信息提示对话框中单击"是"按钮。

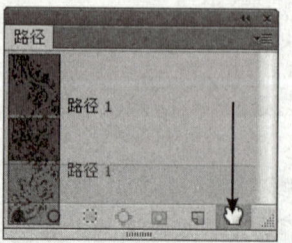
（a）将路径拖动到"删除当前路径"按钮上

（b）删除路径后的"路径"面板

图 6.19
删除路径示意

> **提示**
>
> 如果不希望在删除路径时弹出信息提示对话框，可以按住【Alt】键单击"删除当前路径"按钮 🗑。

在 Photoshop CC 中，用户还可以像复制图层一样，在"路径"面板按住【Alt】键拖动路径层，以实现复制路径层的操作。

6.3.6 复制路径

要复制路径，可以将"路径"面板中要复制的路径拖动至"创建新路径"按钮 上，如图 6.20 所示。如果要将路径复制到另一个图像文件中，选中路径并在另一个图像文件可见的情况下，直接将路径拖动到另一个图像文件中即可。

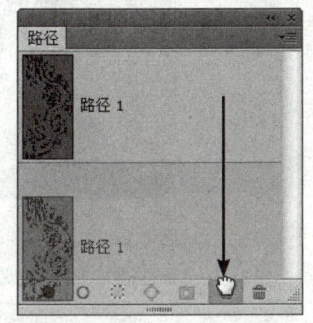 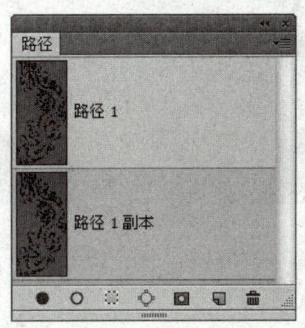

（a）将路径拖动至"创建新路径"按钮上　　（b）复制路径后的"路径"面板

图 6.20
复制路径

如果要在同一图像文件内复制路径组件，可以使用"路径选择工具" 选中路径组件，然后按【Alt】键拖动被选中的路径组件。

6.4 转换路径

6.4.1 将选区转换为路径

在 Photoshop 中创建选区的方法要比创建路径的方法多，所以很多情况下，可以先创建选区，然后再将选区转换成为路径进行编辑。要由选区生成路径，可以按下述步骤操作：
- 结合各种选区创建功能，创建要转换成为路径的选区。
- 按住【Alt】键单击"路径"面板底部的 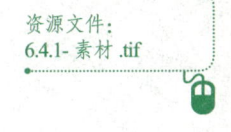 按钮，或者选择"路径"面板弹出菜单中的"建立工作路径"命令，设置弹出的如图 6.21 所示的对话框。

资源文件：
6.4.1- 素材 .tif

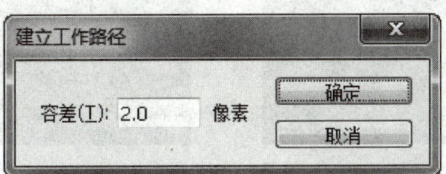

图 6.21
"建立工作路径"对话框

> 笔记

对话框中的"容差"数值框中的数值决定了路径所包括的定位点数，默认的容差值为 2 像素，在此可输入的容差值范围为 0.5～10 像素。

如果输入一个较高的容差值，则用于定位路径形状的锚点将较少，得到的路径将较平滑。

如果选用一个较低的容差值，则可用的定位点将较多，产生的路径也将不平滑。

例如图 6.22 所示为原选区的状态，图 6.23 所示是将容差设置成为 0.5 时得到的路径，图 6.24 所示是将容差设置成为 10 时得到的路径状态，可以看出，锚点少了很多。

图 6.22
原选区

图 6.23
容差值为 0.5 时生成的路径

图 6.24
容差值为 10 时生成的路径

> 提示
>
> 有时将选区转换为路径时会生成过于复杂的路径，以至于打印机无法打印。在这种情况下，最好是使用删除锚点工具 ![icon] 删掉一些定位点或用较高的容差值重新创建路径。另外，由选区产生的路径和原始选区可能不完全相同。

6.4.2 将路径转换为选区

资源文件：
6.4.2-素材.psd

要将当前选择的路径转换成为选区，可以单击"路径"面板底部的 ![icon] 按钮，或在此面板的弹出菜单中选择"建立选区"命令。

图 6.25 所示为原路径，图 6.26 所示为按上述方法操作所得到的选区。

图 6.25
原路径

图 6.26
转换后生成选区

> **提 示**
>
> 也可以按住【Ctrl】键单击面板中的路径图标，或按【Ctrl+Enter】键直接将路径转换成为选区。

与直接单击"路径"面板底部的将路径作为选区载入按钮 不同，如果选择"建立选区"命令将弹出如图 6.27 所示对话框（按住【Alt】键单击此按钮也会弹出该对话框）。

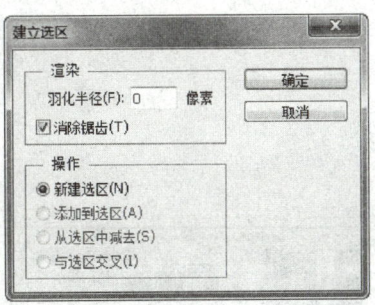

图 6.27　"建立选区"对话框

> **提 示**
>
> 按住【Shift+Ctrl】键单击"路径"面板中的路径名称或直接按【Shift+Ctrl+Enter】键，可以将其所定义的选区添加到选区中；按住【Alt+Ctrl】键并单击面板中的路径名称或直接按【Alt+Ctrl+Enter】键，可以从选区中去除路径所定义的选区；按住【Alt+Ctrl+Shift】键单击面板中的路径名称或直接按【Alt+Ctrl+Shift+Enter】键，可以得到当前选区与路径所定义的选区的重合部分选区。

6.5　绘制规则形状图像

6.5.1　几何图形工具组

利用 Photoshop 中的形状工具，可以非常方便地创建各种几何形状或路径。在工具箱中的形状工具组上单击鼠标右键，将弹出隐藏的形状工具。使用这些工具都可以绘制各种标准的几何图形。图 6.28 所示为矩形、圆形、多边形以及自定义图形等。

图 6.28　自定义图形

用户可以在图像处理或设计的过程中，根据实际需要选用这些工具。图 6.29 所示就是一些采用形状工具绘制得到的图形，并应用于设计作品后的效果。

在 Photoshop CC 中，对于矩形工具和圆角矩形工具，用户还可以直接在"属性"面板中设置其圆角属性，如图 6.30 所示，这是一个非常实用的功能，用户可以更方便地修改其圆角属性。

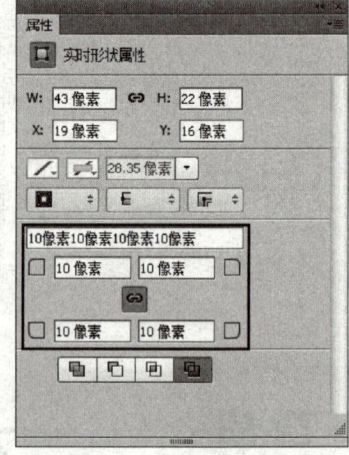

图 6.29
设计效果

图 6.30
在"属性"面板中设置参数

若选中中间的链接按钮，则修改其中任意一个数值时，其他的数值也会发生相应的变化。若取消选中该按钮，则可以任意修改四角的圆角数值。

6.5.2 精确创建图形

使用矩形工具、椭圆工具、自定形状工具等图形绘制工具时，可以在画布中单击，此时会弹出一个相应的对话框，以使用椭圆工具在画布中单击为例，将弹出如图 6.31 所示的参数设置对话框，在其中设置适当的参数并选择选项，然后单击"确定"按钮，即可精确创建圆角矩形。

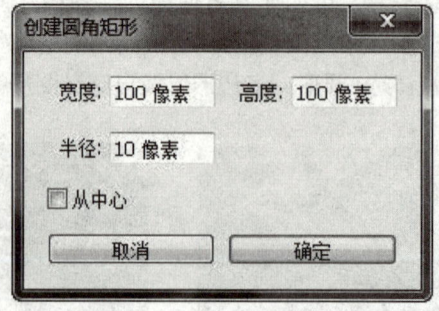

图 6.31
"创建圆角矩形"对话框

6.5.3 调整形状大小

对于形状图层中的路径，可以在工具选项上精确调整其大小。使用路径选择工具选中要改变大小的路径后，在工具选项上的 W 和 H 数值输入框中输入具体的数值，即可改变其大小。

若是选中 W 与 H 之间的链接形状的宽度和高度按钮 ，则可以等比例调整当前选中路径的大小，如图 6.32 所示。

图 6.32
W 和 H 参数

6.5.4 创建自定义形状

如果形状面板中没有合适的形状，根据需要我们可以自己创建新的自定义形状，要创建自定义形状，可以按下述步骤操作：

1）选择并使用"钢笔工具" 创建所需要的形状的外轮廓路径，如图 6.33 所示。
2）选择"路径选择工具" ，将路径全部选中。
3）选择"编辑"|"定义自定形状"命令，在弹出的如图 6.34 所示的对话框中输入新形状的名称，然后单击"确定"按钮确认。

资源文件：
6.5.4- 素材 .psd

图 6.33
"钢笔工具"所绘路径

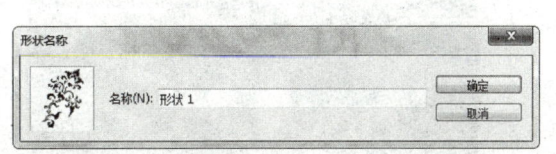

图 6.34
"形状名称"对话框

4）选择"自定形状工具" ，显示形状列表框，即可选择自定义的形状，如图 6.35 所示。

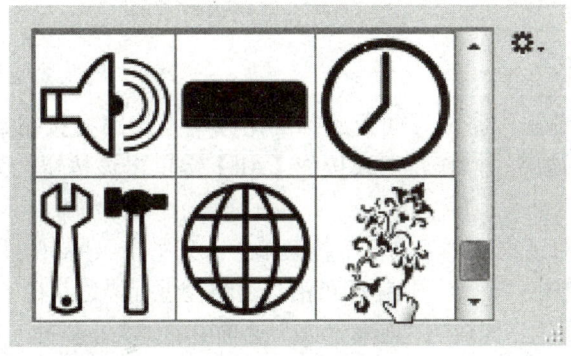

图 6.35
新图形

6.6 为路径设置填充与描边

6.6.1 填充路径

Photoshop 允许用户直接以当前的路径作为限制，来填充颜色或图案至路径中，其操作方法非常简单，只需在"路径"面板中单击用前景色填充路径按钮 ● 即可，如果当前路径项中包含的路径不止一条，则需要选择要填充的路径；如果未选中任意一条路径，则同时对当前所有的路径执行填充操作。

如图 6.36 所示为使用钢笔工具 ⌀ 绘制的路径，如图 6.37 所示是为路径填充实色并描边后的效果。

在默认情况下 Photoshop 以实色填充当前路径，如果要控制填充路径的参数选项，可以按住【Alt】键并单击 ● 按钮或选择"路径"面板弹出菜单中的"填充路径"命令，设置弹出的"填充路径"对话框，如图 6.38 所示，从而得到更为丰富的填充效果。

图 6.36
使用钢笔工具绘制的路径

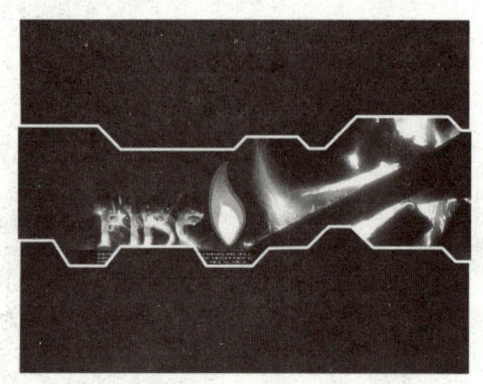

图 6.37
填充路径后的效果

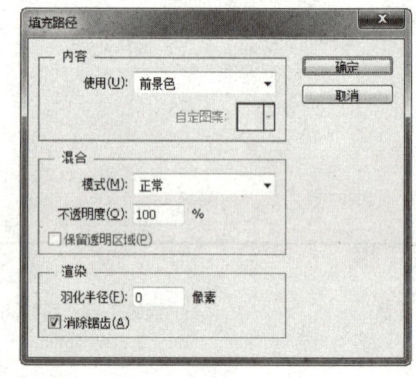

图 6.38
"填充路径"对话框

6.6.2 描边路径

在默认情况下，单击"路径"面板底部的用画笔描边路径按钮 ○ 后，就会以当前选择的绘图工具进行描边路径操作，如果按住【Alt】键单击该按钮会弹出如图 6.39 所示的对话框。

由"描边路径"对话框的"工具"下拉菜单中，列举出了所有可用于描边路径的工具，选择适当的工具后，单击"确定"按钮即可沿当前路径进行描边路径了。如果选中了"模拟压力"选项，并在"画笔"面板的"形状动态"选项中的"大小抖动"下方选择"钢笔压力"选项，如图 6.40 所示，那么在描边时会模拟压感笔绘图时的效果，在起点与终点都会出现拖尾效果。

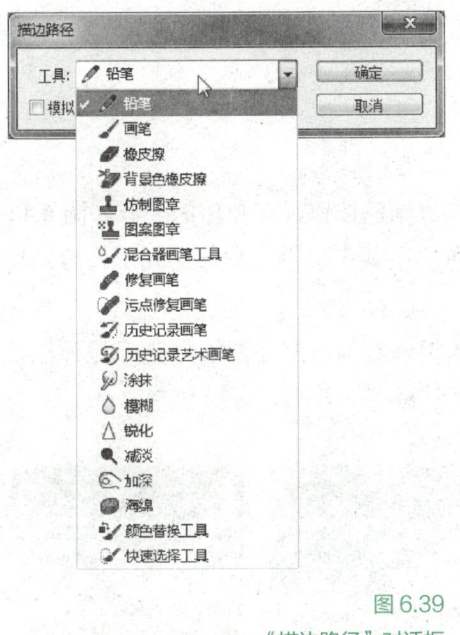

图 6.39
"描边路径"对话框

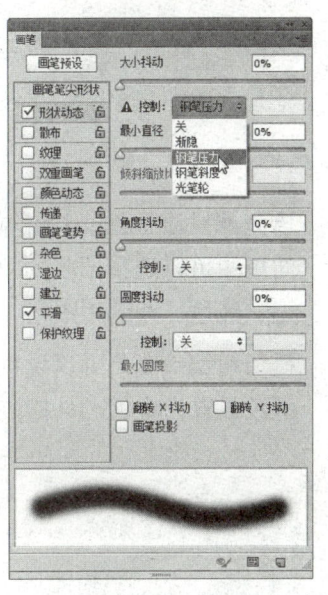

图 6.40
选择"钢笔压力"选项

如图 6.41 所示为原路径,图 6.42 为应用圆形画笔进行描边后的效果,由于画笔设置有一定的散布属性,因此所描绘出散点状的效果。

图 6.41
原路径

图 6.42
描边路径后的效果

6.7 为形状设置填充与描边

在前面的讲解中,介绍了使用各个工具可以绘制"路径"或"形状"对象,当绘制形状时,可以直接为形状图层设置多种渐变及描边的颜色、粗细、线型等属性,从而更加方便地对矢量图形进行控制。

要为形状图层中的图形设置填充或描边属性,可以在"图层"面板中选择相应的形状图层,然后在工具箱中选择任意一种形状绘制工具或"路径选择工具" ,然后在工具选项栏上即可显示类似如图 6.43 所示的参数。

资源文件:
6.7-素材.psd

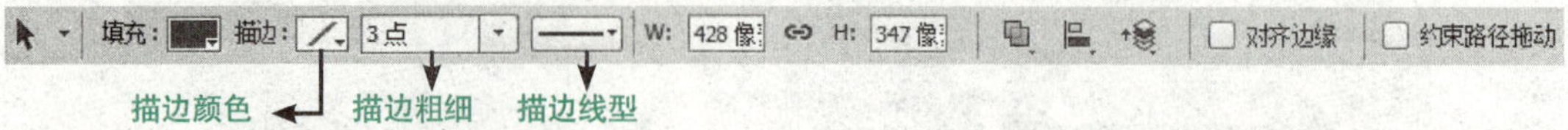

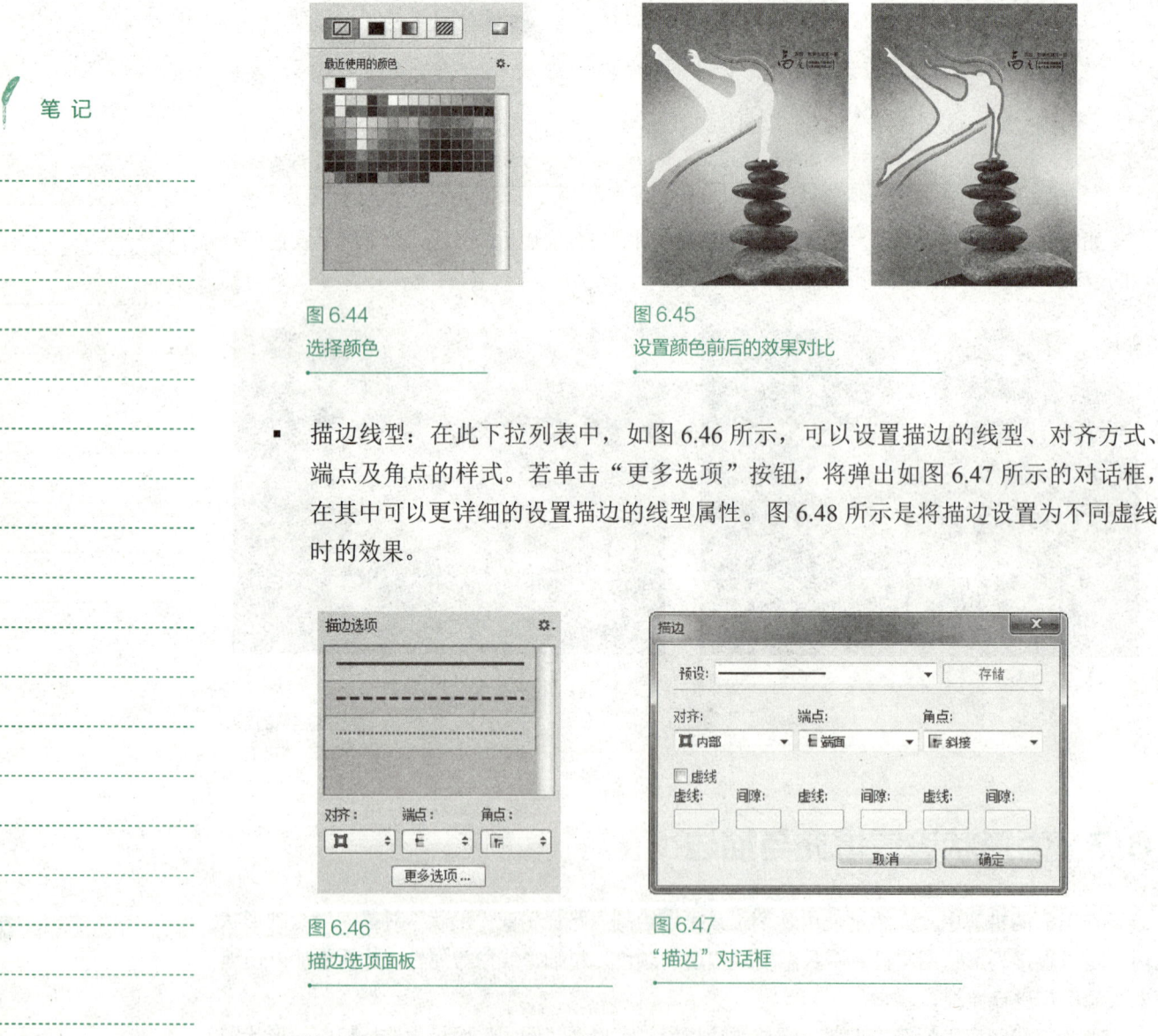

图 6.43 用于设置形状填充及描边色的参数

- 填充或描边颜色：单击填充颜色或描边颜色按钮，在弹出的类似如图 6.44 所示的面板中可以选择形状的填充或描边颜色，其中可以设置的填充或描边颜色类型为无、纯色、渐变和图案 4 种。
- 描边粗细：在此可以设置描边的线条粗细数值。例如图 6.45 所示是原图及将描边颜色设置为橙色，且描边粗细为两点时得到的效果。

图 6.44 选择颜色

图 6.45 设置颜色前后的效果对比

- 描边线型：在此下拉列表中，如图 6.46 所示，可以设置描边的线型、对齐方式、端点及角点的样式。若单击"更多选项"按钮，将弹出如图 6.47 所示的对话框，在其中可以更详细的设置描边的线型属性。图 6.48 所示是将描边设置为不同虚线时的效果。

图 6.46 描边选项面板

图 6.47 "描边"对话框

另外，在 Photoshop CC 中，用户也可以在"属性"面板中设置上述参数，如图 6.49 所示。

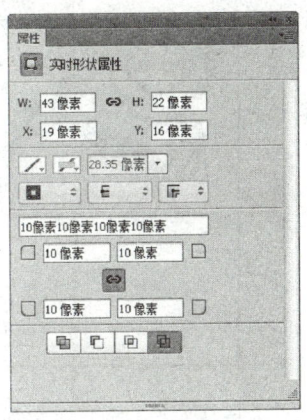

图 6.48 设置不同描边时的效果

图 6.49 "属性"面板

6.8 路径运算

路径运算是能够绘制路径类工具的重要功能,下面将以图 6.50 所示的形状为例,图 6.51 所示是对应的"图层"面板为例进行,图 6.52 所示是为形状增加了图层样式以提升其美观程度后的效果。

资源文件:
6.8-素材.psd

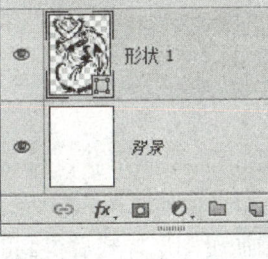

图 6.50 原形状

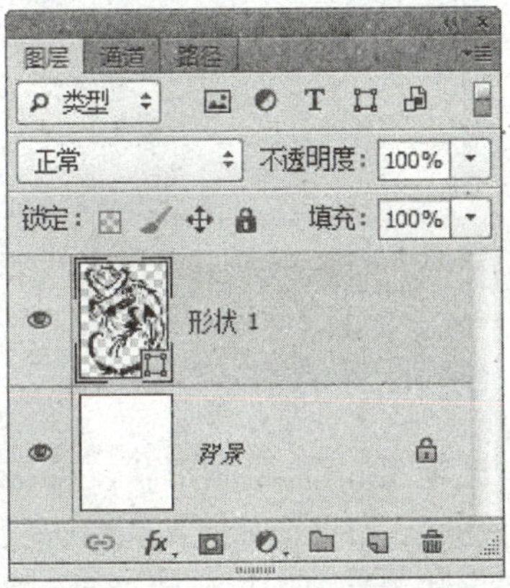

图 6.51 对应的"图层"面板

图 6.52 添加图层样式后的效果

- 选择"新建图层"选项然后绘制形状,可以在不改变原有任意一个形状的情况下,绘制一个新的形状。例如图 6.53 所示为绘制了新形状后得到的效果及对应的"图层"面板,图 6.54 所示是分别为两个形状图层添加了图层样式后得到的效果。

> **提 示**
> 以下进行的形状之间的运算,都必须在选择形状图层且路径处于显示的情况下才可以执行,因为只有在路径显示的情况下,各个运算按钮才可以使用。如果当前进行的是路径运算则没有这样的限制。

笔 记

图 6.53
绘制新形状及对应的"图层"面板

图 6.54
添加图层样式后的效果

- 在选择了形状图层缩览图的情况下，选择"合并形状"选项 然后绘制形状，可向现有形状中添加新形状所定义的区域，得到如图 6.55 所示的效果。图 6.56 所示是为形状添加了图层样式后得到的效果。

图 6.55
添加形状及对应的"图层"面板

图 6.56
添加图层样式后的效果

- 选择"减去顶层形状"选项 ，再绘制形状，可从现有形状中删除新形状与原形状的重叠区域。对上例而言，如果选择此按钮后再绘制形状，"路径"面板如图 6.57 所示，图 6.58 所示是为形状添加了图层样式后得到的效果。

图 6.57
减去形状及对应的"图层"面板

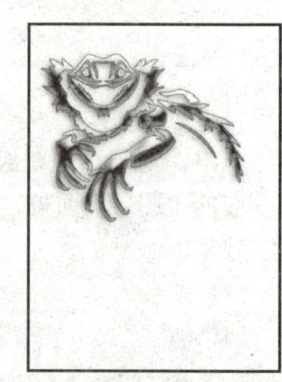
图 6.58
添加图层样式后的效果

- 选择"与形状区域相交"选项，再绘制形状，生成的新区域被定义为新形状与现有形状的交叉区域。对上例而言，选择此按钮后再绘制形状，"路径"面板如图 6.59 所示，图 6.60 所示是为形状添加了图层样式后得到的效果。

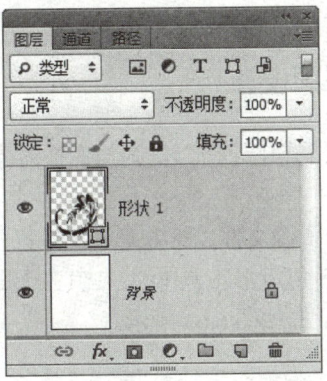

图 6.59　交叉形状及对应的"图层"面板

图 6.60　添加图层样式后的效果

- 选择"排除重叠形状"选项，再绘制形状，可以定义生成的新区域为新形状和现有形状的非重叠区域。对上例而言，选择此按钮后再绘制形状，得到如图 6.61 所示的形状，图 6.62 所示是为形状添加了图层样式后得到的效果。

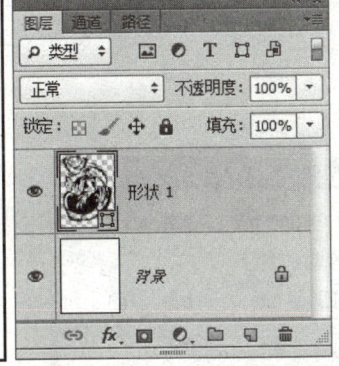

图 6.61　重叠形状及对应的"图层"面板

图 6.62　添加图层样式后的效果

通过以上实例，可以看出在绘制形状时，可以通过选择不同的选项，得到不同的新形状。

同理，在绘制路径时也可以通过选择不同的按钮进行运算，以得到不同形状的复杂路径，由于运算的方法完全相同，故不再予以详细讲解。

> **提 示**
>
> 在绘制第二条路径时确定的路径间的运算模式，具有灵活的可编辑性。即如果要得到其他运算模式所定义的效果，可以在该路径被选中的情况下，直接在工具选项栏上选择不同的运算按钮选项，建议各位读者打开从本书配套课程网站中下载的本小节的资源文件，选择一条路径，然后分别在工具选项栏中单击不同的运算按钮，将路径转换为选区，观察选择不同的按钮后得到的不同效果，以增加感性认识。

6.9 实战演练

6.9.1 手机音乐播放器界面设计

在本例中，将结合图形绘制、格式化处理、复制与变换对象等操作，设计一款手机上的音乐播放器界面，其操作步骤如下：

1）打开本书配套课程网站中的资源文件"第 6 章 \6.9.1- 素材 1.jpg"，如图 6.63 所示。

2）设置前景色为白色，选择圆角矩形工具  并在其工具选项栏上选择"形状"选项，然后在图像上单击，设置弹出的对话框如图 6.64 所示。

> **提 示**
> 在下面的操作中，如无特殊说明，都是选择"形状"选项进行绘制。

资源文件：
6.9.1.psd；
6.9.1- 素材 1.jpg；
6.9.1- 素材 2.jpg

3）单击"确定"按钮退出对话框，以创建一个圆角矩形，并将其调整至如图 6.65 所示的位置，同时创建得到图层"圆角矩形 1"。

图 6.63
素材文档

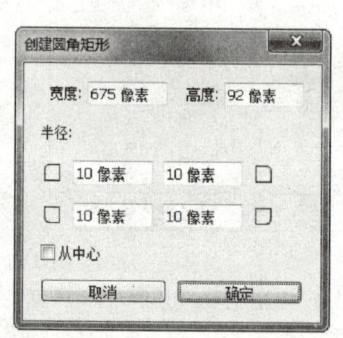

图 6.64
"圆角矩形"对话框

图 6.65
创建得到的圆角矩形

4）显示"图层"面板，设置图层"圆角矩形 1"的不透明度为 70%，如图 6.66 所示，得到如图 6.67 所示的效果。

5）使用移动工具按住【Alt+Shift】键向下拖动圆角矩形，以创建得到"圆角矩形 1 拷贝"，如图 6.68 所示。

6）按【Ctrl+T】键调出自由变换控制框，向下拖动底部中间的控制句柄，以增加其高度，如图 6.69 所示。调整完成后，按【Enter】键确认变换。

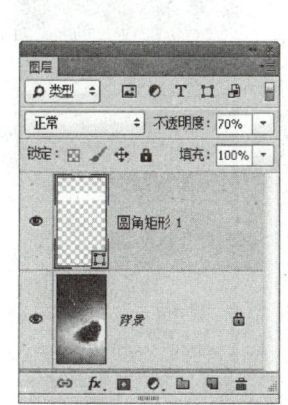   

图 6.66　"透明度"面板　　图 6.67　设置不透明度后的效果　　图 6.68　向下复制图形　　图 6.69　选中下半部分的锚点

7）按照第5）步和第6）步的方法，再继续向下复制3个矩形，并分别调整其大小，直至得到类似如图 6.70 所示的效果，此时的"图层"面板如图 6.71 所示。

8）选择直线工具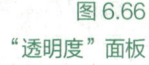，在其工具选项栏上设置"粗细"为 1px，设置填充色的颜色值为 656565，按住【Shift】键在第 2 个圆角矩形中绘制水平线，得到如图 6.72 所示的效果。

9）按照第5）步的方法向下复制横向线条，然后再按照上一步的方法，继续绘制两个垂直线条，得到如图 6.73 所示的分割线条效果。

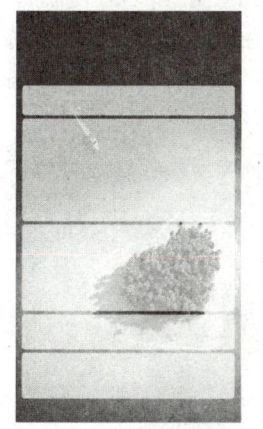 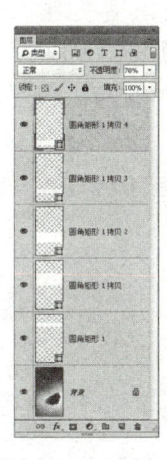 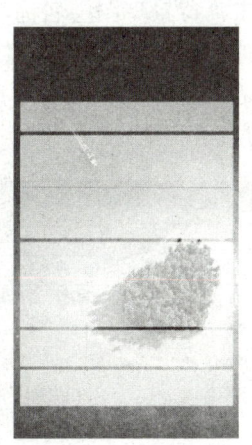 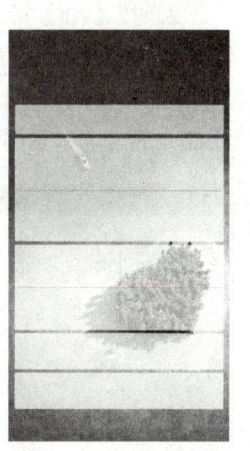

图 6.70　移动锚点后的效果　　图 6.71　复制得到其他图形后的效果　　图 6.72　绘制线条　　图 6.73　复制并编辑线条

10）下面来继续绘制用于标识功能的按钮。选择椭圆工具，设置前景色为 29ABE2，按住【Shift】键绘制一个正圆，如图 6.74 所示，同时得到图层"椭圆 1"。

11）按照第5）步的方法，向下方及右侧复制圆形，并双击各个形状图层的缩略图，在弹出的对话框中选择不同的颜色，直至得到类似如图 6.75 所示的效果。

12）最后，打开本书配套课程网站中的资源文件"第 6 章 \6.9.1- 素材 2.psd"，如图 6.76 所示，复制其中的图片及图标，并粘贴到 UI 设计文件中，分别调整各图标的大小、位置及颜色等属性，并在各区域输入相应的文字，直至得到如图 6.77 所示的最终效果。

笔记

图 6.74	图 6.75	图 6.76	图 6.77
绘制正圆	复制并改变圆形填充色后的效果	素材图形	最终效果

6.9.2 连体特效文字——变形连合

资源文件：
6.9.2.psd

"老北京"是一家以传统北京风味菜肴为主的百年老店，其店招的设计以古典的花纹作为装饰，勾起了人们对传统的美好回忆。

1）设置背景色的颜色值为77181c，按【Ctrl+N】键新建一个文件，设置弹出的对话框如图 6.78 所示，单击"确定"按钮退出对话框，以创建一个新的空白文件。

2）按【Alt】键双击"背景"图层名称，将其变换为普通图层"图层 0"，为方便观看，隐藏"图层 0"。选择横排文字工具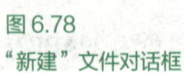，按【X】键交换前景色与背景色，并在其工具条上设置合适的字体和字号，在画布中央如图 6.79 所示的位置分别输入文字"老 京"和"北"，使其各处于一个单独的图层。

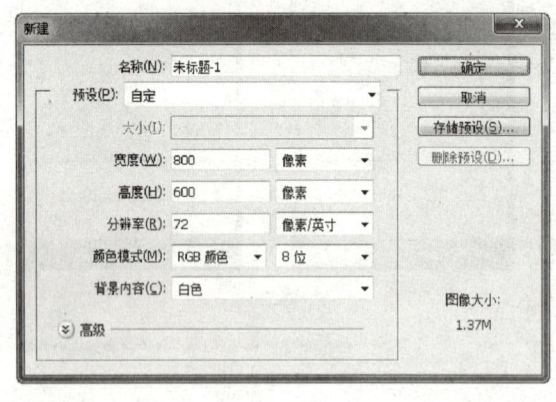

图 6.78
"新建"文件对话框

图 6.79
输入文字

> **提 示**
>
> 下面我们来改变文字的外形，需要使用各种跟路径有关的工具。

3）选择图层"北"为当前操作图层，单击添加图层蒙版按钮为其添加蒙版，选择画

笔工具，设置前景色为黑色，在蒙版中涂抹以隐藏"北"字右边的笔画"点"如图 6.80 所示，图层蒙版状态如图 6.81 所示。

图 6.80
添加图层蒙版

图 6.81
图层蒙版状态

4）右键单击图层"老 京"的图层名称，在弹出的菜单中选择"转换为形状"命令。得到文字"老 京"的路径。选择直接选择工具，选中"京"字左上角的锚点如图 6.82 光标处所示，按【Delete】键删除得到一个开放的端口如图 6.83 光标处所示。

5）选择钢笔工具，单击开放端口中的其中一个锚点后，接着绘制如图 6.84 所示的路径。选择直接选择工具，移动"京"字头上"点"的路径的相应锚点至如图 6.85 所示，使其接近圆形。

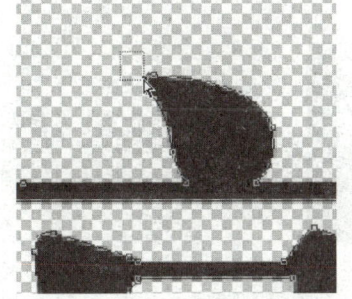
图 6.82
选中锚点

图 6.83
删除锚点

图 6.84
绘制路径

> **提 示**
>
> 在绘制完最后一个锚点后，将光标放在开放端口中的另外一个锚点上，待钢笔光标下面显示一个小圆时单击即可闭合路径。

6）选择转换点工具拖动笔画"点"的路径左侧的锚点的控制句柄，使其成为圆形如图 6.86 所示。用相同的方法调整上一步绘制的路径的所有锚点至如图 6.87 所示。

> **提 示**
>
> 调整刚绘制的直线型锚点时，用转换点工具单击并拖动锚点便可得到控制句柄，接着再调整控制句柄即可。

图 6.85
移动锚点

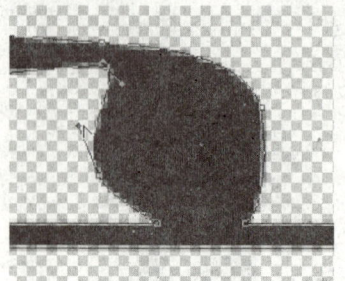
图 6.86
调整控制句柄

图 6.87
调整所有绘制的锚点

7）用第 4）步～第 6）步的方法，修改图层"老 京"的路径至如图 6.88 所示。并结合文字工具和路径工具输入文字和绘制其他装饰形状至如图 6.89 所示的效果。

> **提 示**
>
> 绘制装饰形状的时候可以选择自定形状工具，接着选择跟效果类似的形状，然后通过对形状的某些部分的修改达到需要的效果。接着我们在"老北京"的下方绘制连体的拼音文字"LAOBEIJING"。

8）选择横排文字工具，设置前景色的颜色值为 77181c，并在其工具选项栏上设置适当的字体和字号，在"老北京"下方输入拼音"LAOBEIJING"，隐藏"图层 0"后如图 6.90 所示。

图 6.88
图层"老 京"的路径

图 6.89
绘制装饰图形及输入文字

图 6.90
输入文字

9）单击添加图层蒙版按钮为图层"LAOBEIJING"添加图层蒙版，设置前景色为黑色，选择画笔工具并在其工具选项栏上设置合适的大小，在图层蒙版中涂抹以隐藏字母"E"和"J"以及字母"A"中间的"一"如图 6.91 所示。图层蒙版如图 6.92 所示。

10）选择文字工具，设置与"LAOBEIJING"相同的字体和字号，输入"E"，产生图层"E"，用移动工具将字母"E"移至"LAOBEIJING"中的"E"原来的位置。用相同的方法输入"J"，产生图层"J"并将其移至"LAOBEIJING"中的"J"原来的位置。效果如图 6.93 所示。

图 6.91
添加图层蒙版

图 6.92
图层蒙版状态

图 6.93
输入"E"和"J"

11）右键单击图层"E"的图层名称，在弹出的菜单中选择"转换为形状"命令得到"E"的路径，然后用第4）步～第6）步的方法修改"E"的路径，隐藏图层"LAOBEIJING"和"J"后效果如图 6.94 所示。显示"J"后用相同的方法得到形状图层"J"，并修改"J"的路径至如图 6.95 所示。

12）为了保留文字图层，复制图层"LAOBEIJING"生成"LAOBEIJING 拷贝"后，显示拷贝图层，单击添加图层样式按钮 ，在弹出的菜单中选择"描边"命令，设置弹出的对话框如图 6.96 所示，效果如图 6.97 所示。用相同的方法为图层"E"和"J"添加"描边"图层样式。效果如图 6.98 所示。

图 6.94　形状图层"E"

图 6.95　形状图层"F"

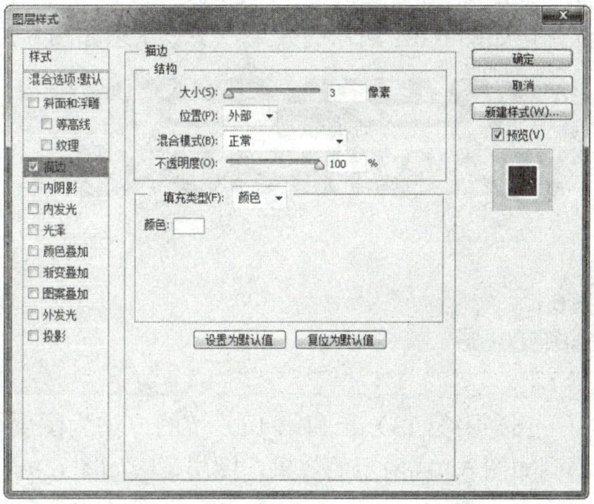

图 6.96　"描边"对话框

图 6.97　描边后的效果

图 6.98　继续描边的效果

> **提 示**
>
> 下面来制作图层"E"和"J"的图像与"LAOBEIJING"互相穿插的效果。

13）单击图层"LAOBEIJING 拷贝"的图层名称，在弹出的菜单中选择"转换为智能对象"命令。按住【Ctrl】键，单击图层"LAOBEIJING 拷贝"的缩览图移载入其选区，选择图层"E"为当前操作图层，按【Alt】键单击添加图层蒙版按钮  为图层"E"添加图层蒙版。得到如图 6.99 所示的效果，蒙版状态如图 6.100 所示。

图 6.99　添加图层蒙版

图 6.100　图层蒙版状态

14）设置前景色为黑色，选择画笔工具，并在其工具选项栏上设置合适的大小，在图层"E"的图层蒙版里涂抹，以隐藏"E"中间的"一"。然后设置前景色为白色，在相应的部位涂抹至如图 6.101 所示的效果，蒙版状态如图 6.102 所示。

图 6.101　涂抹图层蒙版

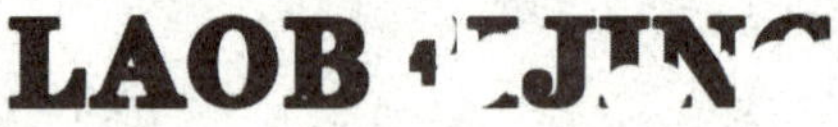

图 6.102　图层蒙版状态

15）用第 13）步和第 14）步的方法为图层"J"添加图层蒙版，并用画笔工具涂抹得到如图 6.103 所示的效果，图层蒙版如图 6.104 所示。

图 6.103　添加图层蒙版

图 6.104　图层蒙版状态

16）在"图层"面板中选中图层"LAOBEIJING 拷贝""E"和"J"，复制这三个图层，合并新生成的三个拷贝图层，并将其重命名为"白底"，将图层"白底"拖到"LAOBEIJING"的下方，用第 12）步的方法为其添加"描边"的图层样式，在"描边"对话框中设置"大小"为 5 像素，显示"图层 0"后效果如图 6.105 所示。

17）选择画笔工具，设置前进色为白色，在字母以及字母之间的空隙处涂抹至如图 6.106 所示的效果。最后，选择文字工具并设置合适的字体和字号，设置前景色为白色，输入相关文字信息后，效果如图 6.107 所示，"图层"面板如图 6.108 所示。

图 6.105　新增图层"白底"后的效果

图 6.106　用白色涂抹

图 6.107
最终效果

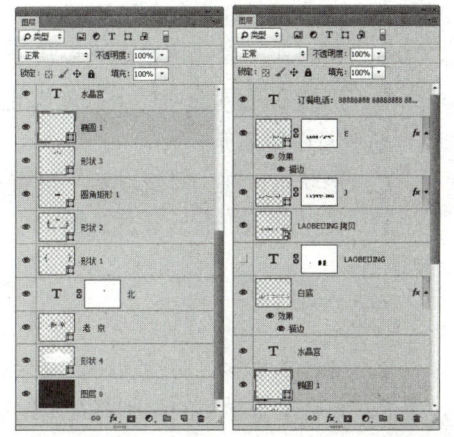

图 6.108
"图层"面板

习题

一、选择题

1. 下列用于绘制路径的工具包括（　　）。
   A. 钢笔工具　　B. 自由钢笔工具　　C. 直接选择工具　　D. 添加锚点工具
2. 下列可以用于编辑路径的工具包括（　　）。
   A. 转换点工具　　B. 路径选择工具　　C. 删除锚点工具　　D. 钢笔工具
3. 下列关于选择路径的说法正确的是（　　）。
   A. 使用路径选择工具可以选中整条路径
   B. 使用直接选择工具可以选中路径中的某个锚点
   C. 使用直接选择工具按住【Alt】键可以选中整条路径
   D. 使用直接选择工具只能选择路径中的锚点及路径线
4. 下列可以绘制并得到形状图层的工具包括（　　）。
   A. 钢笔工具　　B. 矩形工具　　C. 椭圆工具　　D. 直线工具
5. 下列说法不正确的是（　　）。
   A. 使用钢笔工具可以直接绘制图像
   B. 使用钢笔工具可以绘制路径，但不可以绘制形状
   C. 默认情况下，绘制路径时将在"路径"面板中自动创建"路径 1"，并随着绘制次数的增多，逐渐在面板中创建更多的路径
   D. 显示"路径"面板的快捷键是 F7
6. 下列关于将路径转换成为选区的操作方法错误的是（　　）。
   A. 在"路径"面板中选中要转换为选区的路径，按【Ctrl+Enter】键即可
   B. 在"路径"面板中按住【Ctrl】键单击要转换为选区的路径缩览图
   C. 在"路径"面板中选中要转换为选区的路径，单击将路径作为选区载入按钮
   D. 在"路径"面板中选中要转换为选区的路径，按【Shift+Enter】键即可

7. 以下关于路径和形状的说法中，正确的是（　　）。
   A. 可以在工具选项栏上为形状设置纯色填充
   B. 形状在工具选项栏上只能够设置纯色和渐变填充；路径在工具选项栏上可以设置纯色、渐变及图案填充
   C. 形状可以在工具选项栏上设置描边色，并能够设置虚线或实线类型
   D. 无法载入形状对象的选区，但可以将路径转换为选区

二、操作题

1. 结合本章学习的绘制路径及绘制图形的操作方法，绘制出图 6.109 所示的标志图像。
2. 结合本章学习的绘制路径及绘制图形的操作方法，绘制出图 6.110 所示的招贴图像。

图 6.109
绘制标志图像

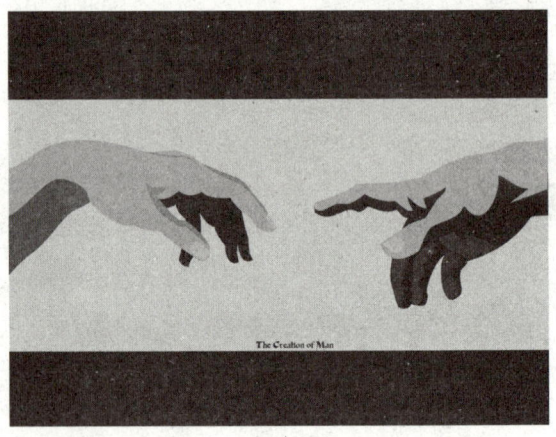

图 6.110
绘制招贴图像

3. 结合本章中讲解的形状绘制工具及路径运算功能，绘制得到一个如图 6.111 所示的黑色圆环，并将其定义成为画笔。
4. 使用上一题中定义的画笔，新建一个文件并绘制类似如图 6.112 所示的路径，然后结合画笔描边路径功能制作得到类似如图 6.113 所示的效果。

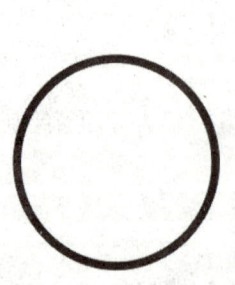

图 6.111
绘制黑色圆环

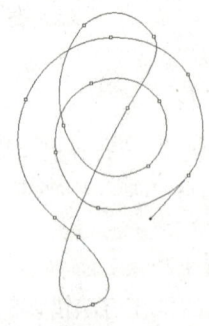

图 6.112
绘制路径

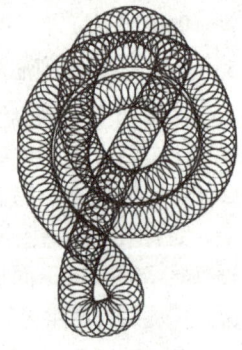

图 6.113
描边后的效果

5. 新建一个尺寸为 1 024 像素 ×768 像素的文件，然后结合钢笔工具 以及路径自由

变换控制框、剪贴蒙版等功能，制作得到类似如图 6.114 所示的矢量渐变背景。

6. 以上一题制作的背景图像为基础，结合钢笔工具 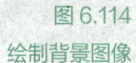、椭圆工具 ⬤、矩形工具 ▣ 以及复制路径、路径运算等功能，尝试制作得到类似如图 6.115 所示的完整作品。

图 6.114
绘制背景图像

图 6.115
完成整体作品

图 6.116
绘制卡通

7. 结合本章讲解的矢量绘图知识，尝试绘制得到如图 6.116 所示的卡通效果。

> **提 示**
> 本章所用到的素材及效果文件位于本书配套课程网站"第6章"的资源文件内，其文件名与章节号对应。

第 7 章

Photoshop CC 中文版标准教程

通道

知识要点：

- "通道"面板
- 颜色通道
- 创建颜色通道的操作方法
- 将通道作为选区载入的操作方法
- 编辑 Alpha 通道的原理

课题导读：

在 Photoshop 各方面的强大功能之中，通道并不像图层那样拥有很多的参数，例如混合模式、不透明度、图层样式，但却丝毫不影响通道成为 Photoshop 中的核心功能。

很多 Photoshop 初学者都对通道功能非常迷惑，而实际上则恰恰相反，单就功能的多样性来看，通道远远比不上图层，甚至没有路径的功能丰富，其核心功能简单来说，就是将在通道中根据需要将要转换为选区的部分处理成为白色，再将其转换成为选区即可。

本章对通道的类型及其基本的工作进行了讲解，掌握并深刻理解这些知识，就能够在工作上灵活运用通道。

7.1 关于通道

在 Photoshop 中通道的类型有三种，分别是颜色通道、专色通道以及 Alpha 通道，不同类型的通道都有各自不同的功能和作用。

颜色通道的数目由图像颜色模式所决定，"RGB 颜色"模式的图像有 4 个颜色通道，如图 7.1 所示，而 CMYK 模式的图像则有 5 个，如图 7.2 所示。

PPT：通道

资源文件：
7.1-素材 1.jpg；
7.1-素材 2.psd

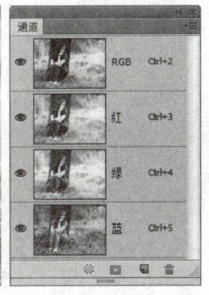

图 7.1
有 4 个颜色通道的 RGB 模式图像

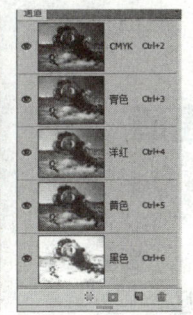

图 7.2
有 5 个颜色通道的 CMYK 模式图像

专色通道、Alpha 通道属于需要用户自行创建的通道，其中专色通道用于在进行专色印刷或进行 UV、烫金、烫银等特殊印刷工艺时，生成用于限定特殊工艺的应用范围的专色版。

Alpha 通道的主要功能是制作与保存选区，一些在图层中不易得到的选区，可以灵活使用 Alpha 通道得到。

图 7.3 所示为原图像，图 7.4 所示为经过灵活操作得到的 Alpha 通道，图 7.5 所示为使用此 Alpha 通道得到的选择区域。

笔 记

图 7.3　　　　　　　　　图 7.4　　　　　　　　　图 7.5
原图像　　　　　　　　　Alpha 通道　　　　　　　选择区域

7.2 "通道"面板

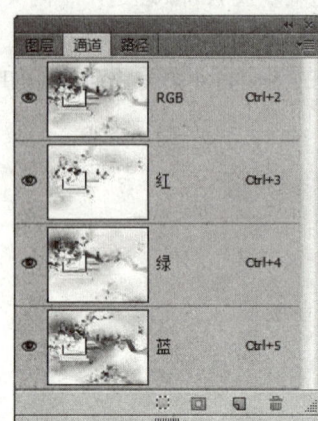

图 7.6
"通道"面板

"通道"面板与"路径"面板、"图层"面板一样具有很高的使用率，选择"窗口"|"通道"命令即可显示"通道"面板，如图 7.6 所示。

"通道"面板中各个按钮的作用如下所述：

- 单击"将通道作为选区载入"按钮，可以调出当前通道所保存的选区。
- 在当前图像存在选区的状态下，单击"将选区存储为通道"按钮，可以将当前选区保存为 Alpha 通道。
- 单击"创建新通道"按钮，创建一个新的 Alpha 通道。
- 单击"删除当前通道"按钮，删除当前选择的通道。

7.3 颜色通道

资源文件：
7.3-素材 .jpg

颜色通道包括一个"混合"通道和单个的"颜色"通道，如前所述此类通道用于保存图像的颜色信息。每一个颜色通道对应图像的一种颜色，例如 CMYK 模式的图像中的青色通道保存图像的青色信息。

默认状态下"通道"面板中显示所有的颜色通道，如果只单击选中其中的一个颜色通道，则在图像中仅显示此通道的颜色，如图 7.7 所示。在任何情况下，如果单击混合通道—RGB 或 CMYK 则可以同时显示所有颜色通道。

 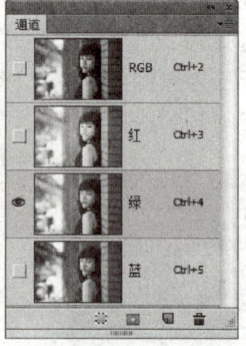

图 7.7
只显示"绿"通道的状态

单击"颜色"通道左侧的眼睛图标，可以隐藏颜色通道或混合通道，再次单击可恢复显示。因此如果需在查看两种颜色通道的合成效果，可以显示这两种颜色通道，如图 7.8 所示。

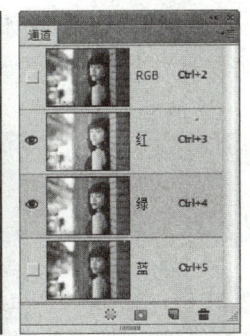

图 7.8
隐藏"蓝"通道的状态

7.4 Alpha通道

Alpha 通道的主要功能则是制作与保存选区，一些在图层中不易得到的选区，可以灵活使用 Alpha 通道得到。我们在后面讲解过程中提到的"通道"通常就是指此类型通道。

如图 7.9 所示为原图像，如图 7.10 所示为经过灵活操作得到的 Alpha 通道，如图 7.11 所示为使用此 Alpha 通道得到的选择区域。

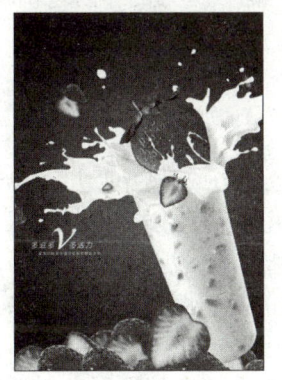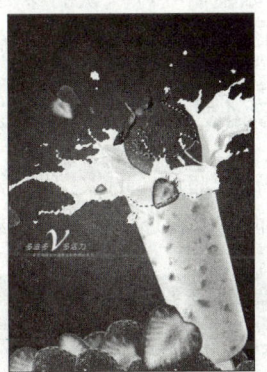

图 7.9　原图像　　　　图 7.10　Alpha 通道　　　　图 7.11　选择区域

7.4.1 新建Alpha通道

要创建新的 Alpha 通道，可以按住【Alt】键单击"创建新通道"按钮，或选择"通道"面板弹出菜单中的"新建通道"命令，设置弹出的如图 7.12 所示的对话框。

"新建通道"对话框中的重要参数解释如下所述：

- 被蒙版区域：选择此选项新建的通道显示为黑色，利用白色在通道中作图，白色区域则成为对应的选区。
- 所选区域：选择此选项新建通道中显示

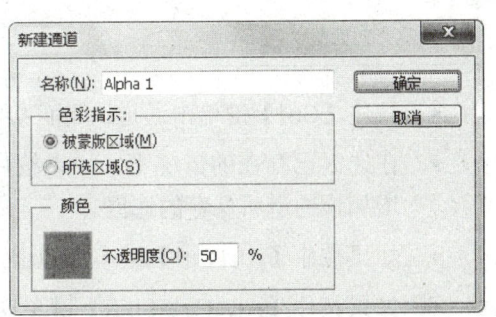

图 7.12
"新通道"对话框

资源文件：
7.4.1-素材.psd

白色，利用黑色在通道作图，黑色区域为对应的选区。图 7.13 所示是分别选择"被蒙版区域"和"所选区域"而创建的不同显示状态的通道。

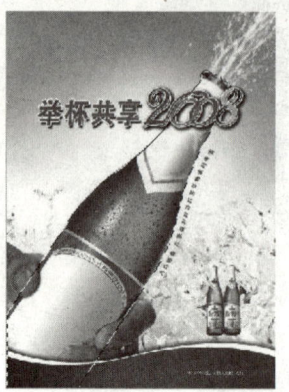

图 7.13
创建 Alpha 通道的两种效果

- 颜色：单击其后的色标在弹出的"拾色器"中指定快速蒙版的颜色。
- 不透明度：在此指定快速蒙版的不透明度显示。

如果需要以默认的参数创建 Alpha，可以直接单击"通道"面板下方的"创建新通道"按钮 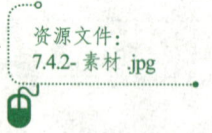 。

资源文件：
7.4.2-素材.jpg

7.4.2 将通道作为选区载入

在"通道"面板中选择任一个通道（包括 Alpha 通道、专色通道或颜色通道），单击面板下面的"将通道作为选区载入"按钮 ，即可将此 Alpha 通道所保存的选区调出。

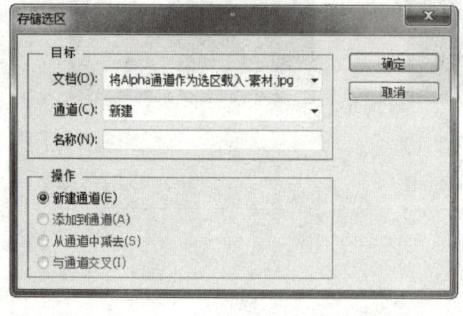

图 7.14
"载入选区"对话框

也可以选择"选择"|"载入选区"命令，设置弹出如图 7.14 所示的对话框调用通道所保存的选区。

此对话框中的选项与"存储选区"对话框中的选项基本相同，不同的是通过选区与 Alpha 通道间的运算，得到的是选区。在此读者可以使用不同的选区与 Alpha 通道尝试使用不同的选项得到的不同效果。

除了使用上述两种操作方法调出通道所保存的选区外，还可以使用快捷键进行操作，具体方法如下：

- 按住【Ctrl】键单击通道，可直接调用此通道所保存的选区。
- 在选区已存在的情况下，如果按住【Ctrl+Shift】键单击通道，则可在当前选区中增加该通道所保存的选区。
- 如果按住【Alt+Ctrl】键单击通道，则可在当前选区中减去该通道所保存的选区。
- 如果按住【Alt+Ctrl+Shift】键单击通道，则可得到当前选区与该通道所保存的选区重叠的选区。
- 如果在按住【Ctrl】键的同时单击颜色通道，则同样能够将此类通道保存的选区调出，如图 7.15 所示。

图 7.15
将通道作为选区载入

7.4.3 编辑Alpha通道

由于 Alpha 通道类似于一个灰度图像，因此在 Alpha 通道中可以用绘图工具、图像调整命令以及滤镜等命令进行处理，以编辑 Alpha 通道中的黑色与白色区域的大小与位置，从而创建相对应的合适的选区，这也是 Alpha 通道之所以被应用地如此广泛的一个原因，更是许多初学者不甚理解的地方。

例如图 7.16 所示是利用"高斯模糊"滤镜对通道中的龙形图像进行处理后的效果，图 7.17 所示是以此通道为基础，制作得到的白银质感图像。

图 7.16
通道状态

图 7.17
白银质感图像

在 Alpha 通道中进行图像处理与在图层中的操作基本相同，故不再予以详细讲解。

7.5 实战演练

7.5.1 给人物换个唯美的虚拟背景

本例主要讲解如何给人物换个唯美的背景。在制作的过程中，重点就是对人物头发的抠选，主要结合了通道、"曲线"命令以及画笔工具等。另外，对投影的抠选，也是本例的另外一个重点。

微视频：给人物换个
唯美的虚拟背景

资源文件：
7.5.1-素材.jpg；
7.5.1.psd

1）打开本书配套课程网站中的资源文件"第 7 章\7.5.1-素材.jpg"，将看到整个图片如图 7.18 所示。

2）在"图层"面板底部单击创建新的填充或调整图层按钮，在弹出的菜单中选择"渐变"命令，在弹出的"渐变填充"对话框中单击渐变显示框，设置弹出的"渐变编辑器"对话框如图 7.19 所示。

> **提 示**
>
> 在"渐变编辑器"对话框中，渐变类型为"从 ffecf0 到 f591ab"。

3）单击"确定"按钮返回到"渐变填充"对话框，设置其对话框如图 7.20 所示，此时预览效果如图 7.21 所示，在画布中使用移动工具调整渐变的位置，如图 7.22 所示。单击"确定"按钮退出对话框。同时得到图层"渐变填充 1"。

图 7.18
素材图像

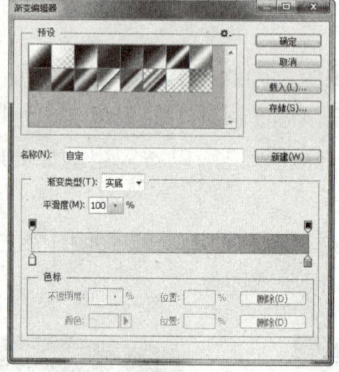

图 7.19
"渐变编辑器"对话框

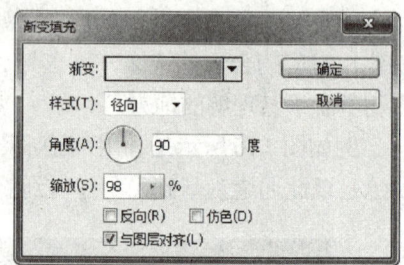

图 7.20
"渐变填充"对话框

4）将"背景"图层拖至"图层"面板底部创建新图层按钮上得到"背景 拷贝"，并将拷贝图层拖至"渐变填充 1"的上方，此时"图层"面板如图 7.23 所示。

图 7.21
应用"渐变填充"命令后的效果

图 7.22
调整渐变的位置

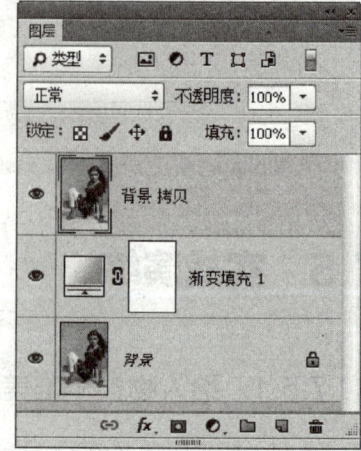

图 7.23
"图层"面板

5）切换至"通道"面板，分别选择"红""绿""蓝"通道，以查看各个通道中的状态，如图 7.24～图 7.26 所示。选择一个对比度较好的通道，在此我们选择"红"通道，并将此通道拖至"通道"面板底部创建新通道按钮 上得到"红 拷贝"，此时"通道"面板如图 7.27 所示。

图 7.24
"红"通道中的状态

图 7.25
"绿"通道中的状态

图 7.26
"蓝"通道中的状态

6）在工具箱中设置前景色为白色，并选择画笔工具，在其工具选项栏中设置适当的画笔大小，在人物的身体区域涂抹，使涂抹区域变为白色，如图 7.28 所示。

7）按【Ctrl+M】键调出"曲线"对话框，在弹出的对话框中向右拖动左下角的节点，如图 7.29 所示。以增强图像的对比度，此时通道中的状态如图 7.30 所示。

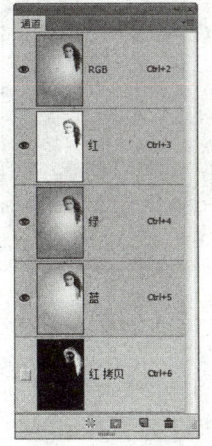

图 7.27
"通道"面板

图 7.28
涂抹后的效果

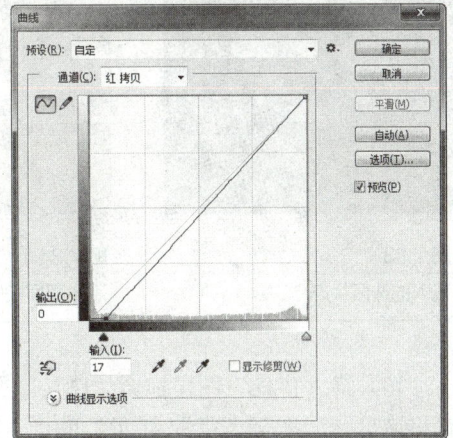

图 7.29
"曲线"对话框

8）按【Ctrl+I】键应用"反相"命令，得到如图 7.31 所示的效果。此时"通道"面板状态如图 7.32 所示。

笔 记

图 7.30　应用"曲线"命令后的效果

图 7.31　应用"反相"命令后的效果

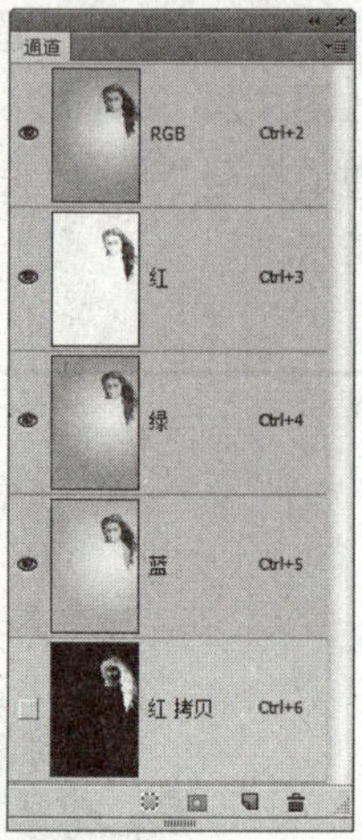

图 7.32　"通道"面板

9）按【Ctrl】键单击"红 拷贝"通道缩览图以载入其选区，如图 7.33 所示。切换回"图层"面板，选择"背景 拷贝"图层，在"图层"面板底部单击添加图层蒙版按钮 ▣ ，得到的效果如图 7.34 所示。"图层"面板如图 7.35 所示。

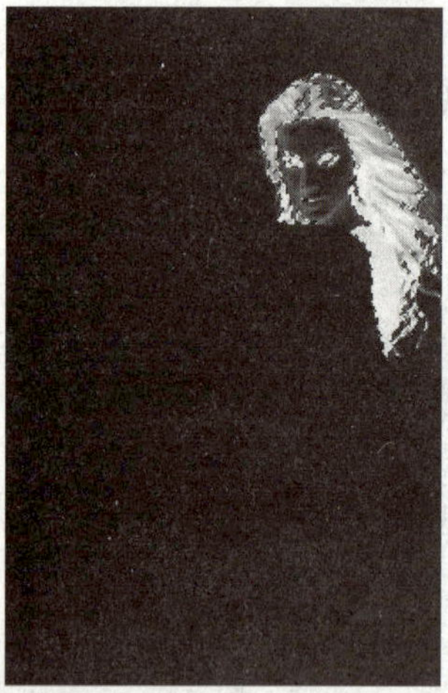

图 7.33　载入的选区状态

图 7.34　添加图层蒙版后的效果

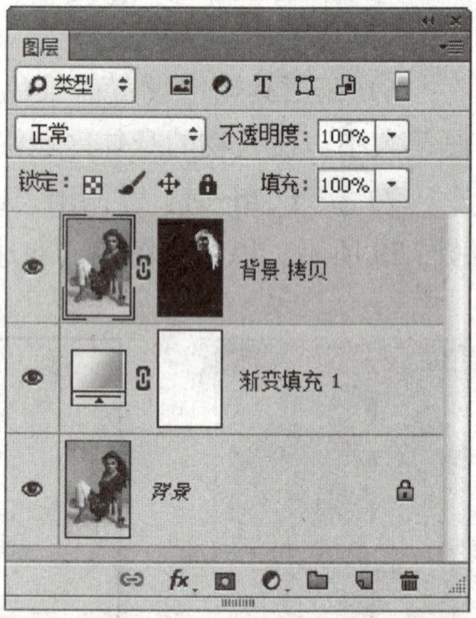

图 7.35　"图层"面板

10）将"背景"图层拖至"图层"面板底部创建新图层按钮 ▣ 上得到"背景 拷贝 2"，并将拷贝图层拖至"背景 拷贝"的上方，在工具箱中选择钢笔工具 ✎ ，并在其工具选项栏中选择"路径"选项，沿着人物的轮廓绘制路径（除头发边缘），如图 7.36 所示。

11）按【Ctrl+Enter】键将路径转换为选区，按【Ctrl+Shift】键单击"背景 拷贝"蒙版缩览图以载入其选区，进行加选，如图 7.37 所示。在"图层"面板底部单击添加图层蒙版按钮 ▣ 为"背景 拷贝 2"添加蒙版，得到的效果如图 7.38 所示。此时蒙版中的状态如图 7.39 所示。

图 7.36 绘制路径　　图 7.37 选区状态　　图 7.38 添加图层蒙版后的效果　　图 7.39 蒙版中的状态

12）选中"背景 拷贝 2"图层蒙版，在工具箱中设置前景色为白色，并选择画笔工具，在其工具选项栏中设置画笔为"柔角 9 像素"，不透明度为 50%，在头发边缘的生硬处进行涂抹，以融合图像，如图 7.40 所示，此时蒙版中的状态如图 7.41 所示。"图层"面板如图 7.42 所示。

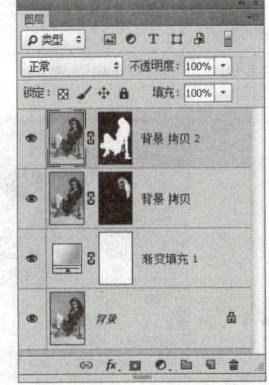

图 7.40 编辑蒙版后的效果　　图 7.41 蒙版中的状态　　图 7.42 "图层"面板

13）将"背景"图层拖至"图层"面板底部创建新图层按钮 上得到"背景 拷贝 3"，并将拷贝图层拖至"渐变填充 1"的上方，在工具箱中选择钢笔工具，并在其工具选项栏中选择"路径"选项，以及"合并形状"选项，沿着人物的投影区域绘制路径，如图 7.43 所示。

14）按【Ctrl+Enter】键将路径转换为选区，如图 7.44 所示。按【Ctrl+Shift+I】键执行"反向"操作，以反向选择当前的选区。按【Delete】键删除选区中的内容，按【Ctrl+D】键取消选区，得到的效果如图 7.45 所示。

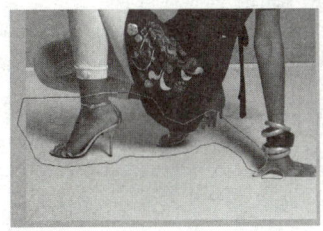
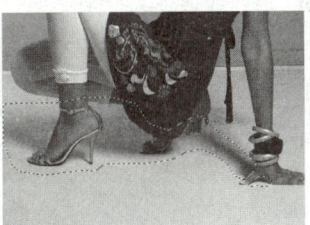
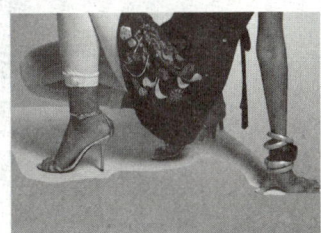

图 7.43 绘制路径　　图 7.44 选区状态　　图 7.45 删除部分图像后的效果

15）在"图层"面板底部单击添加图层样式按钮 fx.，在弹出的菜单中选择"混合选项"命令，在弹出的对话框中按【Alt】键向左拖动"本图层"下方的白色滑块，然后再向左拖动另外小半块白色滑块，如图 7.46 所示。得到的效果如图 7.47 所示。

16）设置"背景拷贝 3"的混合模式为"正片叠底"，以混合图像，得到的效果如图 7.48 所示。

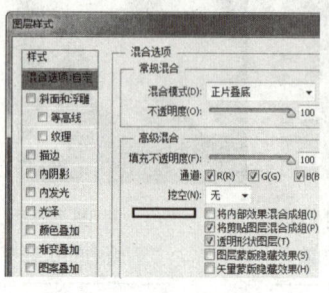
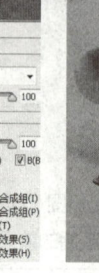
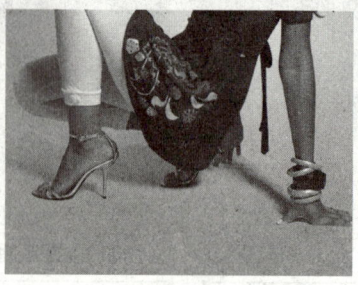
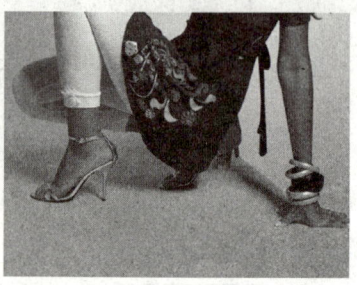

图 7.46　　　　　　　　　　　　图 7.47　　　　　　　　　　　　图 7.48
"混合选项"对话框　　　　　　　应用"混合选项"选项后的效果　　设置混合模式后的效果

17）单击添加图层蒙版按钮 为"背景 拷贝 3"添加蒙版，设置前景色为黑色，选择画笔工具 ，在其工具选项栏中设置适当的画笔大小及不透明度，在图层蒙版中进行涂抹，以将显得比较生硬的图像隐藏起来，直至得到如图 7.49 所示的效果，此时蒙版中的状态如图 7.50 所示。

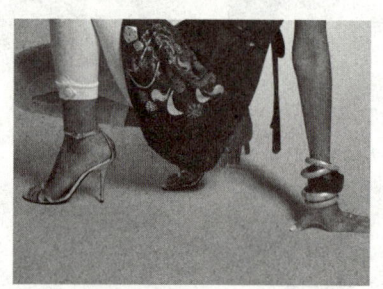
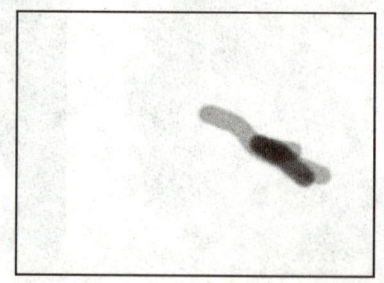

图 7.49　　　　　　　　　　　　图 7.50
添加图层蒙版后的效果　　　　　蒙版中的状态

18）至此，完成本例的操作，最终整体效果如图 7.51 所示。"图层"面板如图 7.52 所示。

图 7.51　　　　　　　　　　　　图 7.52
最终效果　　　　　　　　　　　"图层"面板

微视频：淘宝女装广告设计

7.5.2 淘宝女装广告设计

1)打开本书配套课程网站中的资源文件"第 7 章 \7.5.2- 素材 .psd",如图 7.53 所示。此时对应的"图层"面板如图 7.54 所示。

资源文件:
7.5.2.psd;
7.5.2- 素材.

> **提示**
> 本步笔者是以组的形式给的素材,由于并非本例讲解的重点,读者可以参考最终效果源文件进行参数设置,展开组即可观看到操作的过程。

2)按住【Ctrl+Shift】键分别单击"图层 1""图层 2"和"图层 3"的缩略图,以载入它们相加的选区,如图 7.55 所示。切换至"通道"面板,单击将选区存储为通道按钮,得到"Alpha 1",选择此通道,按【Ctrl+D】键取消选区,此时通道中的状态如图 7.56 所示。

图 7.53
素材图像

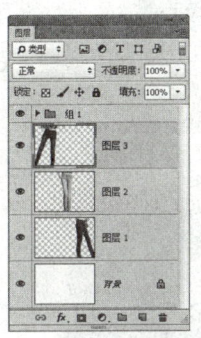
图 7.54
"图层"面板

图 7.55
绘制选区

3)选择"滤镜"|"模糊"|"高斯模糊"命令,在弹出的对话框中设置"半径"数值为 35,如图 7.57 所示。单击"确定"按钮退出对话框,得到如图 7.58 所示的效果。

图 7.56
通道中的状态

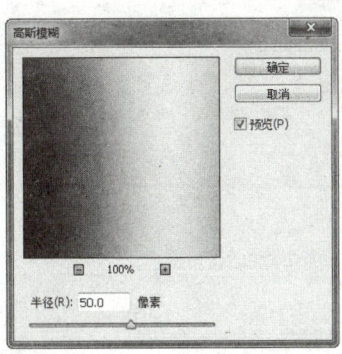
图 7.57
"高斯模糊"对话框

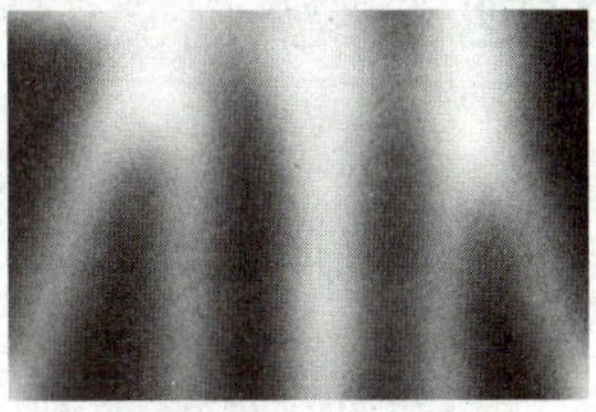

图 7.58
模糊后的效果

4)按【Ctrl+I】键执行"反相"操作,选择"滤镜"|"像素化"|"彩色半调"命令,设置弹出的对话框如图 7.59 所示,单击"确定"按钮退出对话框,再次按【Ctrl+I】键,得到如图 7.60 所示的效果。

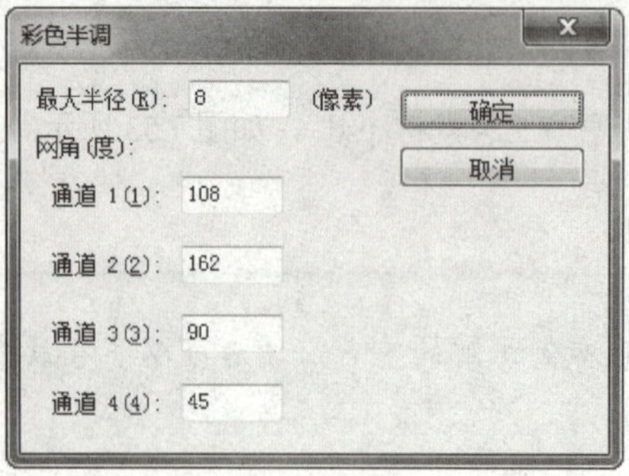

图 7.59
"彩色半调"对话框

图 7.60
应用"彩色半调"命令后的效果

5）按【Ctrl】键单击"Alpha 1"通道缩览图以载入其选区，切换回"图层"面板，选择"背景"图层作为当前的工作层，新建一个图层，设置前景色为 c47a51，按【Alt+Delete】键填充前景色，按【Ctrl+D】键取消选区，得到图 7.61 所示的效果，此时的"图层"面板如图 7.62 所示。

图 7.61
最终效果

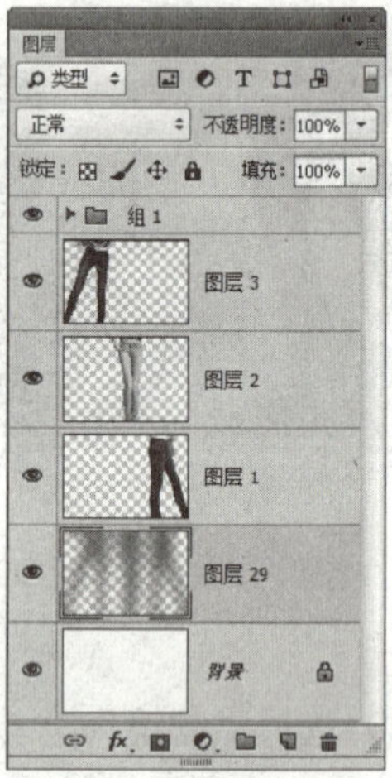

图 7.62
"图层"面板

习题

一、选择题

1. 显示"通道"面板的快捷键是（　　）。
   A. F5　　　　　B. F6　　　　　C. F7　　　　　D. 无快捷键
2. 下列可以创建全新空白 Alpha 通道的操作包括（　　）。
   A. 单击"通道"面板中的创建新通道按钮
   B. 在"通道"面板的弹出菜单中选择"新建通道"命令，在对话框中单击"确定"即可
   C. 在当前存在选区的情况下，单击将选区存储为通道按钮
   D. 选择"图层"|"通道"|"新建通道"命令，在弹出的对话框中单击"确定"即可

3. 下列载入通道选区的操作方法正确的是（　　）。
   A. 按【Ctrl】键单击通道的名称
   B. 按【Ctrl】键单击通道的缩览图
   C. 将通道拖至将通道作为选区载入按钮上
   D. 选择一个通道，然后单击将通道作为选区载入命令按钮
4. 下列关于编辑 Alpha 通道的说法正确的是（　　）。
   A. Alpha 通道可以使用部分绘图工具进行编辑
   B. Alpha 通道可以使用所有的图像调整命令进行编辑
   C. Alpha 通道可以使用所有的滤镜命令进行编辑
   D. 以上说法都不对

二、操作题

1. 打开本书配套课程网站中的资源文件"第 7 章\7.6-1- 素材 1.tif"，如图 7.63 所示。结合本章讲解的通道功能将其中的书法文字抠选出来，再打开"第 7 章\7.6-1- 素材 2.tif"素材图像，如图 7.64 所示，结合图层混合模式、图层样式等功能，制作得到如图 7.65 所示的书法雕刻文字效果。

资源文件：
第 7 章操作题
素材文件

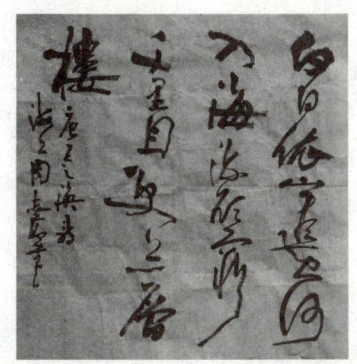
图 7.63
书法素材

图 7.64
岩石素材

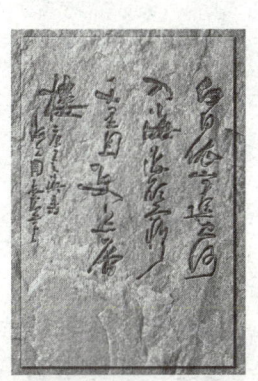
图 7.65
最终效果

2. 打开本书配套课程网站中的资源文件"第 7 章\7.6-2- 素材 1.psd"，如图 7.66 所示，结合本章中讲解的知识，尝试将人物的头发抠选出来，得到类似如图 7.67 所示的效果。再打开本书配套课程网站中的资源文件"第 7 章\7.6-2- 素材 2.psd"，如图 7.68 所示，将抠出的人物置于该场景中，如图 7.69 所示。

图 7.66
原图像

图 7.67
抠图后的效果

图 7.68
素材图像

3. 打开本书配套课程网站中的资源文件"第 7 章 \7.6-3- 素材 1.psd",如图 7.70 所示,请使用该文件给出的文字"5",结合本书配套课程网站中的资源文件"第 7 章 \7.6-3- 素材 2.psd",如图 7.71 所示,在通道中进行编辑,直至得到图 7.72 和图 7.73 所示的效果,然后返回至"图层"面板,结合图层样式功能制作得到类似如图 7.74 所示的效果。

图 7.69
完整效果

图 7.70
素材图像及对应的"图层"面板

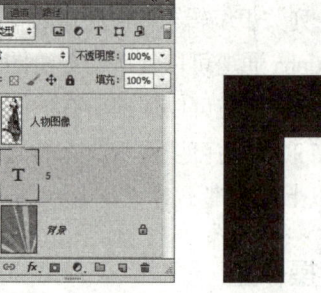
图 7.71
图案素材

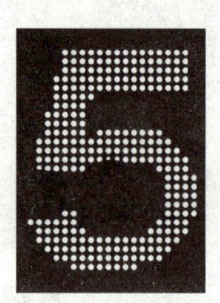
图 7.72
在通道中编辑的效果 1

图 7.73
在通道中编辑的效果 2

图 7.74
完整效果

> **提 示**
>
> 在通道中处理图像时,将会用到"滤镜"|"模糊"|"高斯模糊"滤镜。

4. 打开本书配套课程网站中的资源文件"第 7 章 \7.6-4- 素材 .psd",如图 7.75 所示,结合本章中讲解的知识,为图像增加如图 7.76 所示的光线透射效果。

> **提 示**
>
> 本章所用到的素材及效果文件位于本书配套课程网站"第 7 章"的资源文件内,其文件名与章节号对应。

图 7.75 素材图像 　　图 7.76 放射光效果

第 8 章

Photoshop CC 中文版标准教程

输入或格式化文字

知识要点：

- 输入水平文字
- 输入垂直文字
- 创建文字型选区
- 横排文字与直排文字间的转换
- 点文字与段落文字间的转换
- 格式化文字
- 文字变形、沿路径排文及输入异形区域文字

课题导读：

　　Photoshop 发展到 CC 版本，文字的编辑与处理功能越来越强大，用户可以随意改变文字的字体、字号等属性，也可以通过变形文字，将文字绕排于路径等的操作使文字具有特殊的效果。

　　本章详细讲解了有关文字的输入、编辑、修改、艺术化处理等多方面的知识与相关的操作技巧。

8.1 输入文字

要在 Photoshop 中创输入文字，必须使用如图 8.1 所示的 4 种文字工具中的一种。4 种工具的作用通过其名称即能够轻松理解。

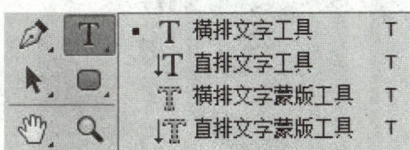

图 8.1
文字工具

PPT：输入或格式化文字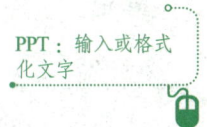

8.1.1 输入水平或垂直文字

在文字的排列方式中，横排是最常用的一种方式。使用横排文字工具 T 可以输入横排文字，此工具的工具选项栏如图 8.2 所示。

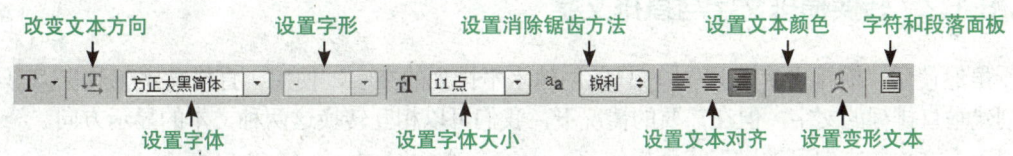

图 8.2
横排文字工具选项栏

输入横排文字的操作方法非常简单，只需要使用横排文字工具 T 在要输入文字的位置单击，即可得到文本光标，然后在此光标后面输入文字即可。

输入文字之前，也可以先在"设置字体"下拉列表中选择合适的字体，在"设置字体大小"下拉列表中选择合适字号，单击"设置文本对齐"的三个按钮设置适当的对齐方式，单击"设置文本颜色"图标，在弹出的"拾色器"对话框中选择文字颜色，然后再按上面的方法输入文字，从而得到符合自己需要的文字效果。

输入文字后，可单击工具选项栏右侧的 ✓ 按钮或按【Ctrl+Enter】键即可确认输入文字，如果单击 ⊘ 按钮或按【Esc】键则可以取消文字输入。

图 8.3 所示为几则输入横排文字的示例。

笔 记

图 8.3
横排文字示例

> **笔记**

创建直排文本的操作方法与创建横排文本相同。单击横排文字工具 T 片刻，在隐藏工具中选择直排文字工具 IT，然后在页面中单击并在光标后面输入文字，则文本呈竖向排列，如图 8.4 所示。

图 8.4
垂直排列的文本

8.1.2 转换横排文字与直排文字

> 资源文件：
> 8.1.2-素材.psd

虽然使用"横排文字工具" T 只能创建水平排列的文字，使用"直排文字工具" IT 只能创建垂直排列的文字，但在需要的情况下，我们可以相互转换这两种文本的显示方向。

改变文本的方向可按以下步骤操作：

1）打开本书配套课程网站中的资源文件"第 8 章 \8.1.2- 素材 .psd"。
2）利用"横排文字工具" T 或"直排文字工具" IT 输入文字。
3）在工具箱中选择文本工具。
4）执行下列操作中的任意一种，即可改变文字方向。

- 单击工具选项栏中的"切换文本取向"按钮 。
- 选择"类型"|"文本排列方向"|"垂直"、"类型"|"文本排列方向"|"水平"命令。

例如，笔者在单击"切换文本取向"按钮 后，将图 8.5 所示的直排文字转换为水平排列的文字。

图 8.5
将直排文字转换为横排文字

8.2 点文字与段落文字

8.2.1 输入点文字

点文字是一类不会自动换行的文本，即在输入的过程中除非人为输入回车进行换行，否则文字行将随着文字的数量增加不断水平扩展，点文字是设计与制作工作中使用最为广泛的一类文字。使用 8.1.1 及 8.1.2 节所讲述的方法输入的文字就属于点文字的类型。

8.2.2 输入段落文字

段落文字与点文字最大的不同之处在于，当输入的文字长度到达段落定界框的边缘时，文字自动换行。因此，段落文字对于以一个或多个段落的形式输入文字并设置格式非常适用。

输入段落文字按以下操作步骤进行：

1）打开本书配套课程网站中的资源文件"第 8 章 \8.2.2- 素材 .psd"。
2）选择"横排文字工具" T 或"直排文字工具" IT 。
3）在页面中拖动光标，创建一个段落文字定界框，文字光标显示在定界框内，如图 8.6 所示。
4）在工具选项栏"字符"面板和"段落"面板中设置文字选项。
5）在文字光标后输入文字，如图 8.7 所示，单击"提交所有当前编辑"按钮 ✓ 确认。

第一次创建的段落文字定界框未必完全符合要求，因此，在创建段落文字的过程中或创建段落文字后要对文字定界框进行编辑。

编辑定界框按以下操作步骤进行：

1）打开本书配套课程网站中的资源文件"第 8 章 \8.2.2- 素材 .psd"。
2）用文字工具在页面的文本中单击插入光标，此时定界框如图 8.8 所示。
3）将光标放在定界框的句手柄上，待光标变为双向箭头时拖动，就可以缩放定界框，如图 8.9 所示。如果在拖动光标时按住【Shift】键，可保持定界框的比例。

图 8.6 创建定界框

图 8.7 输入文字

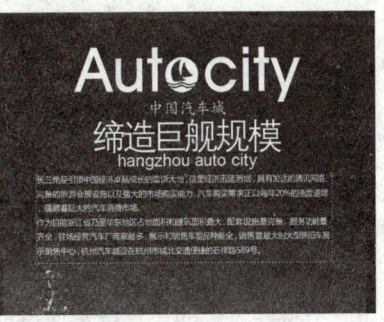
图 8.8 显示定界框

4）将光标放在定界框的外面，待光标变为弯曲的双向箭头时拖动，就可以旋转定界框，如图 8.10 所示。按住【Shift】键并拖移可将旋转限制为按 15°的增量进行。要更改旋转中心，按住【Ctrl】键拖动中心点到新位置。

5）要拉斜变形定界框时可以按住【Ctrl】键，待光标变为小箭头▷时拖动句柄即可使定界框发生变形，如图 8.11 所示。

图 8.9
缩小定界框

图 8.10
旋转定界框

图 8.11
斜切定界框

> **提 示**
> 在旋转和拉斜定界框时，其中的文字也发生变化，但在缩放定界框时，文字的大小没有变化。如果要在调整定界框大小时缩放文字，就按住【Ctrl】键拖动定界框的句柄。

8.2.3 转换点文字与段落文字

类似于转换水平排列的文字与垂直排列的文字，也可以相互转换点文字和段落文字。转换时选择"类型"|"转换为段落文本"或选择"类型"|"转换为点文本"命令即可。

8.3 格式化文字

8.3.1 格式化文字

在一个设计作品中，文字的字体、字号运用是否得当，文字的段落排列是否整齐、美观会在很大程度上决定了文字蕴含的信息是否能够很好地表达出来。

因此每一个设计作品中的每一个或每一段文字都应该具有美观的文字外观，图 8.12 中左图所示的设计作品中文字表现中规中矩，比较能够清晰表达文字内容，右图所示的作品虽然从文字的排列形式与外观效果上看起来的表达效果不好，但属于在排列形式上有创意的类型。

要使文字具有较好的视觉效果及可读性，就必须掌握本节所讲解的设置文字属性的操作及下一节将要讲解的设置段落属性的相关操作。

设置字符属性可以按以下步骤操作：

- 在"图层"面板中双击要设置字符的文字图层缩览图，或利用相应的文字工具在图像上的文字中双击，以选择当前文字图层的所有文字或要设置文字属性的部分文字。

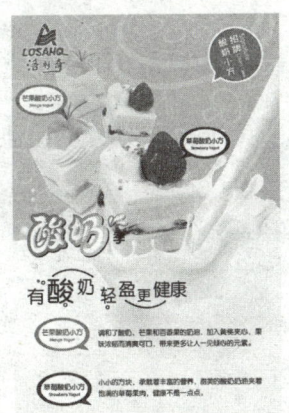

图 8.12
文字设计美观的作品

- 单击工具选项栏中的切换字符和段落面板按钮,弹出图 8.13 所示的"字符"面板。
- 在面板中设置字体、字号、水平比例等属性后,单击工具选项栏中的按钮确认。

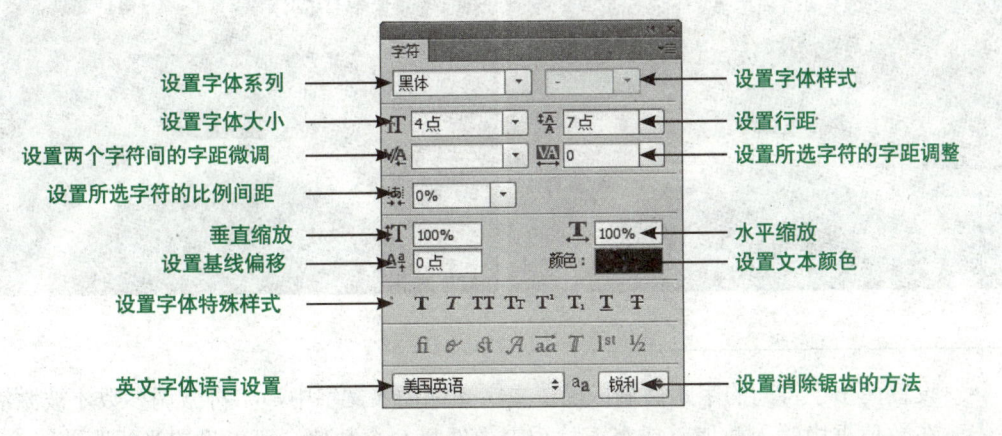

图 8.13
"字符"面板

"字符"面板中各参数的含义如下:
- 设置字体系列:单击此下拉列表按钮,可在弹出的下拉列表中选择不同的字体。
- 设置字体样式:单击此下拉列表按钮,可以设置字形为"正常"和"斜体"类型。
- 设置字体大小:在此数值框中输入数值或在下拉列表中选择一个数值,可以设置文字的大小。
- 设置行距:在此数值框中输入数值,或在下拉列表中选择一个数值,可以设置两行文字之间的距离,数值越大行间距越大。图 8.14 所示为同一段文字应用不同行间距后的效果。
- 垂直缩放:在此数值框中输入百分比,可以调整文字垂直方向上的比例。
- 水平缩放:在此数值框中输入百分比,可以调整文字水平方向上的比例。
- 设置所选字符的比例间距:比例间距按指定的百分比值减少字符周围的空间。当向字符添加比例间距时,字符两侧的间距按相同的百分比减小。
- 设置所选字符的字距调整:只有选中文字时此参数才可用,此参数控制所有选中文字的间距,数值越大间距越大,图 8.15 所示为设置不同文字间距的效果。

资源文件:
8.3.1-1.psd;
8.3.1-2-素材.psd;
8.3.1-3.psd

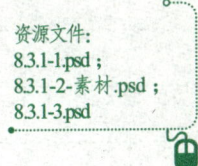

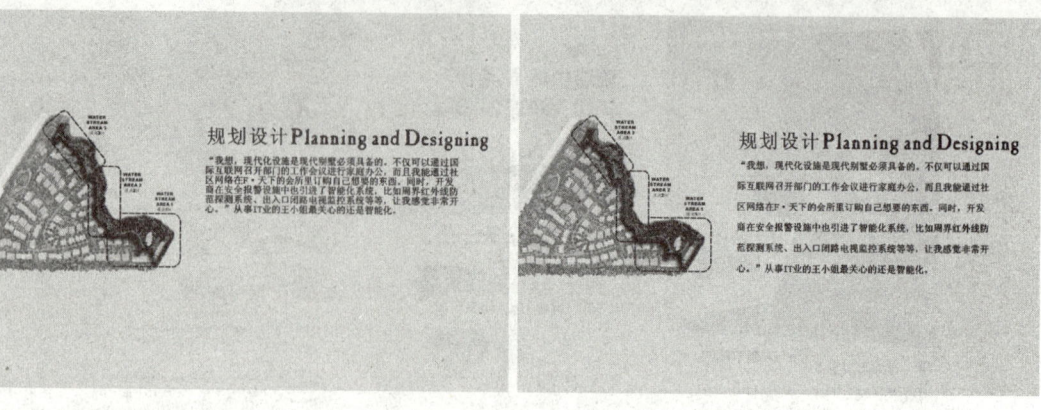

图 8.14
为段落设置不同行间距的效果

图 8.15
不同字间距效果

- 设置两个字符间的字距微调：仅在文字光标插入文字中，字符微调参数才被激活。在数值框中输入数值，或在下拉列表中选择一个数值，可以设置光标距前一个字符的距离。
- 设置基线偏移：此参数仅用于设置选中文字的基线值，正数向上移，负数向下移，图 8.16 所示是调整文字基线位置后的效果。

图 8.16
调整基线位置

- 设置文本颜色：单击此颜色块，在弹出的"拾色器"对话框中可以设置文字的颜色。
- 设置字体特殊样式：单击其中的按钮，可以将选中的字体改变为此种形式显示。其中的按钮依次代表为：仿粗体、仿斜体、全部大写字母、小型大写字母、上标、下标、下划线和删除线，其中"全部大写字母""小型大写字母"只对 Roman 字体有效。
- 设置消除锯齿的方法：在此下拉列表中选择一种消除锯齿的方法，以设置文字的边缘光滑程度。

8.3.2 字符样式

为了满足多元化的排版需求，Photoshop 加入了字符样式功能，它相当于对文字属性设置的一个集合，并能够统一、快速的应用于文本中，且便于进行统一编辑及修改。

要设置和编辑字符样式，首先要选择"窗口"|"字符样式"命令，以显示"字符样式"面板。

1. 创建字符样式

要创建字符样式，可以在"字符样式"面板中单击"创建新的字符样式"按钮 ，即可按照默认的参数创建一个字符样式，如图 8.17 所示。

若是在创建字符样式时，刷黑选中了文本内容，则会按照当前文本所设置的格式创建新的字符样式。

2. 编辑字符样式

在创建了字符样式后，双击要编辑的字符样式，即可弹出如图 8.18 所示的对话框。

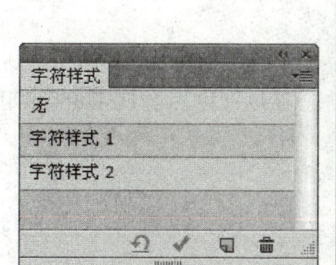

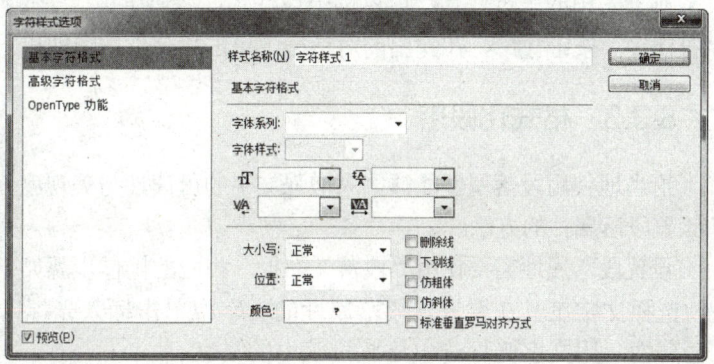

图 8.17　创建字符样式　　　　　　　　　　　图 8.18　编辑字符样式

在"字符样式选项"对话框中，在左侧分别可以选择"基本字符格式""高级字符格式"以及"OpenType 功能"等 3 个选项，然后在右侧的对话框中，可以设置不同的字符属性。

3. 应用字符样式

当选中一个文字图层时，在"字符样式"面板中单击某个字符样式，即可为当前文字图层中所有的文本应用字符样式。

若是刷黑选中文本，则字符样式仅应用于选中的文本。

4. 覆盖与重新定义字符样式

在创建字符样式以后，若当前选择的文本中，含有与当前所选字符样式不同的参数，则该样式上会显示一个"+"，如图 8.19 所示。

此时，单击"清除覆盖"按钮 ，则可以将当前字符样式所定义的属性，应用于所选的文本中，并清除与字符样式不同的属性；若单击"通过合并覆盖重新定义字符样式"按钮

笔记

，则可以依据当前所选文本的属性，将其更新至所选中的字符样式中。

5. 复制字符样式

若要创建一个与某字符样式相似的新字符样式，则可以选中该字符样式，然后单击"字符样式"面板中上角的面板按钮 ，在弹出的菜单中选择"复制样式"命令，即可创建一个所选样式的拷贝，如图 8.20 所示。

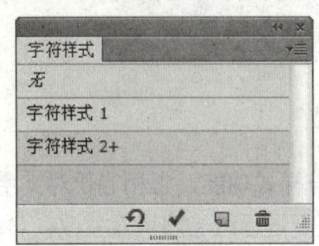

图 8.19
覆盖与重新定义字符样式

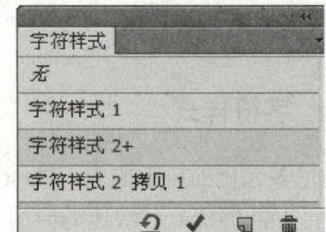

图 8.20
复制字符样式

6. 载入字符样式

若要调用某 PSD 格式文件中保存的字符样式，则可以单击"字符样式"面板右上角的面板按钮 ，在弹出的菜单中选择"载入字符样式"命令，在弹出的对话框中选择包含要载入的字符样式的 PSD 文件即可。

7. 删除字符样式

对于无用的字符样式，可以选中该样式，然后单击"字符样式"面板底部的"删除当前字符样式"按钮 ，在弹出的对话框中单击"是"按钮即可。

8.3.3 格式化段落

恰当地使用段落属性能够大大增强文字的可读性与美观度，本节将详细讲解在 Photoshop 中设置段落属性的方法。

设置段落属性需要使用"段落"面板，相应的操作步骤如下：

① 选择文字工具在要设置段落属性的文字中单击插入光标，如要一次性设置多段文字的属性，用文字光标选中这些段落中的文字。

② 单击"字符"面板右侧的"段落"标签，显示如图 8.21 所示"段落"面板。

③ 设置好属性后，单击工具选项栏中的 按钮确认。

资源文件：
8.3.3- 素材 1.psd；
8.3.3- 素材 2.psd；

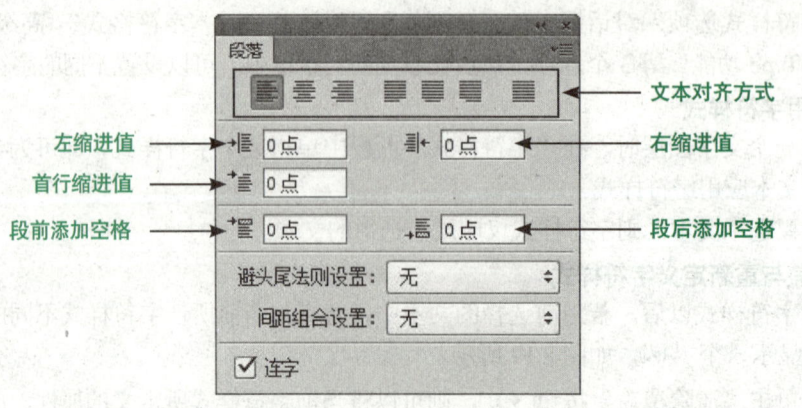

图 8.21
"段落"面板

"段落"面板中各参数的含义如下：
- 文本对齐方式：单击其中的选项，光标所在的段落将以相应的方式对齐，图 8.22 所示为分别为图像中间位置的一段文字运用 3 种不同的对齐方式所得到的不同效果。

（a）左对齐效果

（b）居中对齐效果

（c）右对齐效果

图 8.22
"段落"面板

- 左缩进值：设置当前段落的左侧相对于左定界框的缩进值。
- 右缩进值：设置当前段落的右侧相对于右定界框的缩进值。
- 首行缩进值：设置选中段落的首行相对其他行的缩进值。
- 段前添加空格：设置当前段落与上一段落之间的垂直间距。
- 段后添加空格：设置当前段落与下一段落之间的垂直间距，图 8.23 所示为将段后间距设置成为 0 时的状态，图 8.24 所示是将该数值设置成为 24 点后的效果。

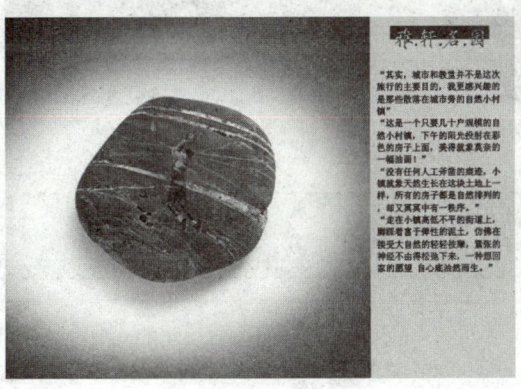
图 8.23
段后间距为 0

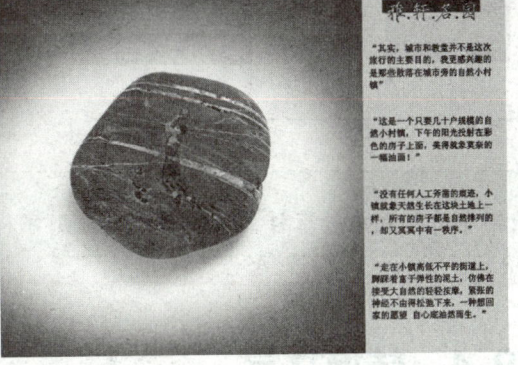
图 8.24
段后间距为 24

- 连字：设置手动或自动断字，仅适用于 Roman 字符。

8.3.4 段落样式

为了便于在处理多段文本时控制其属性，Photoshop 提供了段落样式功能，它包含了对字符及段落属性的设置。

> 笔记

要设置和编辑字符样式，首先要选择"窗口"|"段落样式"命令，以显示"段落样式"面板，如图 8.25 所示。

创建与编辑段落样式的方法，与前面讲解的创建与编辑字符样式的方法基本相同，在编辑段落样式的属性时，将弹出如图 8.26 所示的对话框，在左侧的列表中选择不同的选项，然后在右侧设置不同的参数即可。如图 8.27 所示设计作品中的文字即为应用"段落样式"面板制作而成。

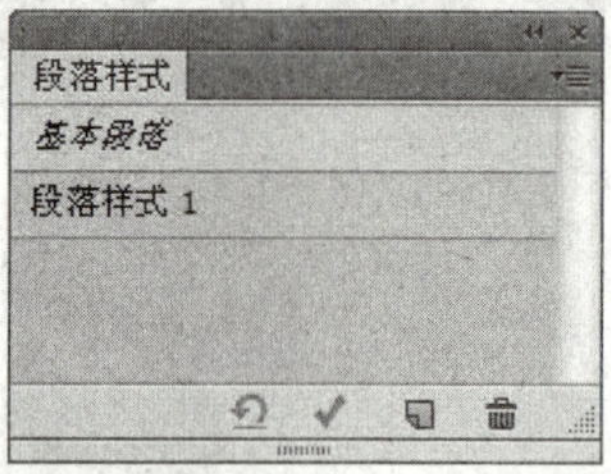

图 8.25
显示"段落样式"面板

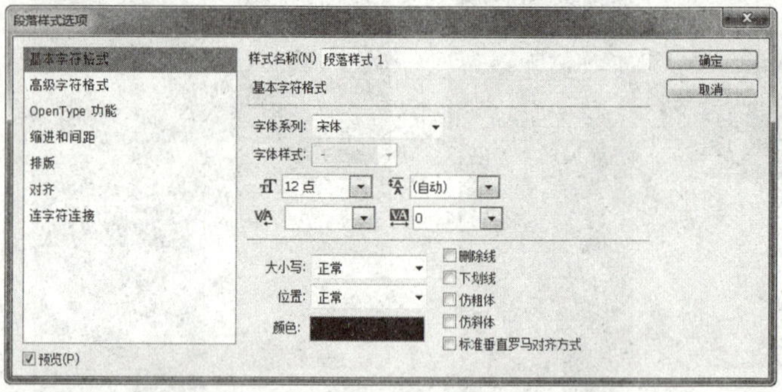

图 8.26
"隐藏样式选项"对话框

图 8.27
设计效果

> 提 示
>
> 当同时对文本应用字符样式与段落样式时，将优先应用字符样式中的属性。

8.4 转换文字

8.4.1 将文字图层转换为普通图层

微视频：将文字图层转换为普通图层

文字图层具有不可编辑的特性，因此如果希望在文字图层中进行绘画或使用颜色调整命令、滤镜命令对文字图层中的文字进行编辑，可以选择"类型"|"栅格化文字图层"命令，将文字图层转换为普通图层。

1）打开本书配套课程网站中的资源文件"第 8 章\8.4.1- 素材 1.psd"，其图像效果如图 8.28 所示。其中，主体文字已经输入完毕，在"图层"面板中成为一个独立的图层，如图 8.29 所示。

> **提 示**
>
> 本例通过将文字图层转换成为普通图层，制作破损的文字效果。

2）在文字图层上单击鼠标右键，在弹出的菜单中选择"栅格化文字"命令，如图 8.30 所示，从而将文字图层转换成为普通图层，即原来的矢量文字已经被转换成为位图图像，此时的"图层"面板如图 8.31 所示。

资源文件：
8.4.1-素材 1.psd；
8.4.1-素材 2.psd；
8.4.1.psd

3）打开本书配套课程网站中的资源文件"第 8 章\8.4.1-素材 2.psd"，其图像效果如图 8.32 所示。

> **提 示**
>
> 在此将以该图像为纹理，制作破损的文字效果。

图 8.28
素材文件 1

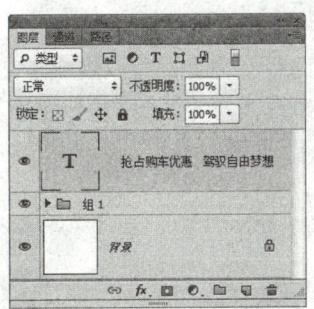

图 8.29
"图层"面板

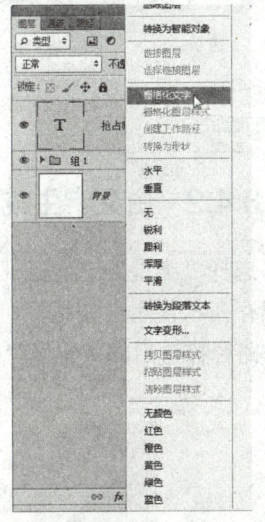

图 8.30
选择"栅格化文字"命令

4）选择"选择"|"色彩范围"命令，在弹出的对话框中使用"吸管工具"在画布中的黑色处单击，并设置对话框参数如图 8.33 所示，单击"确定"按钮退出对话框，得到如图 8.34 所示的选区。

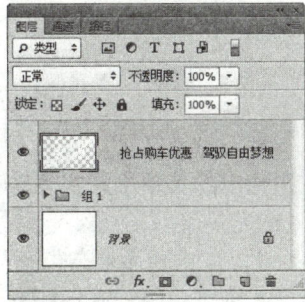

图 8.31
"图层"面板

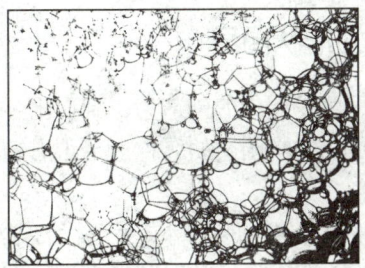

图 8.32
素材文件 2

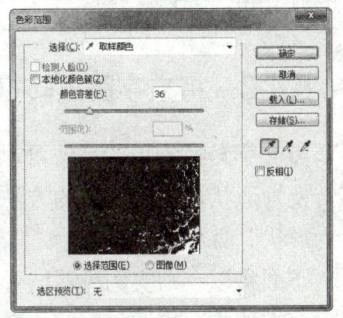

图 8.33
设置对话框参数

5)使用任意一个选区类工具,将光标置于选区内并将选区移至本例第 1)步打开的素材图像中,得到如图 8.35 所示的状态。

6)选择"移动工具" 并确认当前选择的是被栅格化以后的文字图层,然后分别按"→"和"↓"光标键几次,使文字具有破损的效果,按【Ctrl+D】键取消选区,效果如图 8.36 所示。

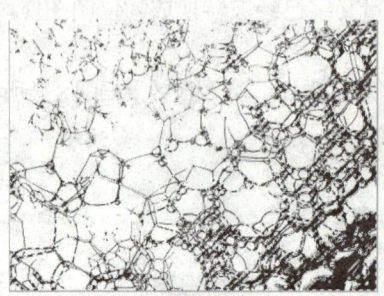
图 8.34
得到的选区

图 8.35
拖动选区至素材文件
8.4.1- 素材 1.psd

图 8.36
移动选区图像后的效果

8.4.2 由文字生成路径

选择"类型"|"创建工作路径"命令,可以生成与文字外形相同的工作路径且文字图层仍然存在。使用工作路径可以制作"填充""描边"等效果,图 8.37 为对由文字转换生成的工作路径描边后的效果及"路径"面板。

图 8.37
将文字转换为路径后的效果及对应的"路径"面板

资源文件:8.4.3.psd;
8.4.3- 素材 .psd

微视频:将文字图层转换为形状图层

8.4.3 将文字图层转换为形状图层

将文字转换为形状后,可以尽情发挥你的创造力,制作出各式各样的特效文字。要将文字转换为形状,比较快捷的方法是在文字图层的名称上单击右键,在弹出的菜单中选择"转换为形状"命令即可。

下面将以一则实例讲解结合路径编辑功能编辑文字形状的方法,其操作步骤如下:

在本例中,将通过将文本转换为路径后,并对其形态进行编辑,从而设计得到连体特效字效果,其操作步骤如下:

1)打开本书配套课程网站中的资源文件"第 8 章 \8.4.3- 素材 .psd",如图 8.38 所示。

图 8.38 素材文档

2）使用横排文字工具，分别在图像中"迎圣诞 庆元旦"，如图 8.39 所示，得到相应的文字图层。其字符属性设置如图 8.40 所示。

3）选择"类型－转换为形状"命令，从而将输入的文字转换为形状图层。使用路径选择工具选中"迎"字，并按【Ctrl+T】键调出自由变换控制框，按住【Shift】键调整其大小，同样的方法再选中其他文字，直至调整到类似如图 8.41 所示的效果。

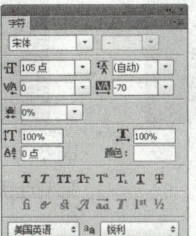

图 8.39 输入的两行文字　　图 8.40 "字符"面板　　图 8.41 编辑各个文字的大小

4）下面来继续编辑文字的笔画。首先，直接选择工具选中"迎""诞"及"庆"字中的点，按【Delete】键将其删除，得到类似如图 8.42 所示的效果。

5）保持当前路径为显示状态，选择自定形状工具，在图像中单击右键，在弹出的形状选择框中选择如图所示的形状，并在其工具选项栏上选择"合并形状"选项，然后绘制一个白色心形，并调整其大小至"迎"字的点上，如图 8.43 所示。

6）使用路径选择工具，按住【Alt】键拖动心形至"诞"和"庆"字被删除的点上，以进行复制，得到如图 8.44 所示的效果。

图 8.42 删除点笔画　　图 8.43 添加心形　　图 8.44 复制心形

7）下面来编辑为"庆"字添加花体笔画。首先，使用直接选择工具选中"庆"字左侧的"丿"，并将其下半部分删除，适当编辑锚点位置，使之变为垂直的笔画，如图 8.45 所示。

8）继续使用宽度工具编辑螺旋线条的宽度，如图 8.46 所示，直至得到类似如图 8.47 所示的效果。

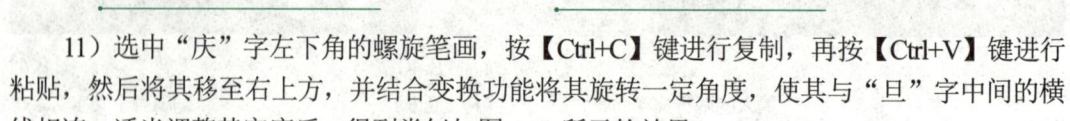

图 8.45　删除"庆"字中的笔画　　图 8.46　编辑宽度后的效果　　图 8.47　继续编辑宽度得到的结果

9）下面来编辑"庆元旦"3 个字的连体效果为了便于操作，可在要连体的线条上添加水平参考线，以确定其位置，图 8.48 所示是选中各字中的笔画并删除后的效果。

10）隐藏参考线，使用矩形工具▣绘制一个白色矩形，将 3 个字的笔画连接在一起，如图 8.49 所示。

图 8.48　删除横线线条

图 8.49　绘制连接矩形

11）选中"庆"字左下角的螺旋笔画，按【Ctrl+C】键进行复制，再按【Ctrl+V】键进行粘贴，然后将其移至右上方，并结合变换功能将其旋转一定角度，使其与"旦"字中间的横线相连，适当调整其宽度后，得到类似如图 8.50 所示的效果。

图 8.51 所示是选中所有文字内容，并对其添加投影及浮雕之后的效果，读者可在学习了相关知识后尝试制作。

图 8.50　最终效果　　图 8.51　尝试效果

8.5　变形文字

Photoshop 具有使文字变形扭曲的功能，利用这一功能可以在需要的情况下使文字的外形表现形式更加丰富，下面是具体操作步骤。

🖱 打开本书配套课程网站中的资源文件"第 8 章\8.5- 素材 .psd"，在"图层"面板中选择要变形的文字层作为当前操作层，并使用横排文字在画布的中心偏下位置插入光标，并输入文字"风轻轻地吹，把美丽的花瓣吹上天，让快乐留下来。"，如图 8.52 所示。

🖱 单击工具选项栏中的"创建文字变形"按钮⚞，弹出"变形文字"对话框，单击"样式"按钮，弹出变形选项，如图 8.53 所示。

资源文件：
8.5.psd；
8.5- 素材 .psd

(3) 选择一种变形样式后,"变形文字"对话框中参数被激活,设置参数如图 8.54 所示,得到如图 8.55 所示的变形文字。

图 8.52 要变形的文字

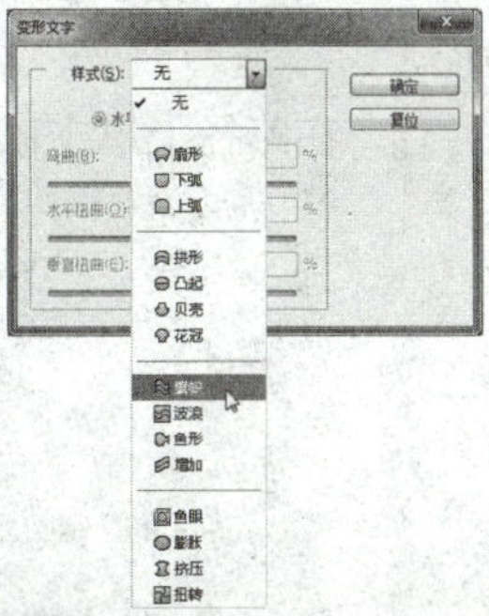

图 8.53 "变形文字"对话框

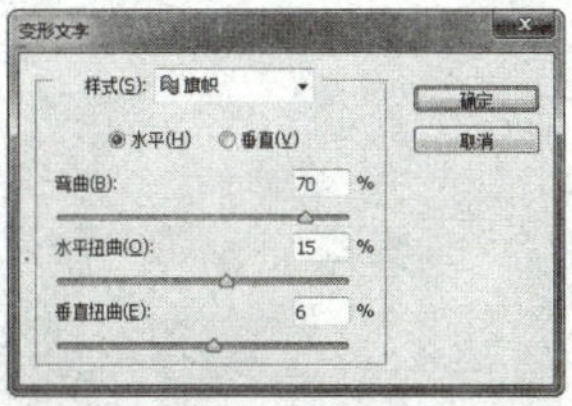

图 8.54 设置参数

(4) 单击"确定"按钮,确认变形效果。如果要取消文字变形效果,重新执行第(2)步操作,在"变形文字"对话框的"样式"下拉列表中选择"无"选项。

(5) 图 8.56 所示是利用自由变换控制框将文字逆时针旋转一定角度,使之与上面的艺术文字更匹配,同时为其增加了图层样式后的效果,此时的"图层"面板如图 8.57 所示。

图 8.55 变形文字效果

图 8.56 添加图层样式后的效果

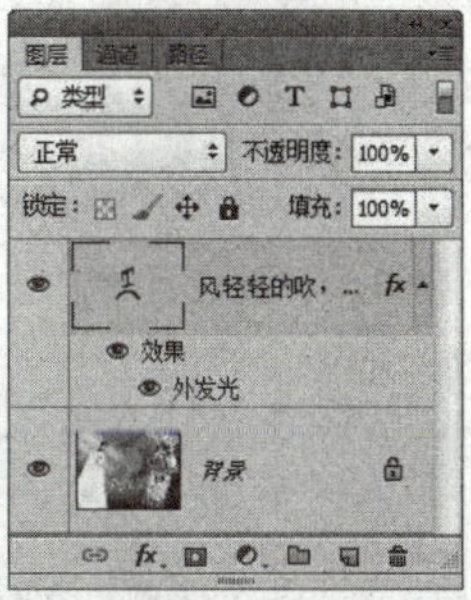

图 8.57 "图层"面板

8.6 沿路径排文

文字绕排于路径之中是在设计中常用的手段,下面图 8.58 所展示的设计作品中均使用了此类手法。

图 8.58 使用文字绕排路径的作品

下面我们以为一款宣传广告增加绕排效果为例，讲解如何制作沿路径绕排的文字。

1）打开本书配套课程网站中的资源文件"第 8 章 \8.6- 素材 .psd"，如图 8.59 所示。

2）选择"钢笔工具" ⌀，并在其工具选项栏中选择"路径"选项，沿着右侧图像的弧度绘制 1 条如图 8.60 所示的路径。

3）使用"横排文字工具" T，在路径上单击以插入文本光标，如图 8.61 所示，输入需要的文字，如图 8.62 所示。

图 8.59
广告图像

图 8.60
绘制曲线路径

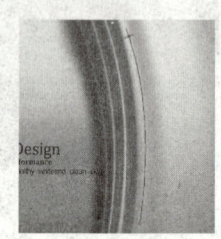
图 8.61
插入光标

4）单击工具选项栏中的"提交所有当前编辑"按钮 ✓ 确认，得到的效果及"路径"面板如图 8.63 所示。

图 8.62
输入文字后的效果

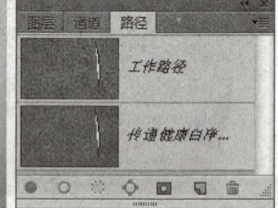
图 8.63
生成新的文本绕排路径

8.7 异形区域文字

除了可以使文字沿路径进行绕排外，在 Photoshop 中用户还可以为文字创建一个不规则的边框，从而制作具有异形轮廓的文字效果。

这里通过一个实例来讲解在 Photoshop 中制作具有异形轮廓文字的具体步骤。

1）打开本书配套课程网站中的资源文件"第 8 章 \8.7- 素材 .psd"图像，如图 8.64 所示。

2）在工具箱中选择"钢笔工具" ⌀，并在其工具选项栏中选择"路径"选项，在画布的下方绘制如图 8.65 所示的路径，摆放光标位置如图 8.66 所示。

3）在工具箱中选择"横排文字工具" T（根据需要也可以选择其他文字工具），将工具光标放于第 2）步所绘制的路径中间，直至光标转换成为 ⊕ 形状，如图 8.67 所示。

> **提 示**
>
> 如果选择的是"直排文字工具" IT，则光标应该是 ⊕ 形状。

  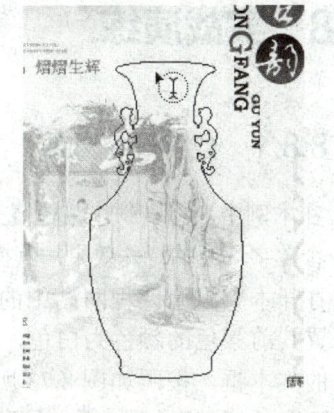

图 8.64　素材图像　　　　图 8.65　绘制路径　　　　图 8.66　摆放光标位置

4）在路径中单击一下（不要单击路径线），得到一个文本插入点，如图 8.68 所示。

5）在插入光标的文本框中输入合适的文字，并设置需要的文字属性，输入完毕后，确认输入文字即可，得到的效果及"图层"面板如图 8.69 所示。

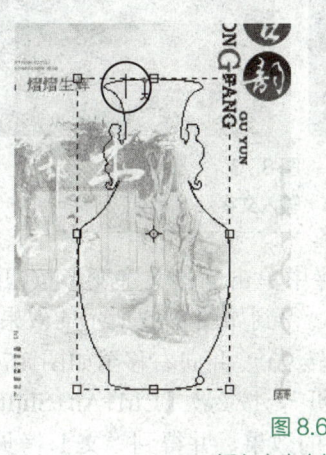 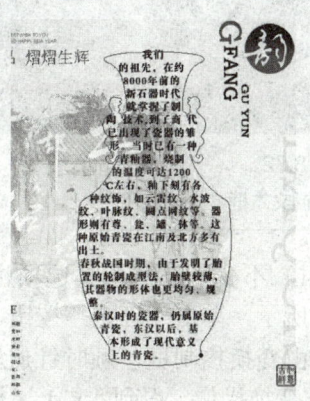 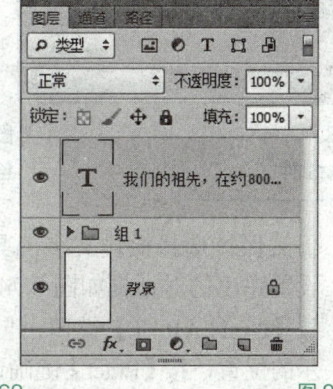

图 8.67　插入文本光标　　　图 8.68　输入文字后的效果　　　图 8.69　"图层"面板

6）执行上述步骤后，"路径"面板中将生成一条新的轮廓路径，其名称即为路径中的文字，最终效果如图 8.70 所示及"路径"面板。

图 8.70　最终效果及"路径"面板

8.8 实战演练

8.8.1 数字环绕效果

资源文件：
8.8.1-素材.tif；
8.8.1.psd

在本例中，将以制作路径绕排文字为主，结合变换并复制以及图层混合模式等功能，制作一个数字环绕的特殊效果，其操作步骤如下：

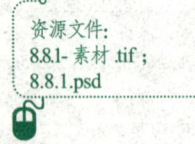 打开本书配套课程网站中的资源文件"第 8 章\8.8.1-素材.tif"，如图 8.71 所示，设置其前景色的颜色为白色，选择横排文字工具，在画布中绘制一个如图 8.72 所示的文本框，按照如图 8.73 所示在工具选项栏中设置适当的字体与字号后在文本框中输入一排任意的数字，并得到相应的文字图层，为了方便后面的讲述，将图层名称命名为"文 1"。

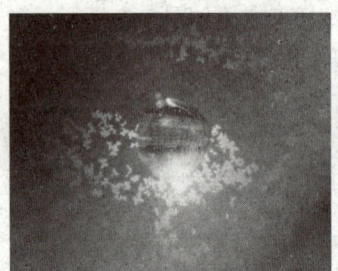
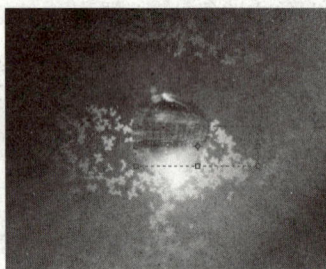

图 8.71　　　　　　　　　图 8.72　　　　　　　　　图 8.73
素材文件　　　　　　　　 绘制文本框　　　　　　　 输入文字

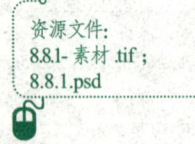 仍然保持选择横排文字工具不变，在其工具选项栏中单击创建文字变形按钮，设置弹出的对话框如图 8.74 所示，单击"确定"按钮，得到如图 8.75 所示的效果。

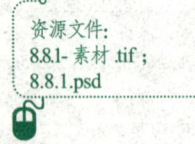 按【Ctrl+Alt+T】键调出自由变换控制框，顺时针旋转 90 度并向右移至如图 8.76 所示的位置，按【Enter】键确认变换操作，得到"文 1 拷贝"，按 2 次【Ctrl+Alt+Shift+T】键执行"再次变换并复制"操作，得到如图 8.77 所示的效果，并得到"文 1 拷贝 2"和"文 1 拷贝 3"。

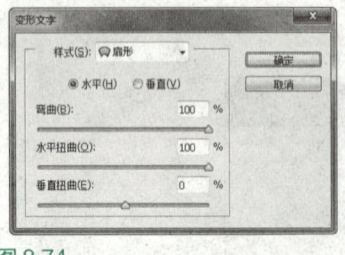
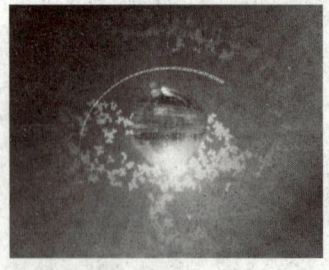
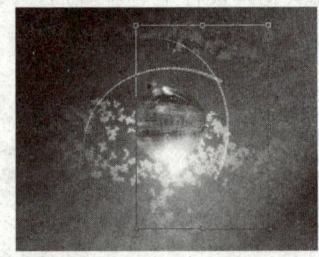

图 8.74　　　　　　　　　图 8.75　　　　　　　　　图 8.76
"变形文字"对话框　　　　 文字变形后的效果　　　　 复制并变换控制框

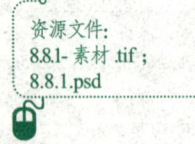 选择"文 1"为当前操作图层，按住【Shift】键单击"文 1 拷贝 3"的图层名称，按【Ctrl+Shift+Alt+E】键执行"盖印"操作，将得到的图层重命名为"图层 1"，隐藏"文 1""文 1 拷贝""文 1 拷贝 2"和"文 1 拷贝 3"。

> **提示**
> 为了方便读者了解制作流程，所以笔者将文字图层保留下来，读者在制作的过程当中可以直接执行"合并图层"操作，不对文字图层进行保留。

- 设置"图层1"的混合模式为"叠加"，得到如图8.78所示的效果，按【Ctrl+Alt+T】键调出自由变换控制框，顺时针旋转15°并按住【Shift】键成比例缩放图像90%，如图8.79所示，此时工具选项栏的状态如图8.80所示，按【Enter】键确认变换操作。

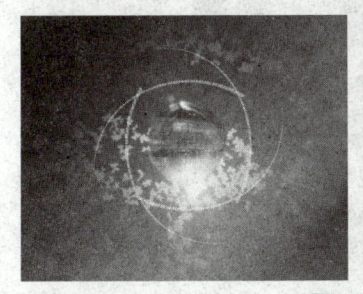

图 8.77
执行"再次变换并复制"操作后的效果

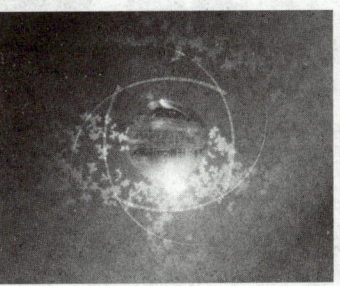

图 8.78
设置混合模式后的效果

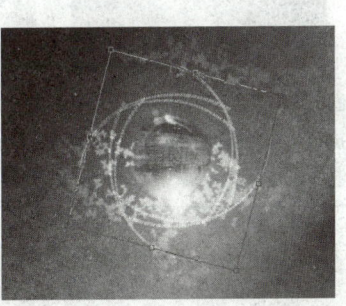

图 8.79
复制并变换图像

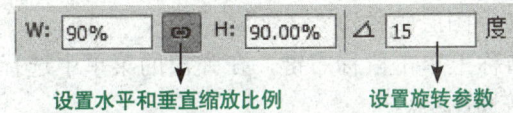

图 8.80
自由变换控制框参数条

> **提示**
> 如果读者无法准确估算出角度及比例的数值，可以按照如图8.80所示的参数栏直接进行设置即可。

- 连续按【Ctrl+Alt+Shift+T】键执行"再次变换并复制"操作，得到如图8.81所示的效果，并得到如图8.82所示的"图层"面板中的相应的图层。
- 选择"图层1 拷贝8"为当前操作图层，按住【Shift】键选择"图层1"以选中该图层并选中两图层之间的所有图层，按【Ctrl+Alt+E】键执行"盖印"操作，将得到的图层命名为"图层2"。
- 设置"图层2"的"混合模式"为"叠加"，按【Ctrl+Alt+T】键调出自由变换并复制控制框，在控制框中单击鼠标右键，在弹出的菜单中选择"水平翻转"命令，按【Enter】键确认变换操作，得到如图8.83所示的效果，"图层"面板的状态如图8.84所示。

笔记

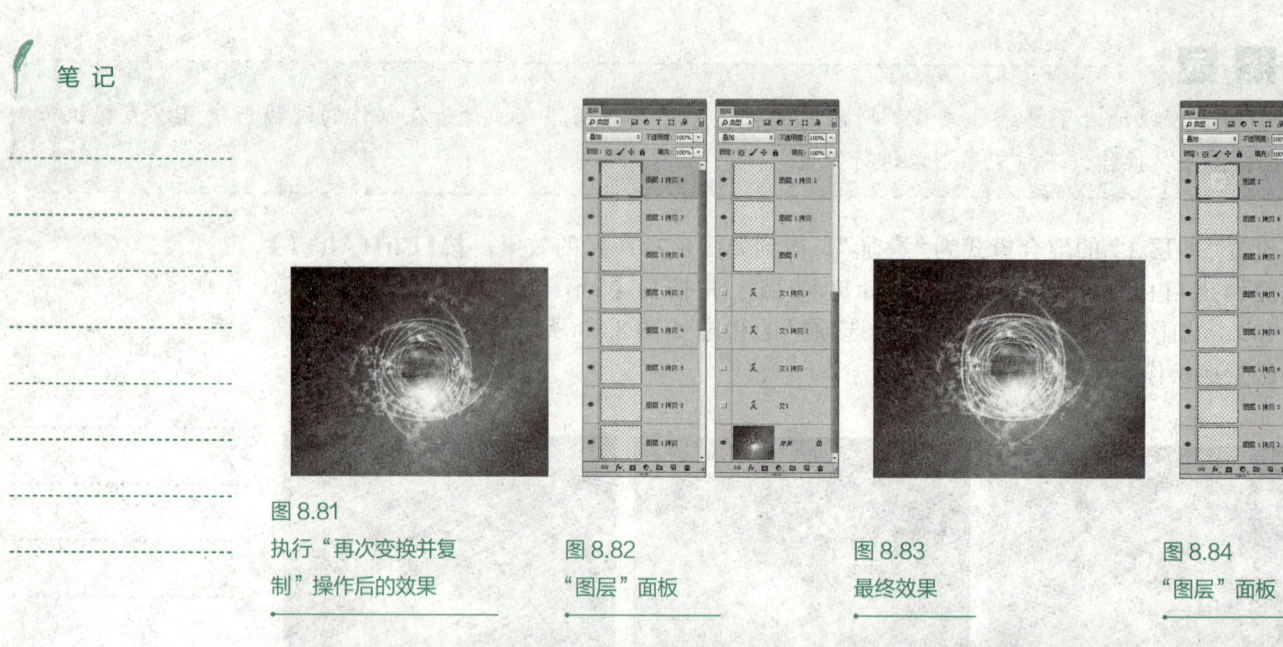

图 8.81
执行"再次变换并复制"操作后的效果

图 8.82
"图层"面板

图 8.83
最终效果

图 8.84
"图层"面板

8.8.2 中国传统艺术设计招贴

在本例中，将通过输入文字并将其栅格化为普通图像，然后利用特殊滤镜与纹理，制作出斑驳的文字效果，其操作步骤如下：

资源文件：
8.8.2-素材1.psd；
8.8.2-素材2.psd；
8.8.2.psd

① 打开本书配套课程网站中的资源文件"第8章\8.8.2-素材1.psd"，如图8.85所示，设置前景色的颜色为黑色，选择横排文字工具 T，并在其工具选项栏中设置适当的字体与字号，在图像的左侧输入如图8.86所示的文字并得到相应的文字图层，为了后面讲述方便，将文字图层命名为"文1"。

② 在"文1"的图层名称上单击鼠标右键，在弹出的菜单中选择"栅格化文字"命令，将文字图层转换为普通图层。

③ 选择"滤镜"|"画笔描边"|"喷溅"命令，在弹出的对话框中设置其参数如图8.87所示，单击"确定"按钮退出对话框，设置"文1"的混合模式为"正片叠底"，得到如图8.88所示的效果。

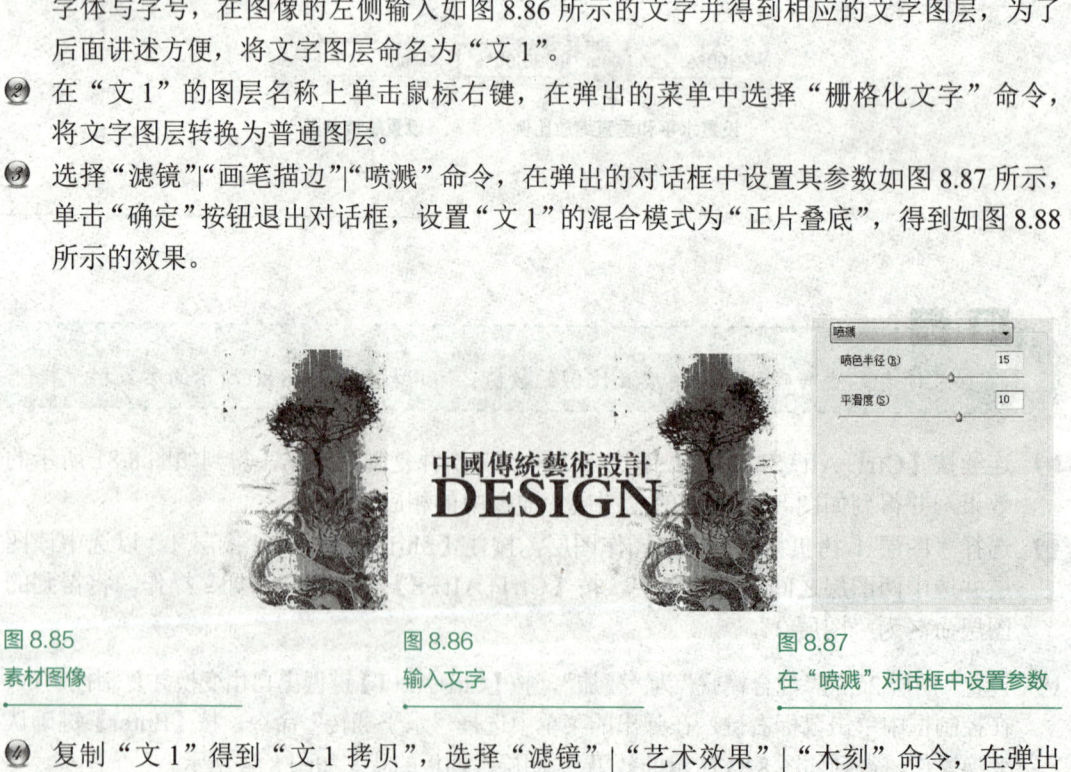

图 8.85
素材图像

图 8.86
输入文字

图 8.87
在"喷溅"对话框中设置参数

④ 复制"文1"得到"文1拷贝"，选择"滤镜"|"艺术效果"|"木刻"命令，在弹出的对话框中设置其参数如图8.89所示，单击"确定"按钮退出对话框，得到如图8.90所示的效果。

图 8.88　　　　　　　　图 8.89　　　　　　　　图 8.90
应用"喷溅"命令　　　　在"木刻"对话框中　　　应用"木刻"命令
后的效果　　　　　　　　设置参数　　　　　　　　后的效果

⑤ 打开本书配套课程网站中的资源文件"第 8 章 \8.8.2- 素材 2.psd",如图 8.91 所示,按【Ctrl+I】键执行"反相"操作,得到如图 8.92 所示的效果,选择移动工具将其移至第④步新建的文件当中,得到"图层 1",按【Ctrl+T】键调出自由变换控制框,按住【Shift】键缩小图像使其填满画布,按【Enter】键确认变换操作。

⑥ 设置"图层 1"的混合模式为"正片叠底",得到如图 8.93 所示的效果。

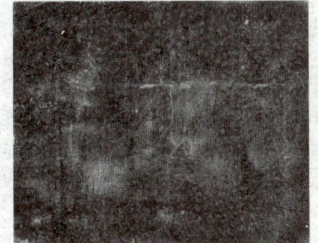 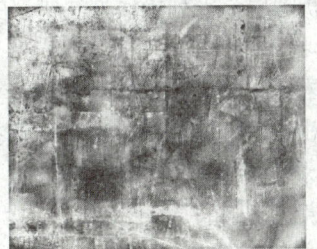 

图 8.91　　　　　　　　图 8.92　　　　　　　　图 8.93
素材图像　　　　　　应用"反相"命令后的效果　　更改混合模式后的效果

⑦ 单击创建新的填充或调整图层按钮,在弹出的菜单中选择"色阶"命令,得到"色阶 1",按【Ctrl+Alt+G】键执行"创建剪贴蒙版"操作,设置面板中的参数如图 8.94 所示,得到如图 8.95 所示的效果,"图层"面板的状态如图 8.96 所示。

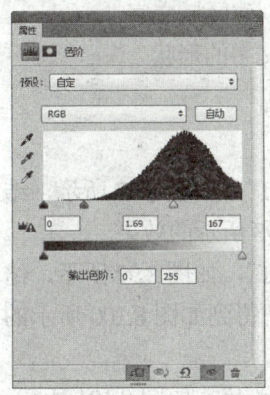 

图 8.94　　　　　　　　图 8.95　　　　　　　　图 8.96
"色阶"面板　　　　　　　最终效果　　　　　　　"图层"面板

习题

一、选择题

1. 在 Photoshop 中共包括哪些文字工具（　　）。
   A. 横排文字工具、直排文字工具、横排文字蒙版工具、直排文字蒙版工具
   B. 文字工具、文字蒙版工具、路径文字工具、区域文字工具
   C. 文字工具、文字蒙版工具、横排文字蒙版工具、直排文字蒙版工具
   D. 横排文字工具、直排文字工具、路径文字工具、区域文字工具

2. 下列关于点文字和段落文字的说法正确的是（　　）。
   A. 要将段落文字转换为点文字，可以选择"类型"|"转换为点文本"命令
   B. 要将点文字转换为段落文字，可以选择"类型"|"转换为段落文本"命令
   C. 输入点文字在换行时必须手动按【Enter】键才可以
   D. 段落文字可以依据文本控制框的范围自动换行

3. 要将文字图层转换成为形状图层，下列操作方法错误的是（　　）。
   A. 选择"类型"|"转换为形状"命令
   B. 在文字图层的名称上单击右键，在弹出的菜单中选择"转换为形状"命令
   C. 在文字图层的缩览图上单击右键，在弹出的菜单中选择"转换为形状"命令
   D. 选择"图层"|"转换为形状"命令

4. 下列关于路径绕排文字的说法正确的是（　　）。
   A. 路径绕排文字只能建立在封闭的路径上
   B. 路径绕排文字可以建立在任意类型的路径上
   C. 路径绕排文字输入后就不能再修改其字符属性
   D. 路径绕排文字输入后，还可以编辑路径，以改变绕排文字的状态

5. 下列关于区域文字的说法正确的是（　　）。
   A. 区域文字只能建立在封闭的路径上
   B. 区域文字可以建立在任意类型的路径上
   C. 如果当前显示了某形状图层中的路径，同样可以依此路径来创建区域文字
   D. 区域文字输入后，仍可以改变路径的形状，以改变整体区域文字的形状

二、操作题

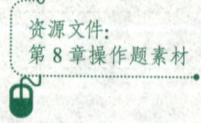
资源文件：
第 8 章操作题素材

1. 打开本书配套课程网站中的资源文件"第 8 章 \8.10-1- 素材 .tif"，如图 8.97 所示，结合本章讲解的输入文字功能，设置适当的文字属性，制作得到如图 8.98 所示的效果。

2. 打开本书配套课程网站中的资源文件"第 8 章 \8.10-2- 素材 .tif"，如图 8.99 所示，结合本章讲解的文字变形功能，输入文字"带你去天堂 HI 舞"，并制作得到如图 8.100 所示的效果。

3. 打开本书配套课程网站中的资源文件"第 8 章 \8.10-3- 素材 .psd"，如图 8.101 所示，结合本章中讲解的知识，将其中的文字转换成为形状并编辑为如图 8.102 所示的状态。

图 8.97　原图像　　图 8.98　输入文字后的效果　　图 8.99　素材图像　　图 8.100　最终效果

图 8.101　素材图像　　图 8.102　编辑文字形状后的效果

4. 打开本书配套课程网站中的资源文件"第 8 章\8.10-4- 素材 1.tif"~"第 8 章\8.10-4- 素材 4.psd",如图 8.103～图 8.106 所示,结合本章中讲解的文字功能,制作得到类似如图 8.107 所示的效果。

图 8.103　素材图像 1

图 8.104　素材图像 2　　图 8.105　素材图像 3　　图 8.106　素材图像 4

图 8.107
最终效果

5. 打开本书配套课程网站中的资源文件"第 8 章 \8.10-5- 素材 .psd",如图 8.108 所示,结合本章中的讲解,制作得到如图 8.109 所示的异形区域文字效果。

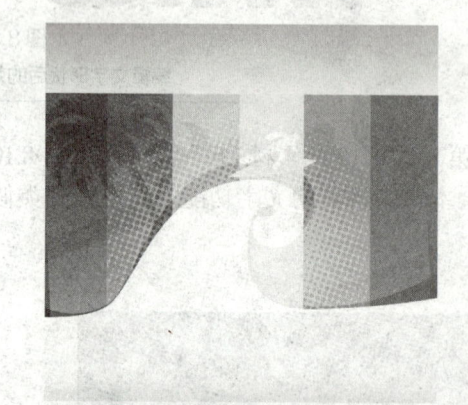

图 8.108
素材图像

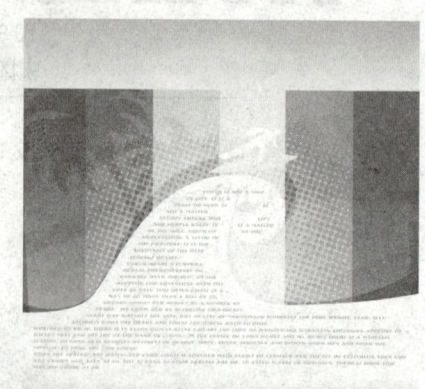

图 8.109
异形区域文本

> **提 示**
>
> 　　本章所用到的素材及效果文件位于本书配套课程网站"第 8 章"的资源文件内,其文件名与章节号对应。

第 9 章

滤镜

知识要点：

- "滤镜库"中的相关操作
- "液化"命令的使用方法
- "自适应广角"命令的使用方法
- "油画"命令的使用方法
- "防抖"命令的使用方法
- "Camera RAW 滤镜"命令的基本用法
- "场景模糊"命令的使用方法
- "光圈模糊"命令的使用方法
- 内置滤镜的使用技巧
- 智能滤镜功能的使用方法

课题导读：

滤镜是 Photoshop 中非常强大的功能，其特点在于种类繁多、变化无穷，其中基本的内置滤镜就多达 13 类上百个滤镜命令。

另外，还包括了一些具有特殊功能的滤镜，例如依据透视关系调整图像的"消失点"命令以及变形图像的"液化"命令等。

本章将对"滤镜库""液化""油画"等重要滤镜进行了讲解，并对其他内置滤镜进行了概述性讲解。

9.1 滤镜库

"滤镜库"命令实际上不是一个特定的命令,而是 Photoshop 中滤镜命令使用的一种新方式,通过这种新的方式,不仅能够在一个对话框中使用若干个滤镜命令,而且还能够重复使用一个或数个相同或不同的滤镜命令。

要使用滤镜库功能选择"滤镜"|"滤镜库"命令,此命令弹出的对话框如图 9.1 所示。

图 9.1
"滤镜库"对话框

- 预览区:用于预览由当前滤镜处理得到的效果。
- 命令选择区:用于选择处理图像的滤镜。
- 参数调整区:用于设置所选滤镜的参数。
- 滤镜效果层区:用于排列叠加应用在图像上的滤镜命令。

"滤镜库"的学习重点是其新颖的以图层形式使用滤镜命令的特点,即可以在"滤镜库"对话框的滤镜效果层区采取叠加图层的形式,对当前操作的图像应用多个滤镜命令。

下面讲解关于滤镜效果图层的操作。

- 要添加滤镜效果图层,则可以在滤镜效果层区中单击"新建效果图层"按钮,即可创建一个新的滤镜效果层。
- 如果需要使用多个相同滤镜命令以增强该滤镜的效果,单击"新建效果图层"按钮,此时所添加的新滤镜效果图层将延续上一个滤镜效果图层的命令及参数,如图 9.2 所示。根据需要也可以调整新的滤镜效果图层的参数,直至得到满意效果。

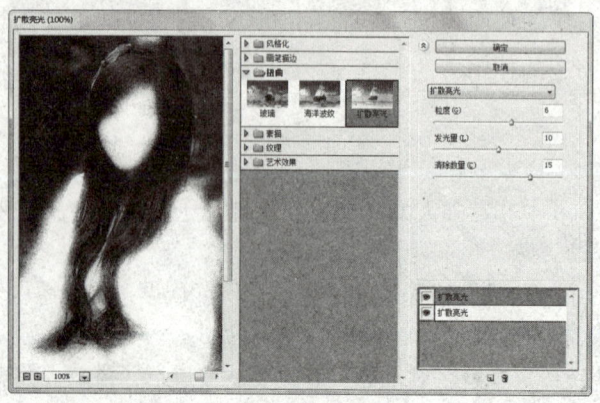

图 9.2
添加一个滤镜效果图层的效果

- 如果需要叠加应用不同的滤镜命令，可以在添加相同滤镜效果层后，选择任意一个滤镜效果层，然后在命令选择区域中选择一款新的滤镜命令，此时参数调整区域中的参数将同时发生变化，调整这些参数，即可得到满意的效果，此时对话框如图 9.3 所示。

图 9.3
修改滤镜效果图层命令后的效果

> **注 意**
> 虽然在命令选择区域可选择多种滤镜命令，但也并不包括所有滤镜命令。

- 滤镜效果层具有图层的部分功能，因此可以根据需要调整各个层之间的顺序，显示和隐藏各个滤镜层，其操作方法与图层相同，故不再重述。
- 可以删除不再需要的滤镜效果层，要删除这些图层可以先单击将其选中，然后单击删除效果图层按钮。

9.2 液化

资源文件：
9.2.psd；
9.2-素材.jpg

"液化"是一个可以对图像进行液化变形处理的命令，在此命令的对话框中当用户使用以推、拉、旋转、反射、折叠和膨胀图像等方式移动图像的像素的工具对图像进行操作时，图像也将相应变换成这些工具所定义的效果。

此命令常用于对图像进行扭曲变形操作，下面以一个具体操作实例讲解如何对图像使用"液化"命令操作。

- 打开本书配套课程网站中的资源文件"第 9 章 \9.2-素材.jpg"，选择"滤镜"|"液化"命令，弹出如图 9.4 所示的对话框。

笔 记

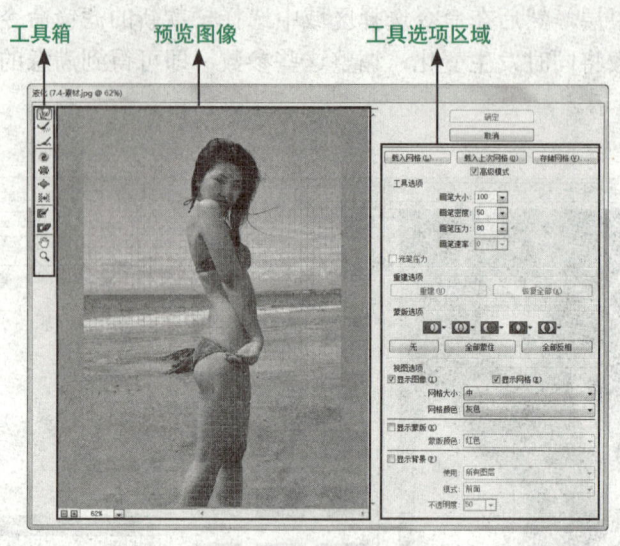

图 9.4
"液化"对话框

- 在"液化"对话框的左侧选择相应的工具,并在对话框右侧的"工具选项"区域设置操作工具的参数和选项。
  - 向前变形工具：在图像上拖动,可以使图像的像素随着涂抹产生变形。
  - 重建工具：扭曲预览图像之后,使用重建工具可以完全或部分地恢复更改。
  - 顺时针旋转扭曲工具：使图像产生顺时针旋转效果。

> **提 示**
>
> 如果希望得到逆时针旋转效果,可以按住【Alt】键操作。此方法对于膨胀工具同样适用。

  - 褶皱工具：使图像向操作中心点处收缩从而产生挤压效果。
  - 膨胀工具：使图像背离操作中心点从而产生膨胀效果。
  - 左推工具：移动与描边方向垂直的像素。直接拖移使像素向左移;按住【Alt】键拖移将使像素向右移。
  - 冻结蒙版工具：用此工具拖过的范围被保护,以免被进一步编辑。
  - 解冻蒙版工具：解除使用冻结蒙版工具所冻结的区域,使其还原为可编辑状态。
- 在"液化"对话框的右侧的参数设置区域设置所使用的工具或工作模式的参数。
  - 画笔大小：设置使用上述各工具操作时,图像受影响区域的大小。
  - 画笔压力：设置使用上述各工具操作时,一次操作影响图像的程度大小。
  - 光笔压力：使用光笔绘图板中的压力读数。
  - 重建选项：单击"重建"按钮,可使图像以该模式动态地向原图像效果恢复。在动态恢复过程中,按空格键可以中止恢复进程,从而中断进程并截获恢复过程的某个图像状态。
  - 蒙版选项：在此区域可以通过单击选择 5 个按钮,在弹出的菜单中选择无、全部蒙住、全部反相 3 个选项，来控制当前图像存在的选择区域、当前图层的不透明区域及当前图层的蒙版之间的叠加关系。

- 在"液化"对话框的右侧的"蒙版选项"设置不允许操作的区域。
- 利用"液化"对话框中的工具操作图像后，单击"确定"按钮。

图 9.5 所示为对人物的胸部、腰部及臀部进行形体美化处理前后的效果对比。

图 9.5
原图及应用"液化"命令后的效果

9.3 "自适应广角"滤镜

"自适应广角"命令专用于校正广角透视及变形问题，使用它可以自动读取照片的 EXIF 数据，并进行校正，也可以根据使用的镜头类型（如广角、鱼眼等）来选择不同的校正选项，配合"约束工具" 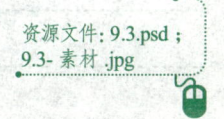 和"多边形约束工具"的使用，达到校正透视变形问题的目的。

选择"滤镜"|"自适应广角"命令，将弹出如图 9.6 所示的对话框。

图 9.6
"自适应广角"对话框

- "对话框"按钮：单击此按钮，在弹出的菜单中选择可以设置"自适应广角"命令的"首选项"，也可以"载入约束"或"存储约束"。
- 校正：在此下拉菜单中，可以选择不同的校正选项，其中包括了"鱼眼""透视""自动"以及"完整球面"等4个选项，选择不同的选项时，下面的可调整参数也各有不同。
- 缩放：此参数用于控制当前图像的大小。当校正透视后，会在图像周围形成不同大小范围的透视区域，此时就可以通过调整"缩放"参数，来裁剪掉透视区域。
- 焦距：在此可以设置当前照片在拍摄时所使用的镜头焦距。
- 裁剪因子：在此处可以调整照片裁剪的范围。
- 细节：在此区域中，将放大显示当前光标所在的位置，以便于进行精细调整。

除了右侧基本的参数设置外，还可以使用"约束工具"和"多边形约束工具"针对画面的变形区域进行精细调整，前者可绘制曲线约束线条进行校正，适用于校正水平或垂直线条的变形，后者可以绘制多边形约束线条进行校正，适用于具有规则形态的对象。

下面以"约束工具"为例，讲解其使用方法。

1）打开本书配套课程网站中的资源文件"第9章\9.3-素材.jpg"，如图9.7所示。在本例中，将使用"自适应广角"命令校正由鱼眼镜头产生的畸变。

2）选择"滤镜"|"自适应广角"命令，在弹出的对话框中选择"校正"选项为"鱼眼"，此时 Photoshop 会自动读取当前照片的"焦距"参数（10.5mm）。

图 9.7
素材图像

3）在对话框左侧选择"约束工具"，在海平面的左侧单击以添加一个锚点，如图9.8所示。

图 9.8
在左侧创建一个锚点并移动光标

4）将光标移至海平面的右侧位置，再次单击，此时 Photoshop 会自动根据所设置的"校正"及"焦距"，生成一个用于校正的弯曲线条，如图 9.9 所示。

图 9.9
将光标移至右侧

5）单击添加第 2 个点后，Photoshop 会自动对图像的变形进行校正，并出现一个变形控制圆，如图 9.10 所示。

6）拖动圆心位置，可以对画面的变形进行调整，如图 9.11 所示。

图 9.10
自动校正的结果

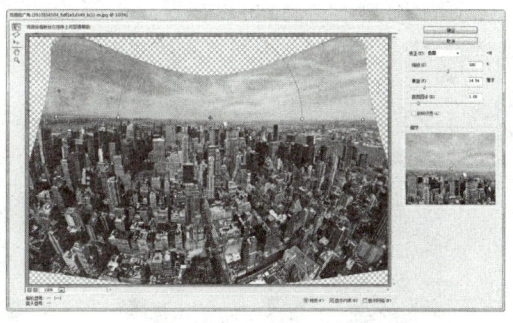

图 9.11
向上拖动中心点后的效果

7）拖动圆形左右的控制点，可以调整线条的方向。

8）调整"缩放"数值，以裁剪掉画面边缘的透明区域，并使用"移动工具"调整图像的位置，直至得到类似如图 9.12 所示的效果。由于顶部的天空较为简单，可以通过后期进行修复处理，因此为了保留更大的图像面积，我们将这里留为空白。

9）设置完毕后，单击"确定"按钮即可。图 9.13 所示是裁剪后的整体效果。图 9.14 所示是使用"编辑－填充"命令对空白区域进行补充后的效果。

图 9.12
调整缩放后的效果

笔 记

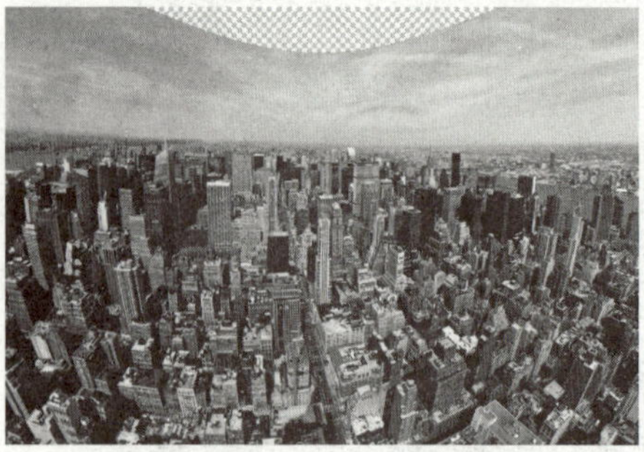

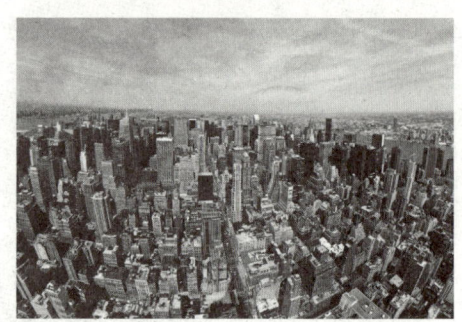

图 9.13
处理完成的效果

图 9.14
修复后的最终效果

9.4 油画

资源文件：
9.4- 素材 .jpg

使用“油画”滤镜可以快速、逼真的处理出油画的效果。以图 9.15 所示的图像为例，选择“滤镜”|“油画”命令在弹出对话框的右侧可以设置其参数，如图 9.16 所示。

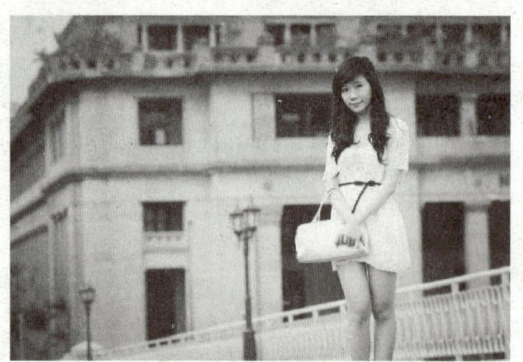

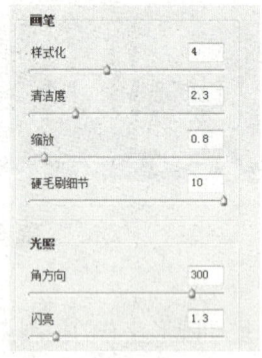

图 9.15
原图像

图 9.16
在“油画”对话框中设置参数

- 样式化：此参数用于控制油画纹理的圆滑程度。数值越大，则油画的纹理显得更平滑。
- 清洁度：此参数用于控制油画效果表面的干净程序，数值越大，则画面越显干净，反之，数值越小，则画面中的黑色会变得，整体显得笔触较重。
- 缩放：此参数用于控制油画纹理的缩放比例。
- 硬行刷细节：此参数用于控制笔触的轻重。数值越小，则纹理的立体感就越小。
- 角方向：此参数用于控制光照的方向，从而使画面呈现出不同的光线从不同方向进行照射时的不同方向的立体感。
- 闪亮：此参数用于控制光照的强度。此数值越大，则光照的效果越强，得到的立体感效果也越强。

图 9.17 ～图 9.20 所示是设置适当的参数后，处理得到的油画效果。

图 9.17
油画效果 1

图 9.18
油画效果 2

图 9.19
油画效果 3

图 9.20
油画效果 4

9.5 场景模糊

在使用"场景模糊"滤镜时，可以对整幅照片进行模糊处理，通过添加并调整模糊图钉及其参数，可以调整模糊的范围及效果。下面将通过一个实例，来讲解此滤镜的使用方法。

1）打开本书配套课程网站中的资源文件"第 9 章 \9.5- 素材 .jpg"，如图 9.21 所示。在本例中，将加强人物背景中的虚化效果，并为其制作漂亮的光斑效果。

2）选择"滤镜"|"模糊"|"场景模糊"命令，此时将显示如图 9.22 所示的工具选项，以及图 9.23 所示的两个面板。

图 9.21
素材图像

"场景模糊"滤镜的选项栏参数解释如下：

- 选区出血：应用"场景模糊"滤镜前绘制了选区，则可以在此设置选区周围模糊效果的过渡。
- 聚焦：此参数可控制选区内图像的模糊量。
- 将蒙版存储到通道：选中此选项后，将在应用"场景模糊"滤镜后，根据当前的模糊范围，创建一个相应的通道。
- 高品质：选中此选项时，将生成更高品质、更逼真的散景效果。
- "移去所有图钉"按钮 ：单击此按钮，可清除当前图像中所有的模糊图钉。

3）选择"场景模糊"滤镜后，画面中将自动创建一个新的模糊图钉，并按照默认的参

图 9.22
工具选项栏

资源文件：
9.5.psd；
9.5- 素材 .jpg

数，对画面整体进行模糊处理，如图 9.24 所示。

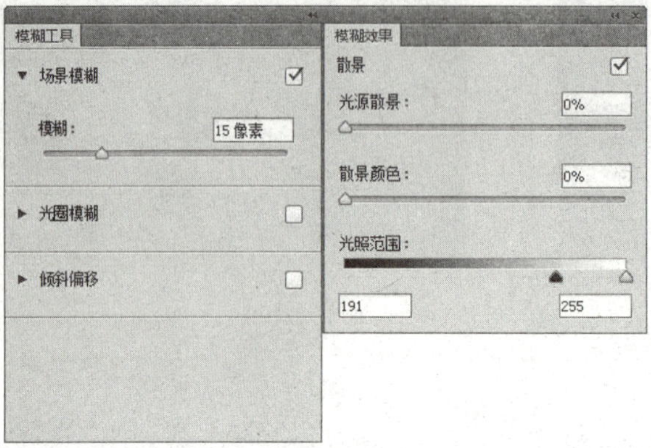

图 9.23 "模糊工具"及"模糊效果"面板

图 9.24 创建模糊图钉

4）在本例中，仅对人物以外的区域进行模糊处理，因此首先要保证人物处于清晰状态。将光标置于模糊图钉的半透明白条位置，此时光标变为 ▷ 状态，如图 9.25 所示。

> **提 示**
>
> 要通过拖动半透明白条调整模糊数值，须选择"编辑"|"首选项"|"性能"命令，在其对话框中选中"使用图形处理器"选项。

5）按住鼠标左键拖动该半透明白条，即可调整"场景模糊"滤镜的模糊数值，如图 9.26 所示。用户也可以在"模糊工具"面板中设置"场景模糊"区域中的"模糊"数值，以达到同样的目的。

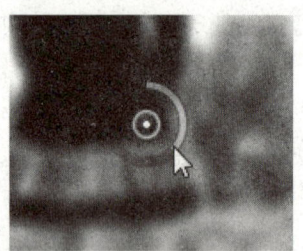

图 9.25 光标状态

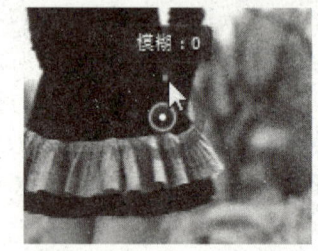

图 9.26 调整模糊数值

6）下面来在人物的周围添加模糊效果。在人物的右侧单击以添加一个模糊图钉，并在"模糊工具"面板中设置"场景模糊"中的"模糊"数值为 15，得到如图 9.27 所示的效果。

7）此时可以看到，模糊图钉的范围已经覆盖了人物，此时可以拖动该模糊图钉的中心位置，调整其位置并实时预览模糊的范围，如图 9.28 所示。

8）按照第 6）步和第 7）步的方法，在画面中添加其他多个控制点，如图 9.29 所示，其中位于人物身上的模糊图钉，"模糊"数值均为 0，位于人物以外的模糊图钉，"模糊"数值均为 15。若要删除模糊图钉，可以拖动某个模糊图钉至软件界面以外的范围。

图 9.27
模糊后的效果

图 9.28
拖动模糊图钉后的效果

图 9.29
添加多个图钉

9）下面来调整虚化的效果，即在"模糊效果"面板中设置参数。调整"光源散景"数值，可以调整模糊范围中，圆形光斑形成的强度；调整"散景颜色"数值，可以改变圆形光斑的色彩；调整"光照范围"下的黑、白滑块，或在底部输入数值，可以控制生成圆形光斑的亮度范围，如图 9.30 所示，图 9.31 所示是设置参数后得到的模糊效果。

10）设置完成后，单击选项条中的"确定"按钮即可，得到如图 9.32 所示的最终效果。

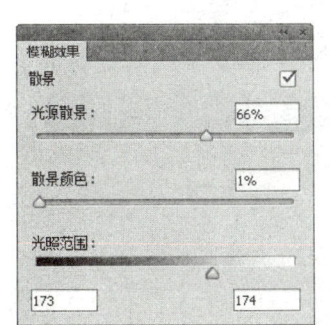
图 9.30
"模糊效果"面板

图 9.31
模糊后的效果

图 9.32
最终效果

9.6 光圈模糊

"光圈模糊"滤镜可用于限制一定范围的塑造模糊效果，以图 9.33 所示的图像为例，如图 9.34 所示是选择"滤镜"|"模糊"|"光圈模糊"命令后的调出的光圈模糊图钉。

- 拖动模糊图钉中心的位置，可以调整模糊的位置。
- 拖动模糊图钉周围的 4 个白色圆点 可以调整模糊渐隐的范围。若按住【Alt】键拖动某个白色圆点，可单独调整其渐隐范围。

资源文件：
9.6.psd；
9.6-素材.jpg

笔记

图 9.33
素材图像

图 9.34
光圈模糊图钉

- 模糊图钉外围的圆形控制框可调整模糊的整体范围，拖动该控制框上的 4 个控制句柄 ▫，可以调整圆形控制框的大小及角度。
- 拖动圆形控制框上的 ◇ 控制句柄，可以等比例缩放圆形控制框，以调整其模糊范围。

图 9.35 所示是编辑各个控制句柄及相关模糊参数后的状态，图 9.36 所示是确认模糊后的效果。

图 9.35
编辑后的状态

图 9.36
模糊后的效果

9.7 防抖

资源文件：
9.7.psd；
9.7-素材.jpg

"防抖"滤镜专门用于校正拍照时相机不稳而产生的抖动模糊，从而在很大程度上，让照片恢复为更清晰、锐利的结果。但要注意的是，抖动模糊本身属于不可挽回的破坏性问题，因此在使用"防抖"滤镜后，也只能是起到挽救的作用，而无法重现无抖动情况下的真实效果，因此，读者在拍照时，还是应尽量保持相机稳定，以避免抖动模糊问题的出现。

以图 9.37 所示的照片为例，该照片就是在弱光的室内环境中拍摄，由于快门速度较低，而出现了抖动模糊的问题，选择"滤镜－锐化－防抖"命令后，将调出如图 9.38 所示的对话框。

"防抖"对话框中的参数解释如下：

- 模糊描摹边界：此参数用于指定模糊的大小，用户可根据图像的模糊程度进行调整。
- 源杂色：在此下拉菜单中可选择自动／低／中／高选项，可指定源图像中的杂色数量，以便于软件针对杂色进行调整。

图 9.37
原图像

图 9.38
"防抖"对话框

- 平滑：调整数值可减少高频锐化杂色。此数值越高，则越多的细节会被平滑掉，因此在调整时要注意平衡。
- 伪像抑制：伪像是指真实图像的周围会有一定的多余图像，尤其在使用此滤镜进行处理后，就有可能会产生一定数量的伪像，此时可以适当调整此参数进行调整。此数值为 100% 时会产生原始图像，而数值为 0% 时，则不会抑制任何杂色伪像。
- 显示模糊评估区域：选中此选项后，将在中间区域显示一个评估控制框，如图所示。用户可以调整此控制框的位置及大小，以用于确定滤镜工作时的处理依据。单击此区域右下方的添加模糊描摹按钮 ，可以创建一个新的评估控制框。在选中一个评估控制框时，单击删除模糊描摹按钮 ，可以删除该评估控制框。
- 细节：在此区域中，可以查看图像的细节内容，用户可以在此区域中拖动，以调整不同的细节显示。另外，单击在放大镜处增强按钮 ，可以对当前显示的细节图像进行进一步的增强处理。

图 9.39 所示就是使用此命令处理前后的局部效果对比。可以看出，其校正效果还是非常明显的。

图 9.39
处理前后的局部效果对比

9.8 Camera RAW滤镜

资源文件：
9.8-素材文件

Camera RAW 软件是 Photoshop 的一个附件，但用户每次都需要单独启用该软件。在 Photoshop CC 中，已经将这个软件集成在了滤镜菜单中，用户不单可以直接在 Photoshop 中直接调用该功能，还可以对某个图层中的图像应用该功能，使得图像的调整更为方便。

打开要处理的照片后，选择"滤镜－ Camera RAW 滤镜"命令，即可调出如图 9.40 所示的对话框。

笔记

图 9.40
"Camera RAW"对话框

> **提 示**
>
> 当打开 RAW 格式文件调用 Camera RAW 软件时，与在"滤镜"菜单中调用的 Camera RAW 命令，二者的功能并不完全相同。例如从"滤镜"菜单中打开的"Camera RAW"对话框，缺少裁剪工具 、拉直工具 、Camera RAW 设置按钮 以及快照选项卡等。

下面来分别介绍一下顶部各工具的使用方法。

- 白平衡工具 ：使用此工具可以通过在图像上单击，从而依据单击处的色彩，自动校正照片中的白平衡。
- 颜色取样器工具 ：使用此工具在图像上单击，可以将单击处的颜色信息显示在上方工具栏的下面，最多可记录 9 个位置的颜色信息。
- 目标调整工具 ：使用此工具可以快速调整照片的曝光。具体来说，当光标置于图像上时，按住鼠标左键向左向下拖动，将以光标起始位置为准，降低照片的曝光；反之，若向上或向右侧拖动，则可以提高照片的曝光。
- 污点去除工具 ：此工具集成了 Photoshop 中仿制图章工具与修复画笔工具的功能，可实现对图像的复制或智能修复处理。
- 红眼去除工具 ：使用此工具拖动出一个矩形框，将要修复的红眼包含在内，即可修除红眼问题。

- 调整画笔工具：使用此工具在图像上单击或涂抹，即可创建一个要调整的区域，然后在右侧可设置要调整的属性，如色温、对比度、饱和度及锐化程度等。
- 渐变滤镜工具：使用此工具可以以线性渐变的方式调整照片的曝光。最常用的用途就是在风光照片中，校正天空与地面的光比，如图 9.41 所示（为增强效果，笔者还提高了照片的对比与色彩饱和度）。

图 9.41
调整天空前后的效果对比

- 径向滤镜工具：此工具与渐变滤镜工具的功能相仿，都可以以渐变的方式调整曝光。二者的区别在于，径向滤镜工具是以径向渐变的方式进行调整的。
- 切换全屏模式按钮：单击此按钮可以切换至全屏编辑状态，以便于观察图像的调整效果。再次单击即可返回之前的窗口状态。

下面再来介绍一下右侧各选项卡的功能。

- 基本选项卡：这是 Camera RAW 中最常用的选项卡，其中包括了基本白平衡、曝光、清晰度及饱和度等属性的调整。例如图 9.42 所示是通过调整这些基本参数，对照片色彩进行润饰和美化后的效果。

图 9.42
使用"基本"选项卡中的参数调整前后的对比

- 色调曲线选项卡：在此选项卡中，可以按照类似 Photoshop 中"曲线"命令的方法，对图像的色彩及亮度进行调整，如图 9.43 所示。

图 9.43
使用"色调曲线"选项卡中的参数调整前后的对比

- 细节选项卡：在此选项卡中，可以对照片进行降噪和锐化处理。
- HSL/灰度选项卡：在此选项卡中，可以分别针对照片的色相、饱和度和明亮度进行调整，还可以将其转换为灰度。图 9.44 所示是将照片转换为灰度，并结合"基本"选项卡中的"清晰度"等参数，以及一个书法字素材，制作得到的水墨画效果。

> 笔 记

图 9.44
使用"HSL/灰度"选项卡中的参数调整前后的对比

- 分离色调选项卡：在此选项卡中，可以针对图像的高光与阴影区域，进行色相与饱和度的调整，如图 9.45 所示。

图 9.45
使用"分离色调"选项卡中的参数调整前后的对比

- 镜头校正选项卡：在此选项卡中，可以对照片的紫边或透视等问题进行校正，如图 9.46 所示。

图 9.46
使用"镜头校正"选项卡中的参数调整透视前后的对比

- 效果选项卡：在此选项卡中，可以对照片添加颗粒，以增加照片的质感。另外，还可以对边缘添加或消除暗角。
- 相机校准选项卡：在此选项卡中，可以模拟相机的优化校准对图像进行色调、色相及饱和度方面的调整。
- 预设选项卡：若希望当前设置的参数，可应用于其他的照片，则可以在此选项卡中将参数保存为预设，再打开其他照片时，直接选择某个预设，即可快速设置调整参数。

9.9 内置滤镜概述

除了上面所讲述的几个功能较为突出的特殊滤镜外，Photoshop 还具有上百个功能各异的内置滤镜命令，这些滤镜命令共同构成了丰富多彩的庞大内置滤镜命令库，图 9.47 展示了 13 类滤镜的名称。

由于每一个滤镜命令的使用方法都大同小异，故在此不再一一讲解，关于这些滤镜的详细讲解与示例，请参阅本社相关图书。

下面讲解一些有关于滤镜在使用时技巧，掌握这些技巧能够使我们更好地使用滤镜。

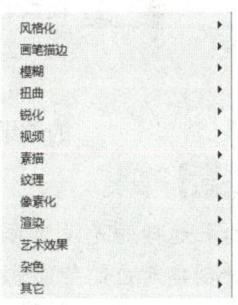

图 9.47
内置滤镜分类

- 按【Ctrl+F】键可重复应用上一次使用的滤镜。
- 在较大的图像上运行滤镜命令之前先使用"编辑"|"清理"|"全部"命令释放内存。
- 如果图像很大，可采取分别在图像中单个颜色通道上运用滤镜命令的方法来为图像施加滤镜效果。
- 在图像上选择一小部分区域试验滤镜和设置，得到满意的效果后，再应用于整幅图像中。
- 如果最终效果在普通黑白打印机上打印，最好在应用滤镜前先将图像的一个拷贝转换为灰度图像。因为如果将滤镜应用于彩色图像然后再将彩色图像转换为灰度，所得到的效果可能与该滤镜直接应用于此灰度图像所得到的效果不相同。

笔记

- 上一次使用的滤镜通常会出现在"滤镜"菜单顶部，因此要再次使用这些滤镜，应该按【Ctrl+F】键。
- 不能将滤镜应用于位图模式或索引颜色模式的图像，要应用于这样的图像，可以先将这些图像转换成为 RGB 图像，再运用滤镜命令。
- 如果要将滤镜应用于图层的某一个区域，应该选择该区域。如果要将滤镜应用于整个图层，不要选择任何图像区域。
- 在滤镜对话框中按住【Alt】键，可以将"取消"按钮转换为"复位"按钮，单击此按钮，可以将所有参数值恢复至默认值。
- 在滤镜对话框中反复点按预视窗口，可以查看应用滤镜命令前后的效果。

9.10 智能滤镜

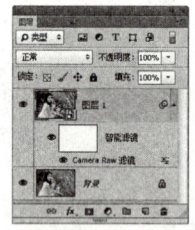

图 9.48
"图层"面板

所谓的智能滤镜，是指应用于智能对象图层的滤镜，会自动在该图层下方创建一个相应的滤镜层，如图 9.48 所示。

智能滤镜的特点在于，它可以像图层样式一样，以滤镜层的形式保存在智能对象图层下方，并可以反复进行编辑，还可以在滤镜效果与原图像之间设置混合模式及不透明度等属性。下面讲解智能滤镜的使用方法。

9.10.1 添加智能滤镜

要添加智能滤镜，可以按照下面的方法操作。

1）选择要应用智能滤镜的智能对象图层。在"滤镜"菜单中选择要应用的滤镜命令并设置适当的参数。

2）设置完毕后，单击"确定"按钮退出对话框，生成一个对应的智能滤镜图层。

3）如果要继续添加多个智能滤镜，可以重复第 1）步和第 2）步的操作，直至得到满意的效果为止。

> 提 示
> 如果选择的是没有参数的滤镜（如"查找边缘"、"云彩"等），则直接对智能对象图层中的图像进行处理并创建对应的智能滤镜图层。

资源文件：
9.10.1- 素材 .psd

如图 9.49 所示为原图像及对应的"图层"面板，如图 9.50 所示是利用"滤镜"｜"艺术效果"｜"海报边缘"和"滤镜"｜"画笔描边"｜"成角的线条"滤镜对图像进行处理后的效果，以及对应的"图层"面板，此时可以看到，在原智能对象图层的下方多了相应的智能滤镜图层。

可以看出，智能对象图层主要是由智能蒙版以及智能滤镜列表构成的。其中，智能蒙版主要是用于隐藏智能滤镜对图像的处理效果，而智能滤镜列表则显示了当前智能滤镜图层中所应用的滤镜名称。

图 9.49
原图像及对应的"图层"面板

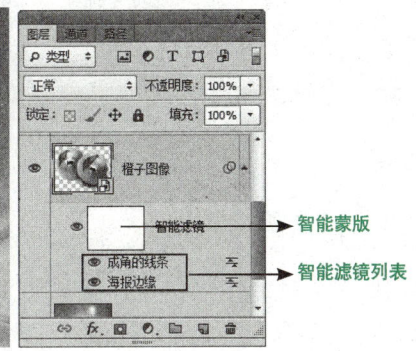

━━ 智能蒙版

━━ 智能滤镜列表

图 9.50
应用滤镜处理后的效果及对应的"图层"面板

9.10.2 编辑智能蒙版

使用智能蒙版，可以隐藏滤镜处理图像后的图像效果，其操作原理与图层蒙版的原理是完全相同的，即使用黑色来隐藏图像，白色显示图像，而灰色则产生一定的透明效果。

要编辑智能蒙版，可以按照下面的方法进行操作。

1）选中要编辑的智能蒙版。

2）选择绘图工具，例如画笔工具 、渐变工具 等。

3）根据需要设置适当的颜色，然后在蒙版中涂抹即可。

图 9.51 所示为直接在智能对象图层"橙子图像"上使用"滤镜"|"纹理"|"染色玻璃"滤镜后的效果，图 9.52 所示为智能蒙版中用画笔工具 以黑色在橙子面部五官的位置进行涂抹后的效果，以及对应的"图层"面板，可以看出，由于五官区域已经被涂抹为黑色，导致了该智能滤镜的效果完全的隐藏。

笔 记

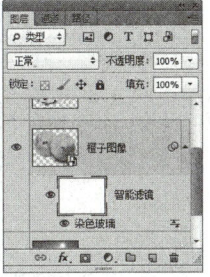

图 9.51
使用"染色玻璃"滤镜后的效果

如果要删除智能蒙版,可以直接在蒙版缩览图上单击右键,在弹出的菜单中选择"删除滤镜蒙版"命令,如图 9.53 所示,或者选择"图层"|"智能滤镜"|"删除滤镜蒙版"命令即可。

在删除蒙版后,如果要重新添加蒙版,则必须在"智能滤镜"这 4 个字上单击右键,在弹出的菜单中选择"添加滤镜蒙版"命令,如图 9.54 所示,或选择"图层"|"智能滤镜"|"添加滤镜蒙版"命令即可。

图 9.52
编辑智能蒙版后的效果

图 9.53
删除滤镜蒙版

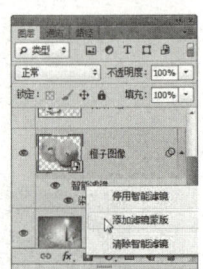
图 9.54
添加滤镜蒙版

9.10.3 编辑智能滤镜

如前所述智能滤镜的优点之一,就是可以反复编辑所应用的滤镜的参数,其操作方法非常简单,直接在"图层"面板中双击要修改参数的滤镜名称即可。

例如图 9.55 所示是同时修改了"成角的线条"和"海报边缘"滤镜以后的图像效果。

需要注意的是,在添加了多个智能滤镜的情况下,如果我们编辑了先添加的智能滤镜,那么将会弹出类似如图 9.56 所示的提示框,此时,我们就需要在修改参数以后才能看到这些滤镜叠加在一起应用的效果。

图 9.55
修改智能滤镜参数后的效果

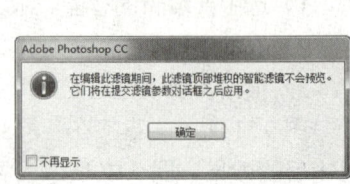
图 9.56
提示框

9.10.4 编辑智能滤镜混合选项

通过编辑智能滤镜的混合选项,可以让滤镜所生成的效果与原图像进行混合。

要编辑智能滤镜的混合选项,可以双击智能滤镜名称后面的 ≛ 图标,调出类似如图 9.57 所示的对话框。

例如图 9.58 所示为原应用了"照亮边缘"智能滤镜后的效果,图 9.59 所示是按上面的方法操作后,将该智能滤镜的混合模式设置成为"线性减淡(添加)"后得到的效果。

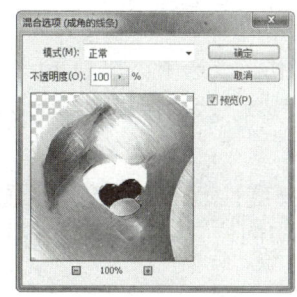  

图 9.57　　　　　　　　　　　图 9.58　　　　　　　　　图 9.59
智能滤镜的【混合选项】对话框　　原图像效果　　　　设置混合选项后的效果

可以看出，通过编辑每一个智能滤镜命令的混合选项，将使我们具有更大的操作灵活性。

9.10.5　停用/启用智能滤镜

停用 / 启用智能滤镜可分为 2 种操作，即对所有的智滤镜操作和对单独某个智能滤镜操作。

要停用所有智能滤镜，可以在所属的智能对象图层最右侧的 图标上单击右键，在弹出的菜单中选择"停用智能滤镜"命令，即可隐藏所有智能滤镜生成的图像效果；再次在该位置单击右键，在弹出的菜单中可以选择"启用智能滤镜"命令。

更为便捷的操作是直接单击智能蒙版前面的眼睛图标 ，同样可以显示或隐藏全部的智能滤镜。

如果要停用 / 启用单个智能滤镜，也同样可以参照上面的方法进行操作，只不过需要在要停用 / 启用的智能滤镜名称上进行操作。

9.10.6　删除智能滤镜

如要删除一个智能滤镜，可直接在该滤镜名称上单击右键，在弹出的菜单中选择"删除智能滤镜"命令，或者直接将要删除的滤镜拖至"图层"面板底部的删除图层按钮 上。

如果要清除所有的智能滤镜，则可以在智能滤镜上（即智能蒙版后的名称）单击右键，在弹出的菜单中选择"清除智能滤镜"，或直接选择"图层"|"智能滤镜"|"清除智能滤镜"命令即可。

9.11　实战演练

9.11.1　星球爆炸

在本例中，将使用"添加杂色""动感模糊""极坐标"及"径向模糊"等滤镜，结合图层混合模式、调整图层等功能，模拟星球爆炸效果。

① 按【Ctrl+N】键新建一个文件，在弹出的对话框中设置宽度和高度均为 1024 像素。设置前景色为黑色，按【Alt+Delete】键用前景色填充"背景"图层。新建一个图层得到"图层 1"设置前景色为白色，按【Alt+Delete】键用前景色填充图层。

② 选择"滤镜"|"杂色"|"添加杂色"命令，设置弹出的对话框如图 9.60 所示。单击创建新的填充或调整图层按钮 ，在弹出的菜单中选择"阈值"命令，得到"阈值

微视频：星球爆炸效果的实现

资源文件：
9.11.1.psd；
9.11.1-素材.psd

1",在弹出面板中设置参数为220,得到如图 9.61 所示的效果。

② 按住【Ctrl】键单击"图层 1"的图层名称以将"阈值 1"与"图层 1"选中。按【Ctrl+E】键将这两个图层合并。得到"阈值 1"图层。选择"滤镜"|"模糊"|"动感模糊"命令,设置弹出的对话框如图 9.62 所示,得到如图 9.63 所示的效果。

③ 按【Ctrl+I】键执行"反相"操作。设置前景色为白色,选择线性渐变工具，设置渐变的类型为"前景色到透明渐变",从图像的上方向图像中间位置绘制渐变,得到如图 9.64 所示的效果。

④ 选择"滤镜"|"扭曲"|"极坐标"命令,在弹出的对话框中选择"平面坐标到极坐标"选项,单击"确定"按钮退出对话框,得到如图 9.65 所示的效果。

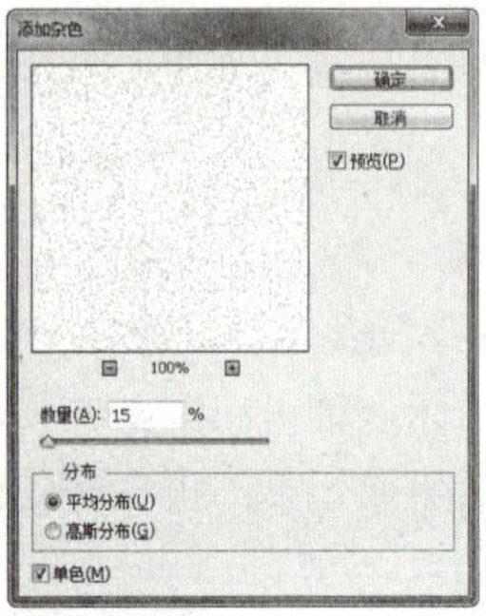

图 9.60
"添加杂色"对话框

图 9.61
应用"阈值"后的效果

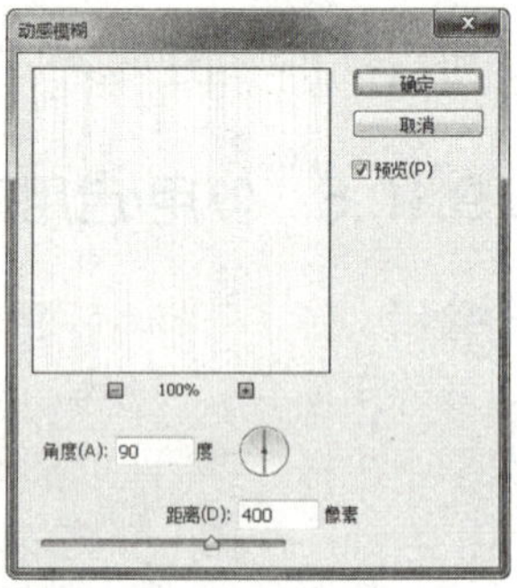

图 9.62
"动感模糊"对话框

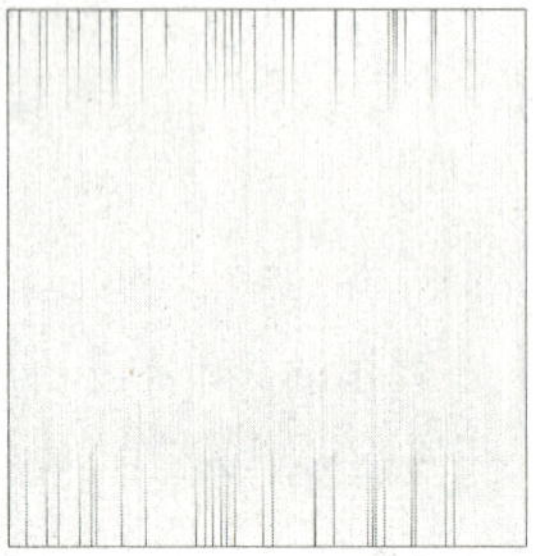

图 9.63
应用"动感模糊"后的效果

图 9.64
绘制渐变后的效果

图 9.65
应用"极坐标"后的效果

⑤ 按【Ctrl+T】键调出自由变换控制框,按住【Shift+Alt】键缩小图像至如图 9.66 所示的状态。选择"滤镜"|"模糊"|"径向模糊"命令,设置弹出的对话框如图 9.67 所示,得到如图 9.68 所示的效果。

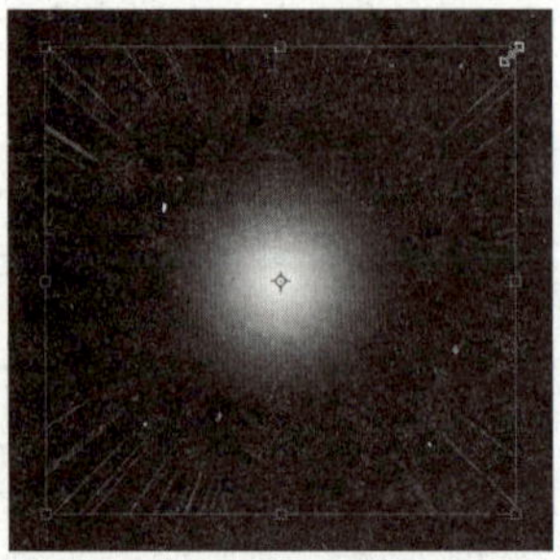

图 9.66
缩小图像

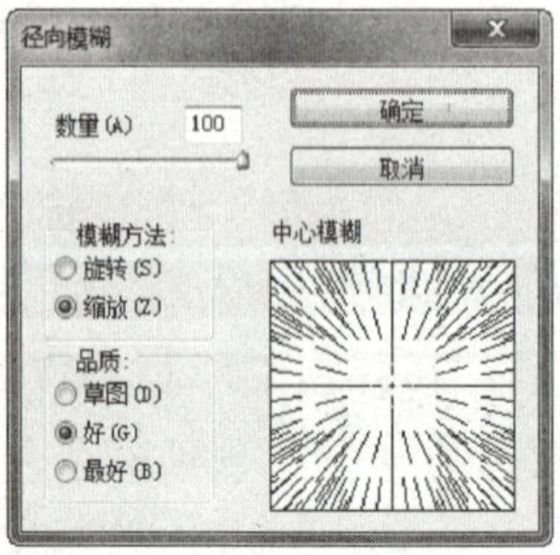

图 9.67
"径向模糊"对话框

图 9.68
应用"径向模糊"后的效果

⑦ 单击创建新的填充或调整图层按钮 ◎.，在弹出的菜单中选择"色相/饱和度"命令，得到"色相/饱和度 1"，设置弹出的面板如图 9.69 所示，得到如图 9.70 所示的效果。

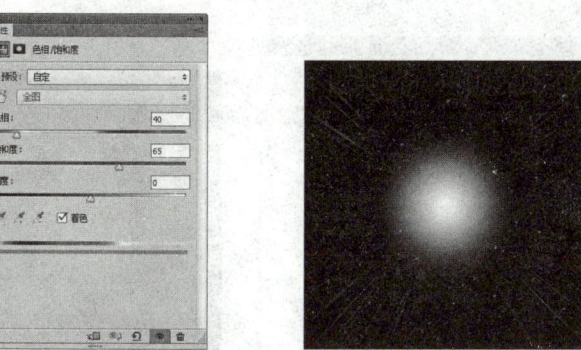

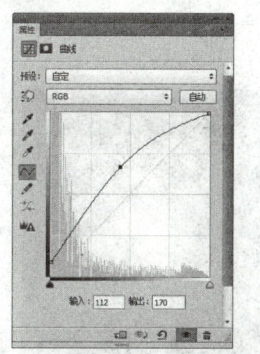

图 9.69　"色相/饱和度"面板　　图 9.70　应用"色相/饱和度"后的效果　　图 9.71　"曲线"面板

⑧ 单击创建新的填充或调整图层按钮 ◎.，在弹出的菜单中选择"曲线"命令，得到"曲线 1"，设置弹出的面板如图 9.71 所示，得到如图 9.72 所示的效果。

⑨ 新建一个图层得到"图层 1"。按【D】键将前景色和背景色恢复为默认的黑、白色，选择"滤镜"|"渲染"|"云彩"命令，得到类似图 9.73 所示的效果。设置其混合模式为"颜色减淡"得到如图 9.74 所示的效果。选择"滤镜"|"渲染"|"分层云彩"命令，得到如图 9.75 所示的效果。

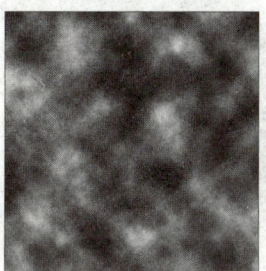

图 9.72　应用"曲线"后的效果　　图 9.73　应用"云彩"后的效果　　图 9.74　设置混合模式后的效果

⑩ 打开本书配套课程网站中的资源文件"第 9 章 \9.11.1-素材 .psd"，如图 9.76 所示的图像，使用移动工具 ，将其拖入第⑦步新建的文件中，将得到的图层重命名为"图层 2"。并移动到图像中心如图 9.77 所示的位置。设置"图层 2"的混合模式为"叠加"得到如图 9.78 所示的效果。

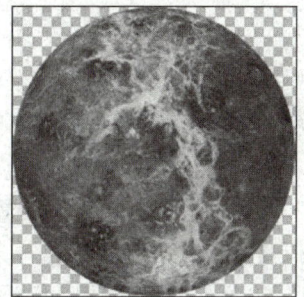

图 9.75　应用"分层云彩"后的效果　　图 9.76　素材图像　　图 9.77　移动素材图像后的效果

> 单击添加图层样式按钮 fx.，在弹出的菜单中选择"外发光"命令，设置弹出的对话框如图 9.79 所示，得到如图 9.80 所示的效果。

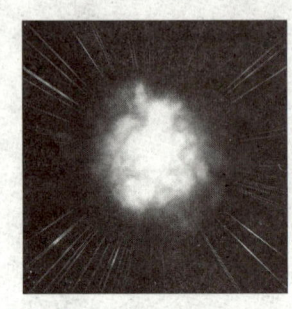
图 9.78
设置混合模式后的效果

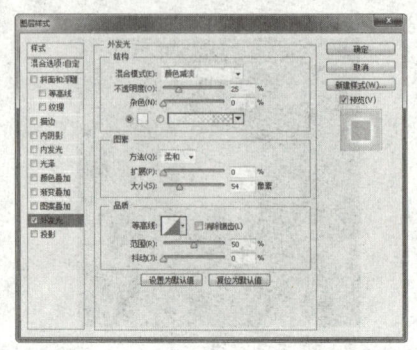
图 9.79
"外发光"对话框

图 9.80
应用"外发光"后的效果

提示

在"外发光"对话框中颜色块的颜色值为 ffffbe。

> 最后在图像的下方位置输入相应文字得到如图 9.81 所示的最终效果。此时的"图层"面板状态如图 9.82 所示。

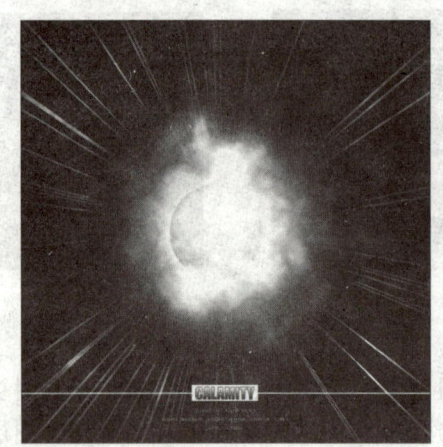
图 9.81
最终效果

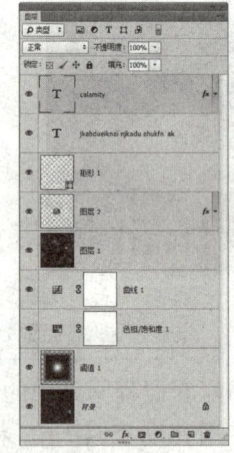
图 9.82
"图层"面板

9.11.2 炫光效果

在本例中，将结合"云彩""径向模糊""旋转扭曲"与图层混合模式、调整图层等功能，制作一款超酷的炫光效果。

> 按【Ctrl+N】键新建一个文件，在弹出的对话框中设置宽度为 1024 像素，高度为 768 像素，以创建一个新文件。按【D】键将前景色和背景色恢复为默认的黑、白色，选择"滤镜"|"渲染"|"云彩"命令，得到类似图 9.83 所示的效果。

> 选择"滤镜"|"像素化"|"铜版雕刻"命令，在弹出的对话框中选择"长描边"选项，

资源文件：
9.11.2.psd

得到如图 9.84 所示的效果。

图 9.83
应用"云彩"后的效果

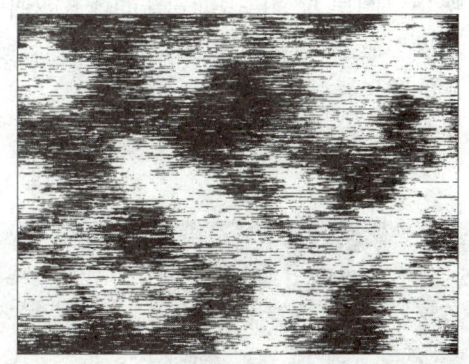

图 9.84
应用"铜板雕刻"后的效果

④ 选择"滤镜"|"模糊"|"径向模糊"命令，在弹出的对话框中设置如图 9.85 所示的参数。得到如图 9.86 所示的效果。

⑤ 按【Ctrl+F】键重复上一步操作，得到如图 9.87 所示的效果。复制"背景"图层得到"背景 拷贝"。

⑥ 选择"滤镜"|"扭曲"|"旋转扭曲"命令，设置弹出的对话框如图 9.88 所示。得到如图 9.89 所示的效果。设置"背景 拷贝"的混合模式为"变亮"，得到图 9.90 所示的效果。

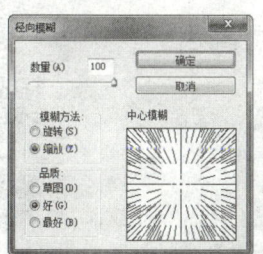

图 9.85
"径向模糊"对话框

图 9.86
应用"径向模糊"命令后的效果

图 9.87
重复应用"径向模糊"命令后的效果

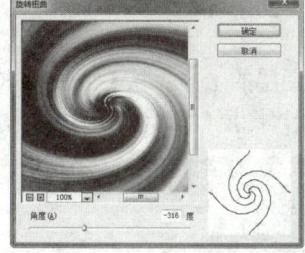

图 9.88
"旋转扭曲"对话框

图 9.89
应用"旋转扭曲"命令后的效果

图 9.90
设置混合模式后的效果

⑥ 双击"背景"图层，在弹出的对话框中单击"确定"按钮，将"背景"图层转化为"图层 0"。按住【Ctrl】键单击"背景 拷贝"的图层名称，将两个图层选中。按【Ctrl+Alt+E】键执行"盖印"操作，得到"背景 拷贝（合并）"。

⑦ 按【Ctrl+T】键调出自由变换控制框，在控制框内单击鼠标右键，在弹出的对话框中选择"水平翻转"命令，按【Enter】键确认变换操作。得到如图 9.91 所示的效果。

设置"背景 拷贝（合并）"的混合模式为"变亮"得到如图 9.92 所示的效果。

⑧ 选择"图层 0"，单击创建新的填充或调整图层按钮 ，在弹出的菜单中选择"色相/饱和度"命令，得到"色相/饱和度 1"，设置弹出的面板如图 9.93 所示，得到如图 9.94 所示的效果。

图 9.91　变换图像后的效果

图 9.92　设置混合模式后的效果

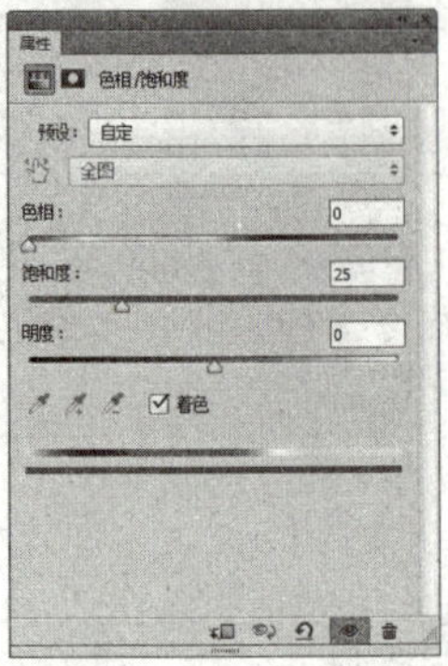

图 9.93　"色相/饱和度"面板

⑨ 选择"背景 拷贝"，单击创建新的填充或调整图层按钮 ，在弹出的菜单中选择"色相/饱和度"命令，得到"色相/饱和度 2"，按【Ctrl+Alt+G】键执行"创建剪贴蒙版"操作，设置面板中的参数如图 9.95 所示，得到如图 9.96 所示的效果。

图 9.94　应用"色相/饱和度"命令后的效果

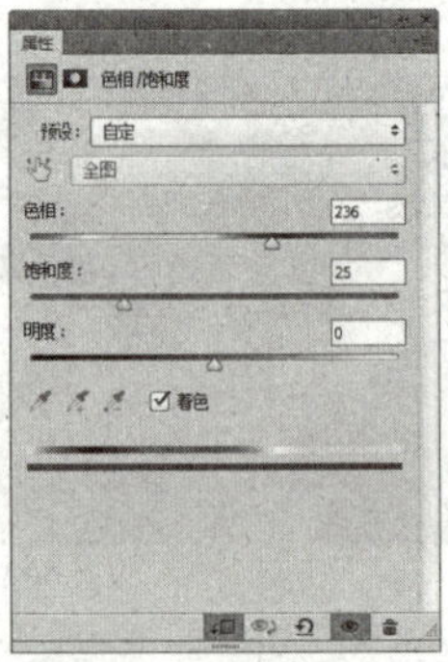

图 9.95　"色相/饱和度"面板

图 9.96　"创建剪贴蒙版"后的效果

⑩ 按住【Alt】键将"色相/饱和度 2"拖到"背景 拷贝（合并）"图层的上方，按【Ctrl+Alt+G】键执行"创建剪贴蒙版"操作，得到如图 9.97 所示的最终效果，"图层"面板如图 9.98 所示。

图 9.97　最终效果

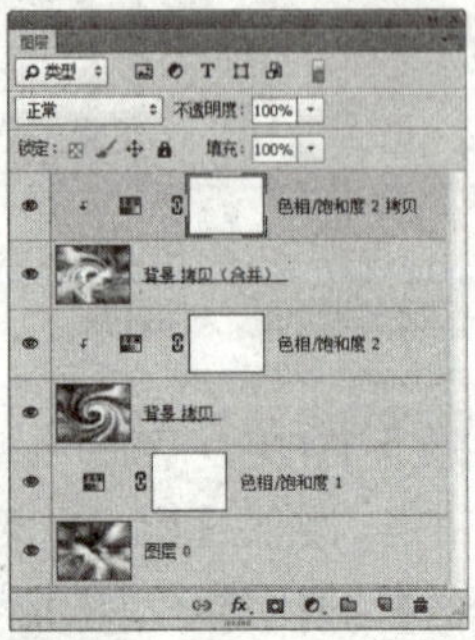

图 9.98　"图层"面板

习题

一、选择题

1. "滤镜库"命令的功用包括（　　）。
   A. 提供一种模糊的效果　　　　　　　B. 应用多个滤镜时定义其应用顺序
   C. 以集成的方式使用若干滤镜命令　　D. 调用 Photoshop 的外挂滤镜

2. 在"液化"命令对话框或使用顺时针旋转扭曲工具时按哪个快捷键可以得到逆时针旋转扭曲的效果（　　）。
   A.【Ctrl】键　　　B.【Ctrl+Alt】键　　　C.【Ctrl+Shift】键　　　D.【Alt】键

3. 下列选项中（　　）属于特殊滤镜。
   A. 液化　　　　　B. 油画　　　　　C. 镜头校正　　　　　D. 场景模糊

4. 下列选项中（　　）属于模糊滤镜。
   A. 动感模糊　　　　　　　　　　　　B. 高斯模糊
   C. 进一步模糊　　　　　　　　　　　D. 光圈模糊

5. 如果希望提高滤镜的运行速度下列（　　）措施可行。
   A. 加大机器内存并为 Photoshop 分配更多内存
   B. 使用滤镜命令时按住【Alt】键
   C. 按【Ctrl+F】键运行滤镜命令
   D. 提高画布尺寸

6. 若由于没有持稳相机导致拍出的照片轻微模糊，可以使用（　　）命令进行校正。
   A. 场景模糊　　　B. 高斯模糊　　　C. 抖动　　　D. 镜头校正

二、操作题

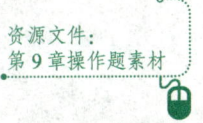
资源文件：
第9章操作题素材

1. 打开本书配套课程网站中的资源文件"第 9 章\9.13-1- 素材 .psd"，如图 9.99 所示，使用"液化"命令尝试对人物的胳膊进行变形处理，直至得到如图 9.100 所示的肌肉增加效果。

2. 打开本书配套课程网站中的资源文件"第 9 章\9.13-2- 素材 .jpg"，如图 9.101 所示，使用"油画"滤镜制作出类似如图 9.102 所示的油画效果。

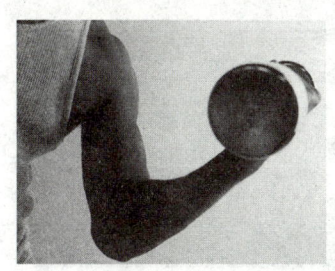
图 9.99
素材图像

图 9.100
液化后的效果

图 9.101
素材图像

3. 打开本书配套课程网站中的资源文件"第 9 章\9.13-3- 素材 .tif"如图 9.103 所示，使用 Photoshop 中的"喷溅""云彩""查找边缘"以及调整功能等，制作得到如图 9.104 所示的印章效果。

图 9.102　油画效果

图 9.103　素材图像

图 9.104　印章效果

4. 打开本书配套课程网站中的资源文件"第 9 章 \9.13-4- 素材 .tif"如图 9.105 所示，请结合"镜头光晕"滤镜制作出类似如图 9.106 所示的光晕效果。

5. 打开本书配套课程网站中的资源文件"第 9 章 \9.13-5- 素材 .psd"如图 9.107 所示，使用 4 种以上的方法模拟得到类似如图 9.108 所示的景深效果，其中至少有一种方法要配合通道功能一同使用。

图 9.105　素材图像

图 9.106　光晕效果

图 9.107　素材图像

6. 打开本书配套课程网站中的资源文件"第 9 章 \9.13-6- 素材 .jpg"如图 9.109 所示，结合本章讲解的滤镜功能，尝试校正得到如图 9.110 所示的效果。

图 9.108　景深效果

图 9.109　素材图像

图 9.110　景深效果

> **提示**
>
> 本章所用到的素材及效果文件位于本书配套课程网站"第 9 章"的资源文件内，其文件名与章节号对应。

第 10 章

Photoshop CC 中文版标准教程

使用动作及自动化命令

知识要点：

- "动作"面板
- 修改动作中命令参数
- 录制动作
- 继续录制动作
- "批处理"命令快速处理图像
- "图像处理器"命令批量转换图像

课题导读：

　　动作是 Photoshop 中非常重要的提高工作效率的功能，而配合"批处理"命令来使用动作更是能够以极高的速度处理一个文件夹中的所有图像文件，从而再次提高工作效率。

　　本章不仅讲解了如何使用动作、如何录制动作，还讲解了如何成批处理图像，提高工作效率。

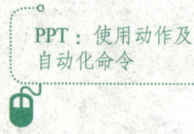

PPT：使用动作及自动化命令

10.1 "动作"面板

有关于动作的各类操作，都集中在"动作"面板中，因此要掌握并灵活地运用动作，首先要掌握"动作"面板。选择"窗口"|"动作"命令，将弹出如图10.1所示的"动作"面板。

"动作"面板中各个按钮的含义如下：

- 单击 ▫ 按钮，可以创建一个新动作。
- 单击 ▫ 按钮，在弹出的对话框单击"确定"按钮，即可删除当前选择的动作。
- 单击 ▫ 按钮，可以创建一个新动作组。

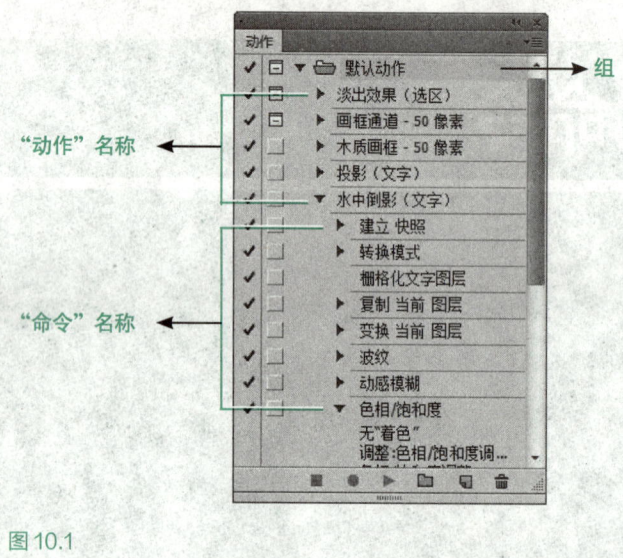

"动作"名称
"命令"名称

图 10.1
"动作"面板

- 单击 ▶ 按钮，应用当前选择的动作。
- 单击 ● 按钮，开始录制动作。
- 单击 ■ 按钮，停止录制动作。
- 单击 ✓ 使其显示为 ▫ ，可以使该图标右侧的动作或命令不被执行。
- 单击 ✓ 右侧的 ▫ 图标，使其显示为 ▫ ，可以使此图标右侧的命令在执行时弹出命令对话框，再次单击 ▫ 图标使其显示为 ▫ ，可取消显示对话框。

由图10.1可见录制动作时，不仅应用的命令被录制在动作中，如果该命令具有参数，则其参数也同样会被录制在动作中，这样在应用动作时就可以得到非常精确的结果。

"动作"面板中的"组"在使用意义上与"图层"面板中的图层组相同，如果录制的动作较多，可将同类动作如"类型类""纹理类"保存在一个动作组中，以便查看，从而提高此面板的使用效率。

笔 记

10.2 录制并编辑动作

10.2.1 录制动作

大多数情况下用户需要创建自定义的动作，以满足不同的工作需求。

录制新动作的步骤如下：

① 单击"动作"面板下方的创建新组按钮 ▫ ，在弹出的"新建组"对话框中输入组的名称后单击"确定"按钮。

提 示

创建新组这一操作并非必要，可根据实际情况确定是否需要创建一个放置新动作的组。

② 单击"动作"面板中的创建新动作按钮 ▫ ，或单击"动作"面板右上方的面板按钮 ▫ 在弹出菜单中选择"新建动作"命令，弹出如图10.2所示的对话框。

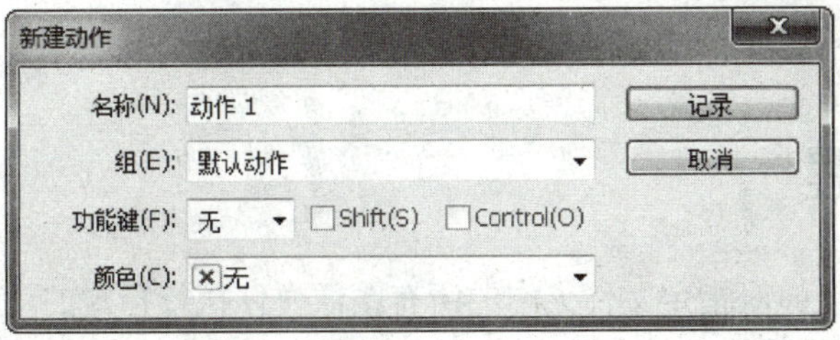

图 10.2
"新建动作"对话框

"新建动作"对话框中的参数含义如下：
- 名称：在此文本框中输入新动作的名称。
- 组：在此下拉列表中选择新动作所要放置的序列名称。
- 功能键：在此下拉列表中选择一个功能键，从而实现单击功能键即应用动作的功能。
- 颜色：在此下拉菜单中，可以选择一种颜色作为在按钮显示模式下新动作的颜色。

❷ 设置"新建动作"对话框中的参数后，单击"记录"按钮，此时，开始记录按钮 ● 自动被激活显示为红色 ●，表示进入动作的录制阶段。

❸ 选择需要录制在当前动作中的若干命令，如果这些命令有参数，需要按情况设置其参数。

❹ 执行所有需要的操作后，单击停止播放/记录按钮 ■。此时，"动作"面板中将显示录制的新动作。

> **提 示**
> 动作中无法记录撤销操作及使用绘图工具所进行的绘制类操作。

在录制完成后，就可以通过在"动作"面板中单击播放选定的动作按钮 ▶ ，或在"动作"面板弹出菜单中选择"播放"命令，来播放此动作。

10.2.2 修改动作中命令的参数

要修改动作中某个命令的参数，可以在"动作"面板中双击需要改变参数的命令，在弹出的对话框中进行重新设置，设置完毕后单击"确定"按钮即可。

> **提 示**
> 在改变命令参数时，面板中的开始记录按钮 ● 与播放选定的动作按钮 ▶ 都会被激活。

10.2.3 继续录制动作

单击"停止播放/记录"按钮 ■ 可以结束一个动作记录，但仍然可以使用下面的步骤在动作中继续记录其他命令。

❶ 在"动作"面板中选择一个命令。
❷ 单击"动作"面板底部的开始记录按钮 ● 。
❸ 执行需要记录的操作。

笔记

继续录制动作完毕后，单击停止播放/记录按钮 ■ ，则新的命令被录制在动作中。

10.3 批处理

"批处理"命令能够对指定文件夹中的所有图像文件执行指定的动作。例如，如果希望将某一个文件夹中的图像文件转存成为 TIFF 格式的文件，只需要录制一个相应的动作并在"批处理"命令中为要处理的图像指定这个动作即可快速完成这个任务。

应用"批处理"命令进行批处理的具体操作步骤如下：

- 录制要完成指定任务的动作，选择"文件"|"自动"|"批处理"命令，弹出如图 10.3 所示的对话框。
- 从"播放"区域的"组"和"动作"下拉列表中选择需要应用动作所在的"组"及此动作的名称。
- 从"源"下拉列表中选择要应用"批处理"的文件，下拉列表中的各个选项的含义如下：
  - 文件夹：此选项为默认选项，可以将批处理的运行范围指定为文件夹，选择此选项必须单击"选择"按钮，在弹出的"浏览文件中"对话框中选择要执行批处理的文件夹。

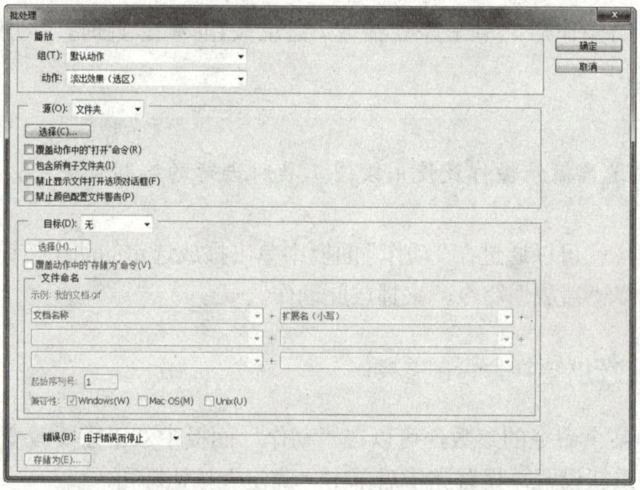

图 10.3
"批处理"对话框

- 导入：此选项用于对来自数码相机或扫描仪的图像应用动作。
- 打开的文件：如果要对所有已打开的文件执行批处理，应该选中此选项。
- Bridge：选择此选项可以对显示于 Bridge 中的文件应用在此对话框中指定的动作。
- 选择"覆盖动作中的'打开'命令"选项，动作中的"打开"命令将引用"批处理"的文件而不是动作中指定的文件名，选择此选项将弹出如图 10.4 所示的提示对话框。

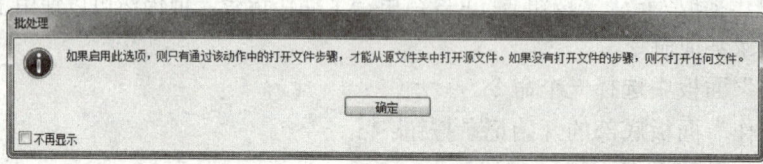

图 10.4
提示对话框

⑤ 选择"包含所有子文件夹"选项，可以使动作同时处理指定文件夹中所有子文件夹包含的可用文件。

⑥ 选择"禁止颜色配置文件警告"选项，将关闭颜色方案信息的显示。

⑦ 从"目的"下拉列表中选择执行"批处理"命令后的文件所放置的位置，其中各个选项的含义如下：

- 无：选择此选项，使批处理的文件保持打开而不存储更改（除非动作包括"存储"命令）。
- 存储并关闭：选择此选项，将文件存储至其当前位置，如果两幅图像的格式相同，则自动覆盖源文件，并不会弹出任何提示对话框。
- 文件夹：选择此选项，将处理后的文件存储到另一位置。此时可以单击其下方的"选择"按钮，在弹出的"浏览文件中"对话框中指定目标文件夹。

⑧ 选择"覆盖动作中的'存储为'命令"选项，动作中的"存储为"命令将引用批处理的文件，而不是动作中指定的文件名和位置。

⑨ 如果在"目的"下拉列表中选择"文件夹"选项，则可以指定文件命名规范并选择处理文件的文件兼容性选项。

⑩ 如果在处理指定的文件后，希望对新的文件进行统一命名，可以在"文件命名"区域设置需要设定的选项。例如，如果按照图 10.5 所示的参数执行批处理后，以 JPGE 图像为例，则存储后的第一个新文件名为 designjpg001.jpg，第二个新文件名为 designjpg002.jpg，以此类推。

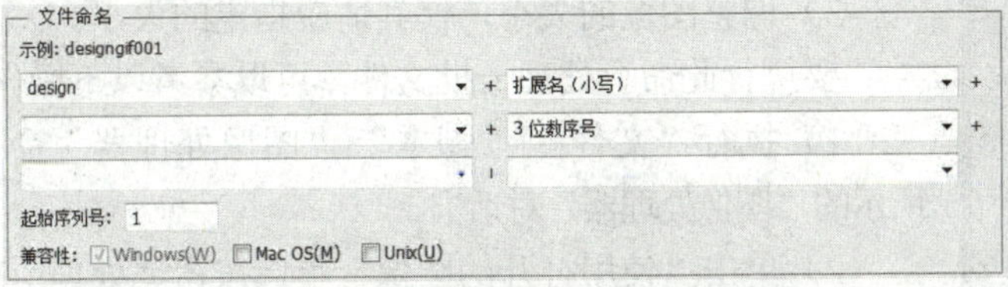

图 10.5 设置执行批处理后文件的名称

> **提 示**
> 此选项仅在"目的"下拉列表中的"文件夹"选项被选中的情况下才会被激活。

⑪ 从"错误"下拉列表中选择处理错误的选项，该下拉列表中的各个选项的含义如下：
- 由于错误而停止：选择此选项，在动作执行过程中如果遇到错误将中止批处理，建议不选择此选项。
- 将错误记录到文件：选择此选项，并单击下面的"存储为"按钮，在弹出的"存储"对话框输入文件名，可以将批处理运行过程中所遇到的每个错误记录并保存在一个文本文件中。

⑫ 设置所有选项后单击"确定"按钮，则 Photoshop 开始自动执行指定的动作。

在掌握了此命令的基本操作后，可以针对不同的情况使用不同的动作完成指定的任务。例如，如果希望将 D:\image\ 文件夹中的所有图像转换为 RGB 模式，并另存为 JPGE 格式的文件，存储的目标位置为 D:\image-2\ 文件夹中，而且要保持每个文件的名称不变，可以按照图 10.6 所示的对话框进行设置。

笔记

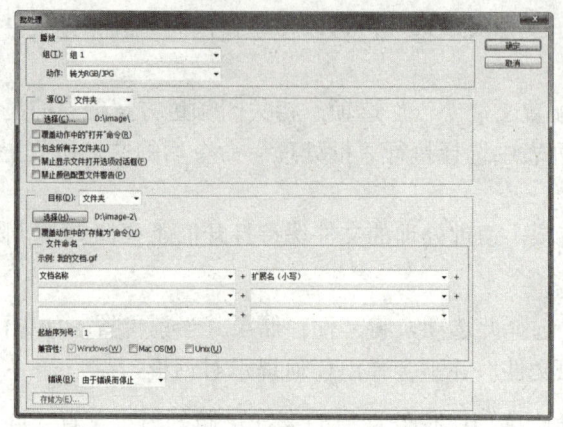

图 10.6
"批处理"对话框

10.4 使用"图像处理器"命令处理多个文件

执行"文件"|"脚本"|"图像处理器"命令，能够转换和处理多个文件，从而完成以下各项操作。

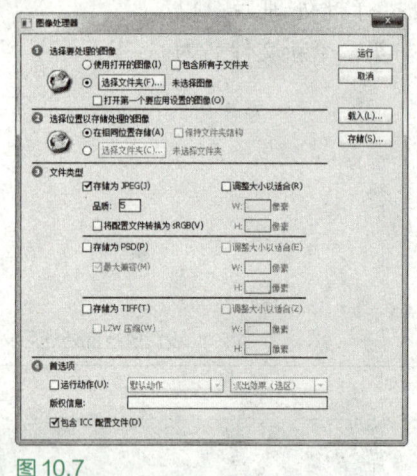

图 10.7
"图像处理器"对话框

1）将一组文件的文件格式转换为 *.jpeg、*.psd 或者 *.tif 格式之一，或者将文件同时转换为以上三种格式。

2）使用相同选项来处理一组相机原始数据文件。

3）调整图像的大小，使其适应指定的大小。

要执行此命令处理一批文件，可以参考以下操作步骤。

1）执行"文件"|"脚本"|"图像处理器"命令，弹出如图 10.7 所示的"图像处理器"对话框。

2）单击"使用打开的图像"单选按钮，处理所有当前打开的图像文件；也可以单击"选择文件夹"按钮，在弹出的"选择文件夹"对话框中选择处理某一个文件夹中所有可处理的图像文件。

3）单击"在相同位置存储"单选按钮，可以使处理后生成的文件保存在相同的文件夹中；也可以单击"选择文件夹"按钮，在弹出的"选择文件夹"对话框中选择一个文件夹，用于保存处理后的图像文件。

> **提 示**
>
> 如果多次处理相同的文件并将其存储到同一个目标文件夹中，则每个文件都将以其自己的文件名存储，而不进行覆盖。

4）在"文件类型"选项区中选择要存储的文件类型和选项。在此区域中可以选择将处理的图像文件保存为 *.jpeg、*.psd、*.tif 中的一种或者几种。如果选择"调整大小以适合"选项，则可以分别在"W"和"H"数值框中键入宽度和高度数值，使处理后的图像符合此尺寸。

5）在"首选项"选项区中设置其他处理选项，如果还需要对处理的图像运行动作中所定义的命令，选择"运行动作"选项，并在其右侧选择要运行的动作；如果选择"包含 ICC 配置文件"选项，则可以在存储的文件中嵌入颜色配置文件。

6）参数设置完毕后，单击"运行"按钮。

习题

一、选择题

1. 下面（　　）项操作无法记录在动作中。
A. 画笔进行的绘画操作　　　　　B. 使用渐变工具绘制渐变
C. 使用矩形工具绘制路径　　　　D. 使用钢笔工具绘制路径

2. 单击下面（　　）图标可以显示被执行命令的对话框。
A. ▫　B. ✓　C. ▪　D. ▫

3. 要修改已录制在动作中的命令的参数，下面（　　）项叙述是正确的。
A. 此类命令的参数无法修改
B. 单击 ✓ 图标后，在运行动作时修改
C. 双击动作中需要修改的命令
D. 新命令拖至 ▫ 按钮上，在弹出的对话框中进行修改

4. 使用"批处理"命令时，下列叙述是正确的（　　）。
A. 可以对一批 JPEG 图像文件进行操作
B. 无法对有通道的 PSD 图像文件进行操作
C. 无法对有子文件夹的图像文件操作
D. 可以对图像进行重命名

5. 关于动作与"批处理"命令，下列叙述正确的是（　　）。
A. 对打开的大量图像文件进行操作，动作的效率低于"批处理"命令
B. 对打开的大量图像文件进行操作，动作的效率高于"批处理"命令
C. 任何情况下动作的效率都低于"批处理"命令
D. 没有动作，"批处理"命令同样能够运行

二、操作题

1. 随意找一幅图像素材，录制一个新的动作，完成以下操作任务：将图像模式转换成为 RGB 颜色模式，将背景色设置为黑色，均匀向外侧扩展画面 25 个像素，将图像保存成为 JPEG 格式的图像文件，"品质"选项设置为"最佳"。

2. 寻找一批自然风景素材图像文件存放于一个文件夹中，使用"批处理"命令结合第 1 题录制的新动作完成以下任务：将所有图像的颜色模式换成为 RGB 颜色模式，图像画布向外扩展 25 个像素形成黑色边框效果，所有被处理的图像均需要保存成为 JPEG 格式的图像文件，并以"beau-natu+ 序列号 + 操作当日日期 .jpg"的形式命名。

3. 仍然使用上一题中的素材，使用"图像处理器"命令，将它们全部转换成为 PSD 格式。

> **提　示**
>
> 本章所用到的素材及效果文件位于本书配套课程网站"第 10 章"的资源文件内，其文件名与章节号对应。

第11章

Photoshop CC 中文版标准教程

实战演练

知识要点：

- 使用辅助线划分设计区域
- 使用图层样式制作特殊图像效果
- 使用图层混合模式融合图像
- 使用蒙版隐藏多余图像
- 使用调整图层调整图像的亮度与色彩
- 使用自由变换功能改变图像大小及角度
- 路径各种形状工具绘制路径与形状
- 创建与编辑选区

课题导读：

在本书第1～10章的讲解中，读者已经学习了Photoshop中的常用知识。本章讲解了7个综合案例，来实践和深度理解前面所学习的内容。希望读者通过练习这些案例，相信能够帮助读者融会贯通前面所学习的工具、命令与重要概念。

11.1 照片修饰：日系清新美女色调

例前导读：

在本例中，将利用填充单色并设置混合模式的方法，调整照片的整体色调，并结合图层蒙版功能，恢复出人物皮肤区域的色调，然后结合"曲线"命令及"可选颜色"命令，对照片整体的色彩进行润饰即可。在选片时，建议选择以绿色或其他较为自然清新的色彩为主的照片，且照片的对比度不宜过高，色彩也不必过于浓郁。

核心技能：

- 使用颜色填充图层为照片叠加颜色。
- 使用混合模式融合图像。
- 使用图层蒙版隐藏多余的图像。
- 结合"曲线""可选颜色"调整图层，润饰照片色彩。

操作步骤：

1）打开本书配套课程网站中的资源文件"第 11 章 \11.1- 素材 .jpg"，如图 11.1 所示。

2）单击创建新的填充或调整图层按钮，在弹出的菜单中选择"颜色填充"命令，创建得到"颜色填充 1"调整图层，在弹出的对话框中设置颜色，如图 11.2 所示。

3）设置"颜色填充 1"图层的混合模式为"正片叠底"，从而调整照片整体的色调，得到如图 11.3 所示的效果。

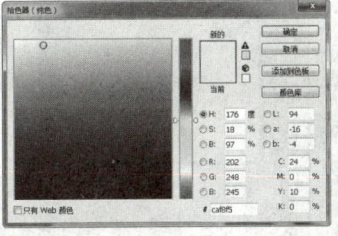

图 11.1 照片素材　　图 11.2 选择颜色　　图 11.3 混合颜色后的效果

4）此时，人物面部的颜色显得非常灰暗，下面就来处理一下这种问题。选中"颜色填充 1"的图层蒙版，设置前景色为黑色，选择画笔工具并设置适当的画笔大小及不透明度，然后在人物面部及眼睛的位置进行涂抹，得到类似如图 11.4 所示的效果，此时按【Alt】键单击图层蒙版的缩览图，可以查看其中的状态，如图 11.5 所示。

图 11.4 涂抹后的效果　　图 11.5 蒙版中的状态

5）下面来使用"可选颜色"命令对照片进行润饰。单击创建新的填充或调整图层按钮，在弹出的菜单中选择"可选颜色"命令，创建得到"可选颜色 1"调整图层，然后在"属性"面板中设置参数如图 11.6 和图 11.7 所示，从而进一步强化照片中的绿色，得到如图 11.8 所示的效果。

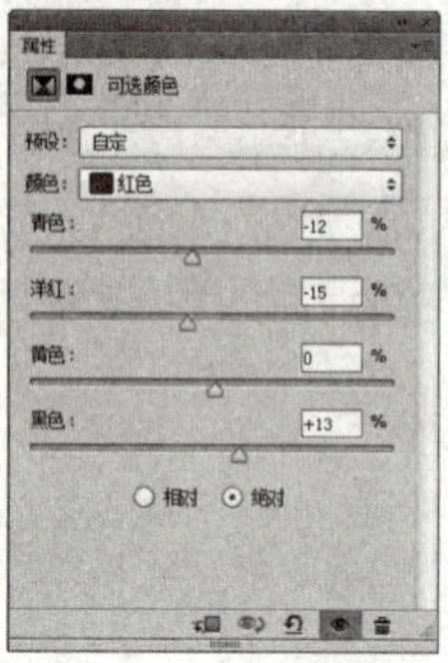

图 11.6
设置可选颜色参数 1

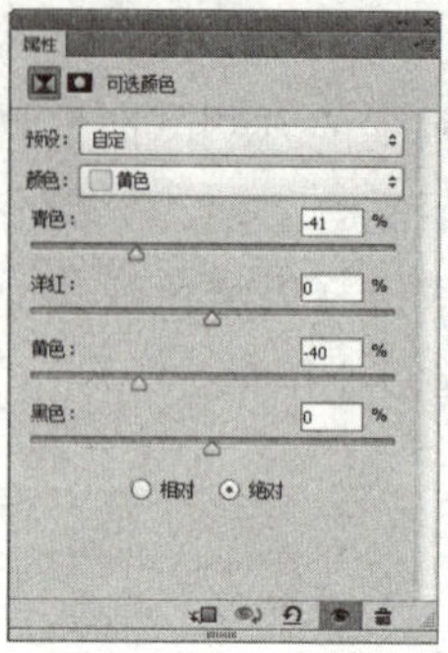

图 11.7
设置可选颜色参数 2

图 11.8
调色后的效果

6）下面来使用"曲线"命令对照片进行润饰。单击创建新的填充或调整图层按钮，在弹出的菜单中选择"曲线"命令，创建得到"曲线 1"调整图层，然后在"属性"面板中设置参数如图 11.9、图 11.10 和图 11.11 所示，从而进一步强化照片中的绿色，得到如图 11.12 所示的效果，此时的"图层"面板如图 11.13 所示。

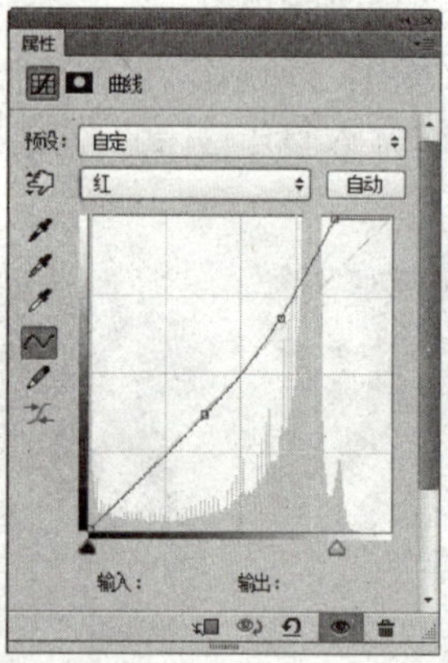

图 11.9
设置曲线参数 1

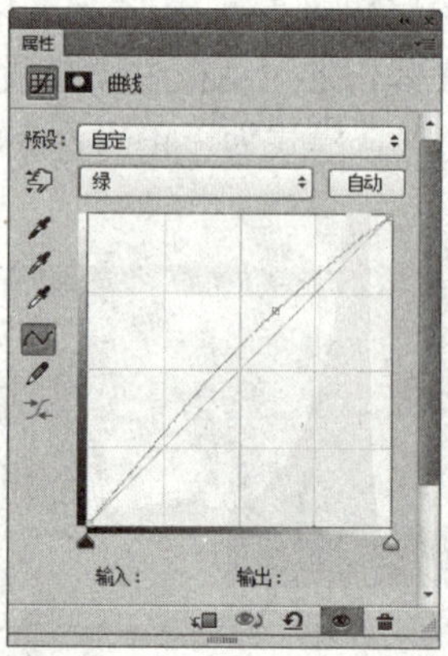

图 11.10
设置曲线参数 2

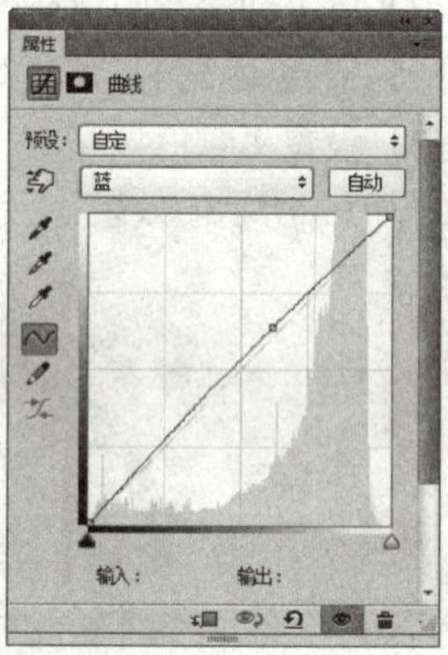

图 11.11
设置曲线参数 3

图 11.12
最终效果

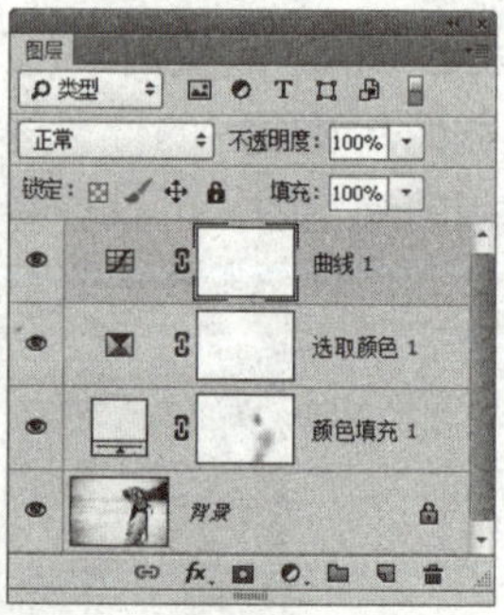

图 11.13
"图层"面板

11.2 照片修饰：制作数码照片的梦幻效果

例前导读：

日常生活中我们照了大量的照片，但总是感觉照片没有艺术感觉，本实例讲解如何制作数码照片的梦幻效果，学习了本实例的操作方法，就可以把自己的照片打造出梦幻的感觉了。当然，在处理的过程中，要注意根据自己照片的色调及色彩，进行适当的亮度及色彩的校正，才能够得到最佳的艺术效果。

核心技能：

- 应用"动感模糊"命令制作图像的模糊效果。
- 通过设置图层属性以混合图像。
- 利用图层蒙版功能隐藏不需要的图像。
- 应用调整图层的功能，调整图像的亮度、色彩等属性。

微视频：照片修饰——制作数码照片的梦幻效果

资源文件：
11.2.psd；
11.2-素材.jpg

操作步骤：

1) 打开本书配套课程网站中的资源文件"第 11 章\11.2-素材.jpg"。将"背景"图层拖至创建新图层按钮 ▫ 上，得到"背景 拷贝"图层，选择"滤镜"|"模糊"|"动感模糊"命令，在弹出的对话框中设置参数，如图 11.14 所示，得到的效果如图 11.15 所示。

2) 将"背景 拷贝"图层拖至创建新图层按钮 ▫ 上得到"背景 拷贝 2"图层，再次选择"滤镜"|"模糊"|"动感模糊"命令，在弹出的对话框中设置参数，如图 11.16 所示，以强化模糊效果，如图 11.17 所示。

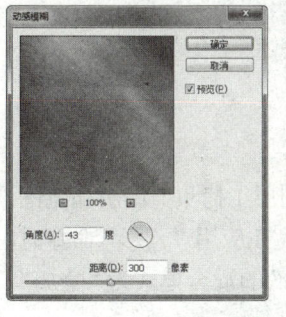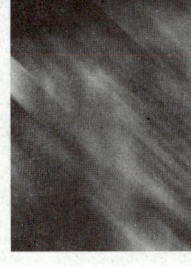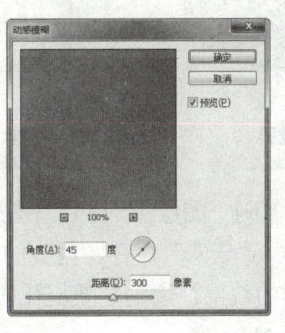

图 11.14　　　　图 11.15　　　　图 11.16　　　　图 11.17
"动感模糊"对话框　模糊后的效果　"动感模糊"对话框　模糊后的效果

3) 设置"背景 拷贝 2"的混合模式为"叠加"，以混合图像，如图 11.18 所示。按住【Shift】键，分别选择"背景 拷贝"和"背景 拷贝 2"图层，然后按【Ctrl+Alt+E】键执行"盖印"操作，从而将选中图层中的图像合并至一个新图层中，并将其重命名为"图层 1"。

4) 分别单击"背景 拷贝"和"背景 拷贝 2"图层前面的 ◉ 图标，以隐藏图层，此时"图层"面板如图 11.19 所示。设置"图层 1"的混合模式为"滤色"，以混合图像，如图 11.20 所示。

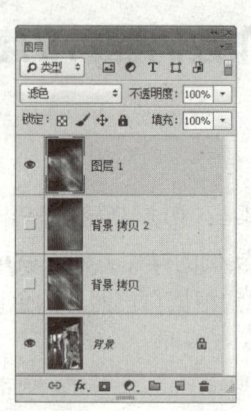

图 11.18　设置混合模式后的效果 1　　图 11.19　"图层"面板　　图 11.20　设置混合模式后的效果 2

5）单击添加图层蒙版按钮 ▢，为"图层 1"添加图层蒙版，设置前景色为黑色，选择画笔工具，并在其工具选项栏中设置适当的画笔大小，在人物图像中进行涂抹，从而将人物显示出来，如图 11.21 所示，此时蒙版中的状态及"图层"面板如图 11.22 所示。

图 11.21　添加图层蒙版后的效果　　图 11.22　蒙版中的状态及"图层"面板

6）按【Ctrl+J】键复制"图层 1"得到"图层 1 拷贝"，选择"图层 1 拷贝"图层缩览图，选择"滤镜"|"渲染"|"云彩"命令，得到的效果如图 11.23 所示。在应用"云彩"命令时，读者不必刻意追求一样的效果，因为是随机化的。设置"图层 1 拷贝"的混合模式为"叠加"，以混合图像，效果如图 11.24 所示。

7）新建"图层 2"，设置前景色为黑色，选择画笔工具 ✐，并在其工具选项栏中设置适当的画笔大小及不透明度，在画布的四周进行涂抹，得到的效果如图 11.25 所示。

8）按【Ctrl+Alt+Shift+E】键执行"盖印"操作，从而将当前所有可见的图像合并至一个新图层中，得到"图层 3"，设置"图层 3"的混合模式为"滤色"，以混合图像，得到的效果如图 11.26 所示。

9）单击添加图层蒙版按钮 ▢，为"图层 3"添加图层蒙版，选择画笔工具 ✐，并在其工具选项栏中设置适当的画笔大小，在图像中进行涂抹，以隐藏人物以外的区域，得到的效果如图 11.27 所示。此时蒙版中的状态如图 11.28 所示。

图 11.23
应用"云彩"命令后的效果

图 11.24
设置混合模式后的效果

图 11.25
涂抹后的效果

图 11.26
设置混合模式后的效果

图 11.27
添加图层蒙版后的效果

图 11.28
蒙版中的状态

10）按【Ctrl+Alt+Shift+E】键执行"盖印"操作，从而将当前所有可见的图像合并至一个新图层中，得到"图层4"。选择"滤镜"｜"锐化"｜"锐化"命令，如图11.29所示为"锐化"前后的效果对比。

11）按【Ctrl+J】键复制"图层4"得到"图层4拷贝"，设置的混合模式为"柔光"，以混合图像，效果如图11.30所示。此时"图层"面板如图11.31所示。

图 11.29
锐化前后的对比效果

图 11.30
设置混合模式后的效果

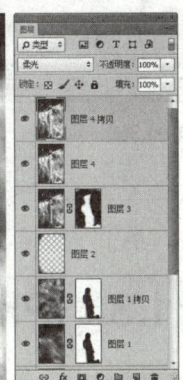
图 11.31
"图层"面板

笔 记

12）单击创建新的填充或调整图层按钮，在弹出的菜单中选择"曲线"命令，得到"曲线 1"，在弹出的面板中设置参数，如图 11.32 所示，使画面增加更多的暖色，如图 11.33 所示。

13）单击创建新的填充或调整图层按钮，在弹出的菜单中选择"色相 / 饱和度"命令，得到"色相 / 饱和度 1"，在弹出的面板中设置参数，如图 11.34 所示，以略降低一些画面的饱和度，如图 11.35 所示。

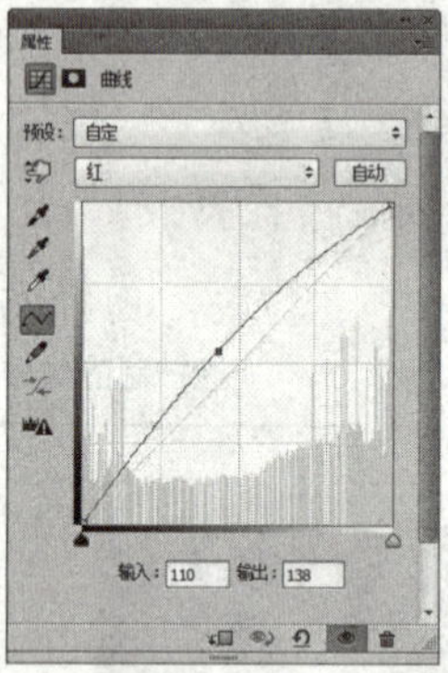

图 11.32 "曲线"面板

图 11.33 应用"曲线"命令后的效果

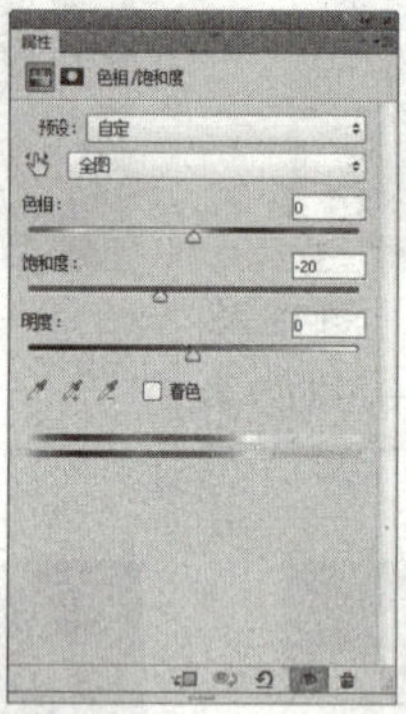

图 11.34 "色相 / 饱和度"面板

图 11.35 应用"色相 / 饱和度"命令后的效果

14）单击创建新的填充或调整图层按钮，在弹出的菜单中选择"曲线"命令，得到"曲线 2"，在弹出的面板中，分别选择"红"和"RGB"通道并设置其参数，如图 11.36 和图 11.37 所示，以进行最后的色彩调整，最终效果如图 11.38 所示，"图层"面板如图 11.39 所示。

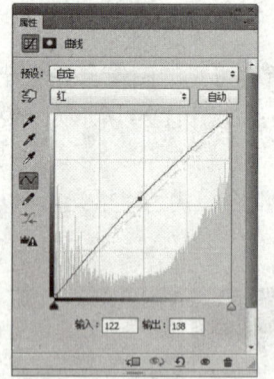
图 11.36 "红"选项

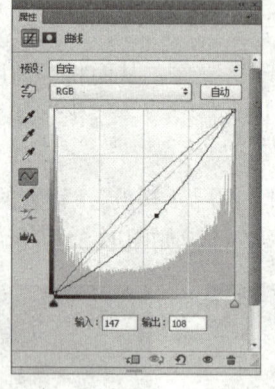
图 11.37 "RGB"选项

图 11.38 最终效果

图 11.39 "图层"面板

11.3　iPhone 6S桌面主题UI设计

例前导读：

在本例中，将设计一款 iPhone 6S 的桌面主题 UI。在设计风格上，采用目前最为流行的简约风格，具体来说就是模糊背景、半透明效果及扁平且简约的图标等。在制作时，主要是结合 Photoshop 中的位图与矢量图绘制功能，辅以简洁的文字和图像来完成。

核心技能：

- 使用画笔工具绘制不同颜色的柔和图像
- 使用矩形工具与圆角矩形工具绘制简约图形
- 使用"高斯模糊"滤镜制作模糊效果
- 结合图层混合模式与图层蒙版进行图像融合
- 利用变换功能改变对象大小

操作步骤：

1）在正式设计 UI 之前，除了在前期进行草图规划、完善各界面之间的跳转逻辑等工作外，还有必要整体的尺寸有一个规划。其中有些尺寸是需要固定不变的，而有些尺寸则有一个约定俗成的数值，以 IOS 手机系统为例，在 iPhone 各系列典型产品中，可参考图 11.40 所示的尺寸进行设计。

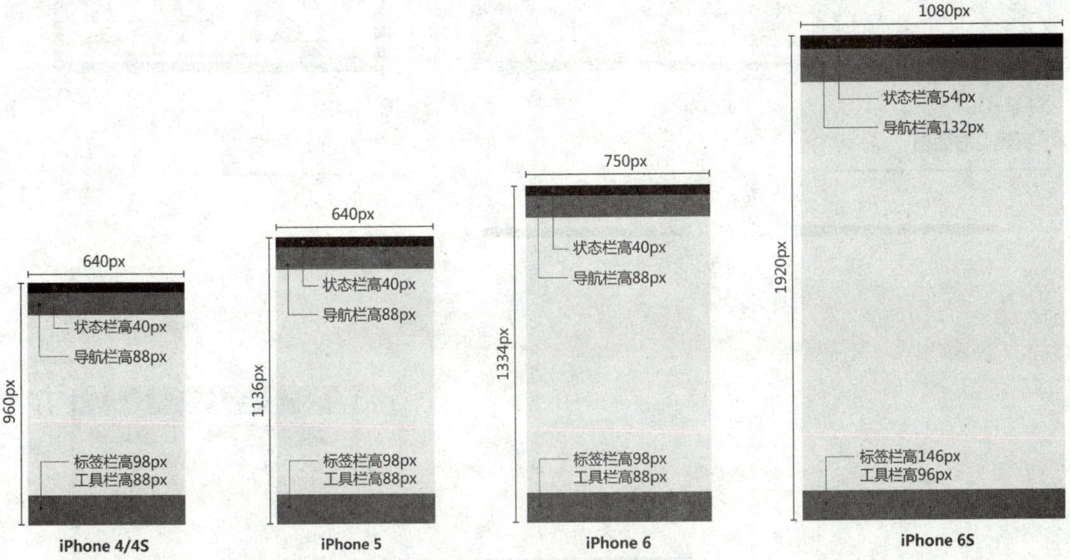

图 11.40 尺寸设计参考

2）在上面的图示中，各组成部分的宽度是随 iPhone 手机的不同而变化，在高度上，状态栏和导航栏的高度通常是固定不变的；底部标签栏或工具栏的高度，只有 6S 的高度略有差异，但这个尺寸是可以根据实际需要进行一定修改的，例如在本例的设计中，高度就超过了上面标示的数值。

3）在了解了基本的尺寸数据后，下面来正式开始进行 UI 设计。首先，按【Ctrl+N】键新建一个文件，在本例中，是以 iPhone 6S 手机为例，因此在设置弹出的对话框中将按照 1 920 px×1 080 px 的尺寸进行设置，如图 11.41 所示。

4）下面来按照前面的示意，添加必要的界面元素。由于本例中不存在导航栏，工具栏的高度的又是自定义的，因此只需要确定一下顶部状态栏即可。首先，设置前景色为黑色，选择矩形工具，并在其工具选项栏上选择"形状"选项，然后在画布中单击，设置弹出的

笔 记

对话框如图 11.42 所示。

5）单击"确定"按钮退出对话框，创建得到一个矩形，并将其置于顶部的位置，如图 11.43 所示，同时得到图层"矩形 1"。

6）按照上一步的方法，再创建一个尺寸为 1 080 px×240 px 的黑色矩形，并将其置于界面的底部，如图 11.44 所示，同时得到图层"矩形 2"。

7）下面来制作界面的基本背景。选择"背景"图层，单击创建新的填充或调整图层按钮 ，在弹出的菜单中选择"渐变"命令，设置弹出的对话框如图 11.45 所示，得到如图 11.46 所示的效果，同时得到图层"渐变填充 1"。

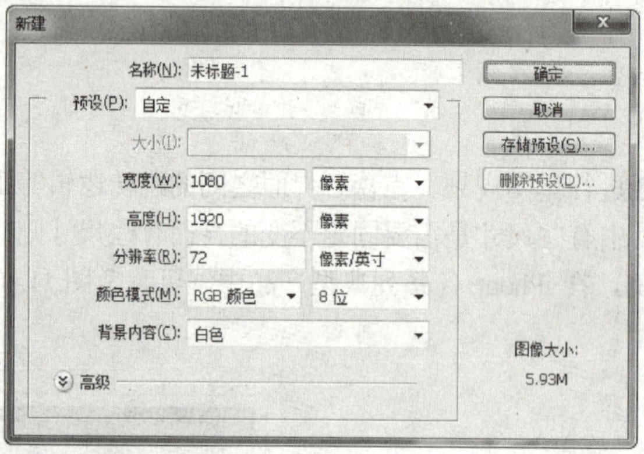

图 11.41
"新建"对话框

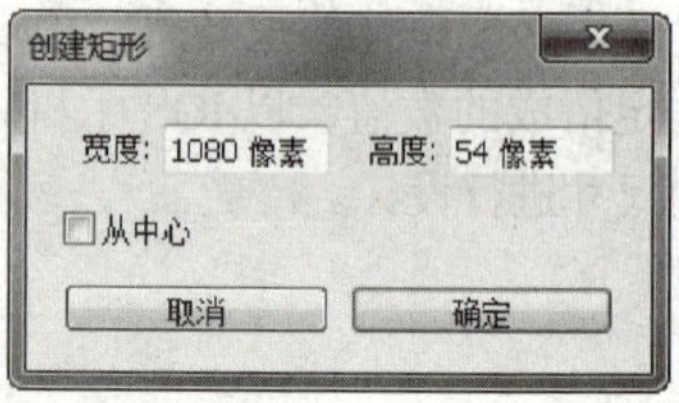

图 11.42
"创建矩形"对话框

图 11.43
绘制状态栏

图 11.44
绘制底部工具栏

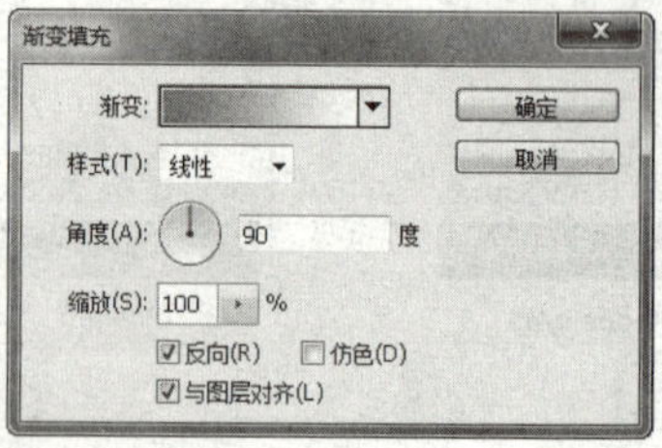

图 11.45
"渐变填充"对话框

> **提 示**
>
> 在"渐变填充"对话框中，所使用的渐变从左至右各个色标的颜色值依次为白色和 339fef。

8）下面来添加一个素材图像。打开本书配套课程网站中的资源文件"第 11 章\11.3- 素材 1.psd"，并将其拖至 UI 设计文件中，得到"图层 1"，并将其置于底部黑色矩形的上方，如图 11.47 所示。

9）下面来在当前图像效果的基础上，进一步完善背景。选择图层"渐变填充 1"，新建一个图层得到"图层 2",设置前景色的颜色值为 7b2dd5,选择画笔工具 并设置适当画笔大小及不透明度,在背景上涂抹,直至得到类似如图 11.48 所示的效果。

10)按照上一步的方法,继续使用颜色 d8bbe7、7030ab、0066ff、7030ab 和 f3f2de 分别进行涂抹,直至得到类似如图 11.49 所示的效果,此时的"图层"面板如图 11.50 所示。

资源文件:
11.3- 素材 1.psd;
11.3- 素材 2.psd;
11.3- 素材 3.psd

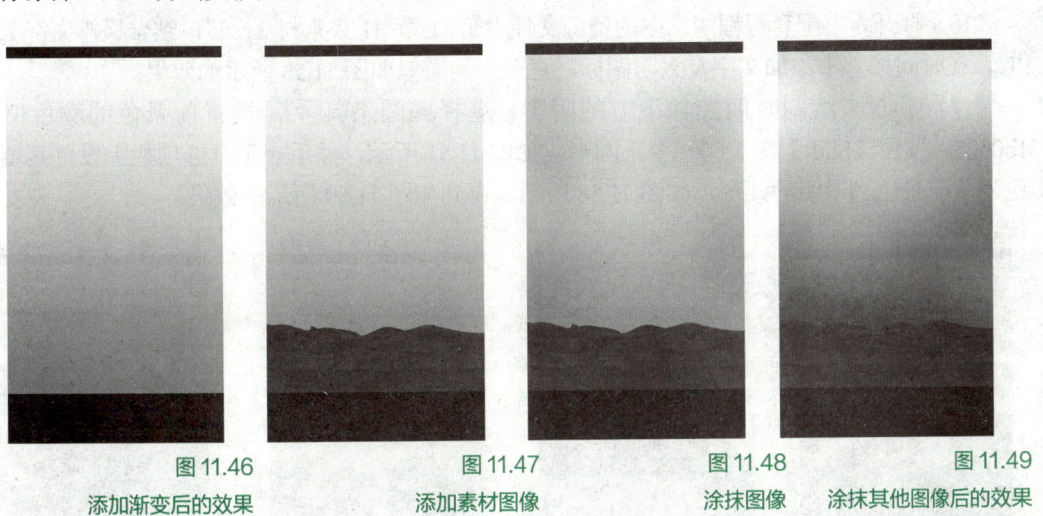

图 11.46 添加渐变后的效果
图 11.47 添加素材图像
图 11.48 涂抹图像
图 11.49 涂抹其他图像后的效果

11)下面来制作界面上方的时间控件。首先,设置前景色的颜色值为 1a0021,选择圆角矩形工具 ,在其工具选项栏上选择"形状"选项,并设置"半径"数值为 30,在画布中绘制圆角矩形,如图 11.51 所示,同时得到图层"圆角矩形 1"。

12)设置图层"圆角矩形 1"的不透明度为 40%,得到如图 11.52 所示的效果。

13)复制"圆角矩形 1"得到"圆角矩形 1 拷贝",选择矩形工具 ,设置前景色的颜色值为 1a0021,并在其工具选项栏上选择"形状"和"与形状区域相交"选项,再在圆角矩形的左侧绘制一个如图 11.53 所示的矩形,同进得到图层"矩形 2"。

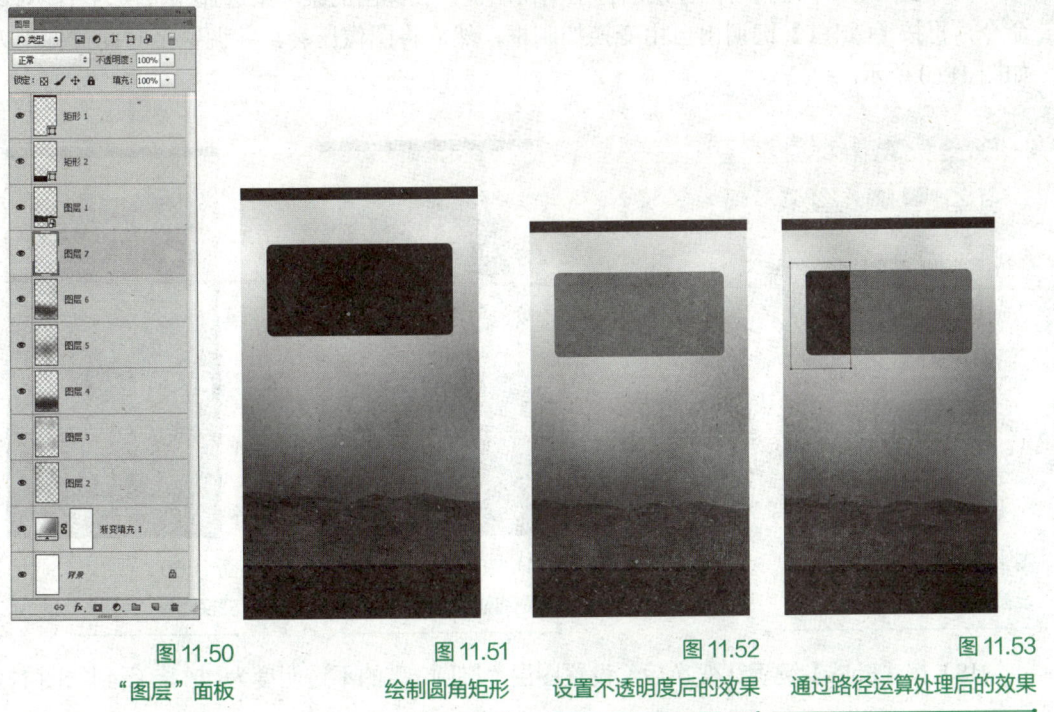

图 11.50 "图层"面板
图 11.51 绘制圆角矩形
图 11.52 设置不透明度后的效果
图 11.53 通过路径运算处理后的效果

14）设置"矩形 2"图层的不透明度为 20%，得到如图 11.54 所示的效果。

15）下面来绘制两个相交图形上的分割线。设置前景色的颜色值为 a18da6，选择直线工具，在其工具选项栏上选择"形状"选项，然后分别在水平和垂直方向上绘制如图 11.55 所示的分割线，同时得到图层"形状 1"。

16）打开本书配套课程网站中的资源文件"第 11 章 \11.3- 素材 2.psd"，结合横排文字工具，在时间控件中添加文字及太阳图标，直至得到类似如图 11.56 所示的效果。

17）下面来绘制时间控件下方的阴影。选择椭圆工具，设置前景色的颜色值为 1b0025，按住【Shift】键绘制一个正圆形，如图 11.57 所示，然后在工具选项栏上设置其填充色为从前景色到透明的渐变，如图 11.58 所示，得到如图 11.59 所示的效果。

图 11.54　设置不透明度后的效果

图 11.55　绘制分割线

图 11.56　添加素材及文字后的效果

图 11.57　绘制圆形

18）在图层"椭圆 1"的图层名称上单击右键，在弹出的菜单中选择"转换为智能对象"命令，再按【Ctrl+T】键调出自由变换控制框，然后将图像压扁，并调整至时间控件下方，如图 11.60 所示。

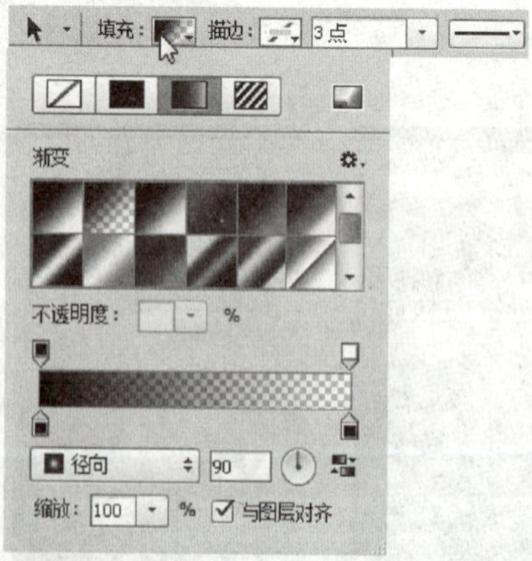

图 11.58　设置渐变

图 11.59　设置径向渐变后的效果

图 11.60　变换图像

19）按【Enter】键确认变换后，设置图层"椭圆 1"的不透明度为 40%，得到如图 11.61
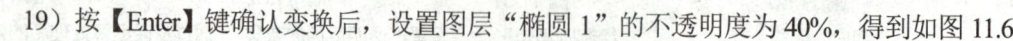

所示的效果。

20）下面来制作底部的工具栏。首先，选择图层"矩形 2"并设置其不透明度为 15%，得到如图 11.62 所示的效果。

21）复制"图层 1"得到"图层 1 拷贝"，并将其置于"图层 1"下方，再按 ctrl 键单击"矩形 2"的缩略图以载入其选区，选择"滤镜—模糊—高斯模糊"命令，设置弹出的对话框中设置参数为 20，单击"确定"按钮退出对话框，按【Ctrl+D】键取消选区，得到如图 11.63 所示的效果。

图 11.61
设置不透明度后的效果

图 11.62
调整底部图像透明度后的效果

图 11.63
模糊后的效果

22）打开本书配套课程网站中的资源文件"第 11 章\11.3- 素材 3.psd"，将其中的素材图标拖至 UI 设计文件中，分别调整好其位置和大小，并设置适当的不透明度，直至得到如图 11.64 所示的最终效果，此时的"图层"面板如图 11.65 所示。

图 11.64
最终效果

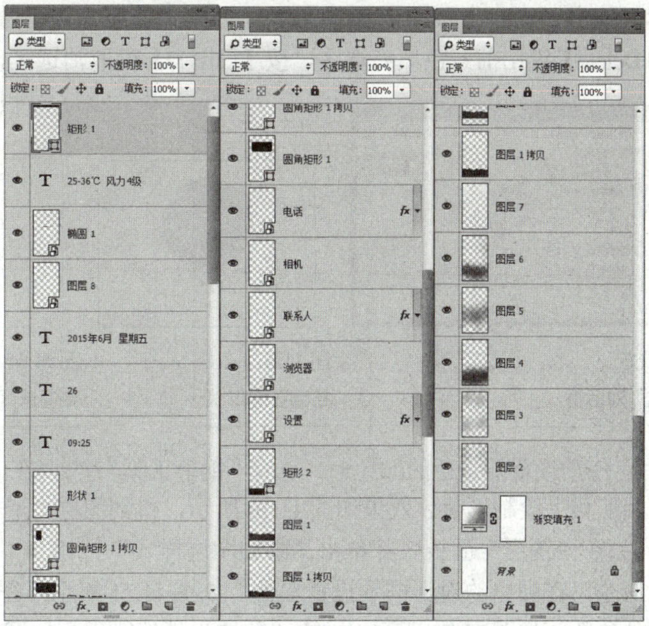

图 11.65
"图层"面板

11.4 金属质感标志设计

例前导读：

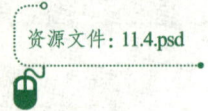

本例是一款媒体的标志设计。通过圆形表现地球，比喻该媒体的流传之广泛；主色采用红色，体现了该媒体的火爆程度；文字的设计为标志的整体效果增添了几分严肃性。

核心技能：

- 使用形状工具绘制形状。
- 执行"羽化选区"操作创建具有柔和边缘的选区。
- 添加图层样式，制作图像的渐变、投影等效果。
- 利用图层蒙版功能隐藏不需要的图像。
- 应用路径工具绘制路径。

操作步骤：

1）按【Ctrl+N】键新建一个空白文件，在弹出的对话框中设置参数，如图 11.66 所示，单击"确定"按钮退出对话框。设置前景色的颜色值为 fe7040，选择"椭圆工具" 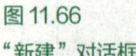，在工具选项栏中选择"形状"选项，按住【Shift】键在画布的中间绘制正圆形状，效果如图 11.67 所示，得到图层"椭圆 1"。

2）按住【Ctrl】键单击图层"椭圆 1"的图层缩览图以载入其选区，执行"选择"|"变换选区"命令调出变换选区控制框，按住【Alt+Shift+T】键向下拖动控制框右上角的控制手柄以缩小选区，如图 11.68 所示，按【Enter】键确认变换操作。

3）按【Shift+F6】键执行"羽化选区"操作，在弹出的对话框中设置"羽化半径"为 7 像素，单击"确定"按钮，新建图层，得到"图层 1"。设置前景色的颜色值为 ff4206，按【Alt+Delete】键用前景色填充选区，按【Ctrl+D】键取消选区，得到如图 11.69 所示的效果。

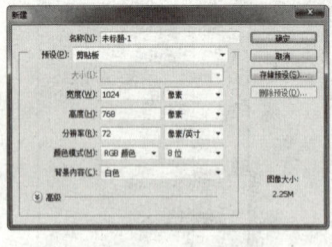
图 11.66
"新建"对话框

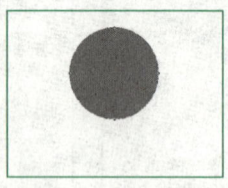
图 11.67
绘制正圆形状

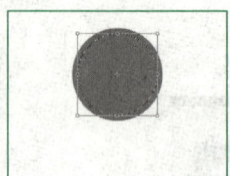
图 11.68
变换选区

图 11.69
填充前景色后的效果

4）任意设置前景色的颜色值，选择"钢笔工具"，在工具选项栏中选择"形状"选项，在正圆形状上绘制形状，效果如图 11.70 所示，得到图层"形状 1"。

5）在"图层"面板底部单击"添加图层样式"按钮，在弹出的菜单中选择"渐变叠加"命令，在弹出的对话框中设置参数，如图 11.71 所示；在该对话框中选择"投影"选项，设置其参数，如图 11.72 所示，单击"确定"按钮，得到如图 11.73 所示的金属效果。

11.4 金属质感标志设计　　305

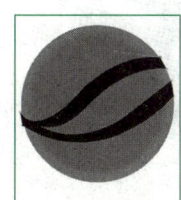
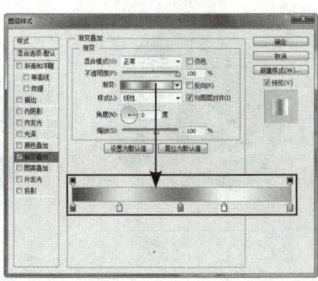
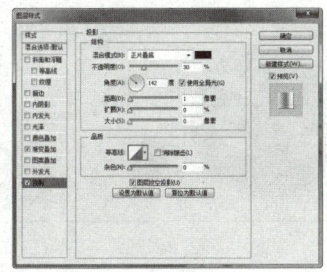

图 11.70　　　　　图 11.71　　　　　　图 11.72　　　　　图 11.73
绘制形状　　　"渐变叠加"图层样　　"投影"图层样式参　　应用图层样式
　　　　　　　式参数设置　　　　　数设置　　　　　　后的效果

> **提　示**
>
> 在"渐变叠加"图层样式参数设置中，设置渐变各色标的颜色值从左至右分别为 707070、ededed、a6a6a6、ffffff 和 c5c5c5。下面继续绘制形状。

6）任意设置前景色的颜色值，选择"钢笔工具" ，在工具选项栏中选择"形状"选项，在金属形状内侧绘制形状，效果如图 11.74 所示，同时得到图层"形状 2"。

7）再次单击"添加图层样式"按钮 ，在弹出的菜单中选择"渐变叠加"命令，在弹出的对话框中设置参数，如图 11.75 所示，单击"确定"按钮，得到如图 11.76 所示的效果。

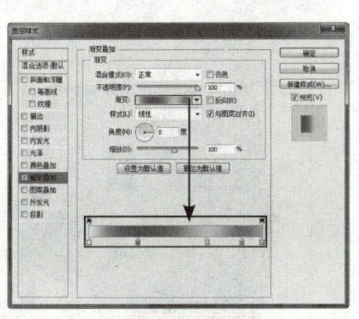

图 11.74　　　　　　图 11.75　　　　　　　　图 11.76
绘制形状　　　　"渐变叠加"图层样式参数设置　　应用图层样式后的效果

> **提　示**
>
> 在"渐变叠加"对话框中，设置渐变各色标的颜色值从左至右分别为 ededed、7e7d7d、d3d3d3、9c9c9c 和 bebebe。

8）在"图层"面板底部单击"添加图层蒙版"按钮 ，为图层"形状 2"添加图层蒙版。设置前景色为黑色，选择"画笔工具" ，在工具选项栏中设置适当的画笔大小和不透明度，对形状的左侧进行涂抹以将其虚化，得到如图 11.77 所示的效果及图层蒙版中的状态。

9）任意设置前景色的颜色值，选择"钢笔工具" ，在工具选项栏中选择"形状"选项，在金属形状外侧绘制形状，效果如图 11.78 所示，同时得到图层"形状 3"。

10）在图层"形状 2"的图层名称上单击鼠标右键，在弹出的菜单中选择"拷贝图层样式"命令，在图层"形状 3"的图层名称上单击鼠标右键，在弹出的菜单中选择"粘贴图层样式"命令，为图层"形状 3"添加图层样式，得到如图 11.79 所示的效果。

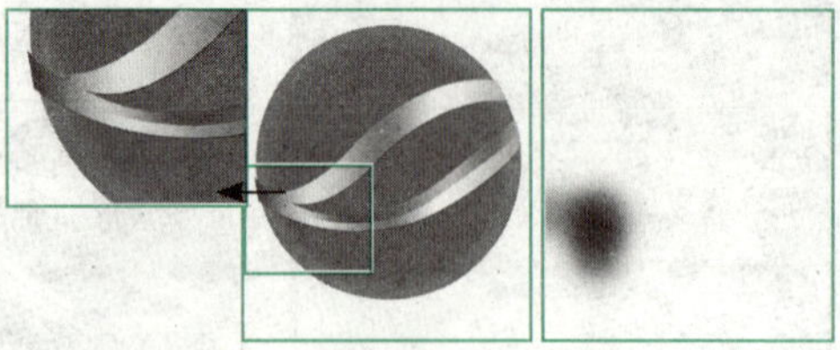

图 11.77
添加图层蒙版并进行涂抹后的效
果及图层蒙版中的状态

图 11.78
绘制形状

图 11.79
复制粘贴图层样式后的效果

11）再次单击"添加图层蒙版"按钮 ，为图层"形状 3"添加图层蒙版。设置前景色为黑色，选择"画笔工具" ，在工具选项栏中设置适当的画笔大小和不透明度，对形状的左侧进行涂抹以将其虚化，得到如图 11.80 所示的效果及图层蒙版中的状态。

12）设置前景色的颜色值为 3c3c3c，选择"钢笔工具" ，在工具选项栏中选择"形状"选项，在圆形的左侧绘制如图 11.81 所示的形状，使其看起来像是金属条的转折面，同时得到图层"形状 4"，此时的"图层"面板如图 11.82 所示。

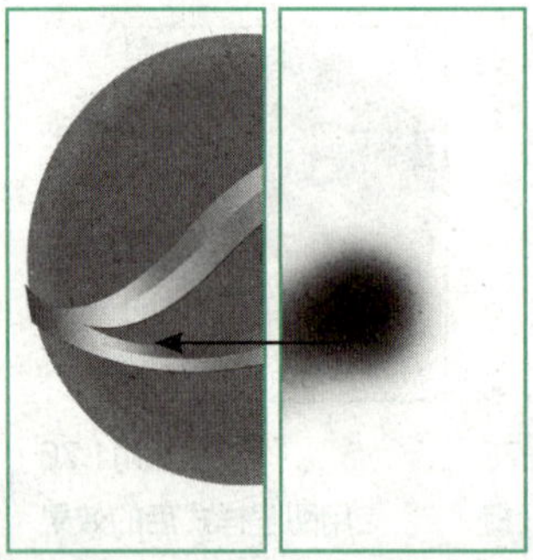

图 11.80
添加图层蒙版并进行涂抹后的效
果及图层蒙版中的状态

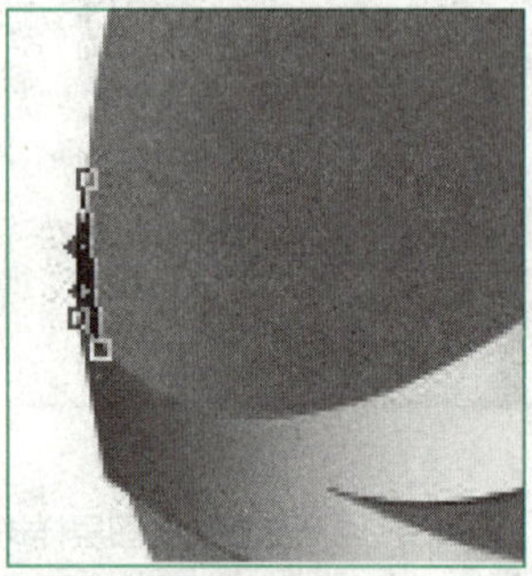

图 11.81
绘制形状

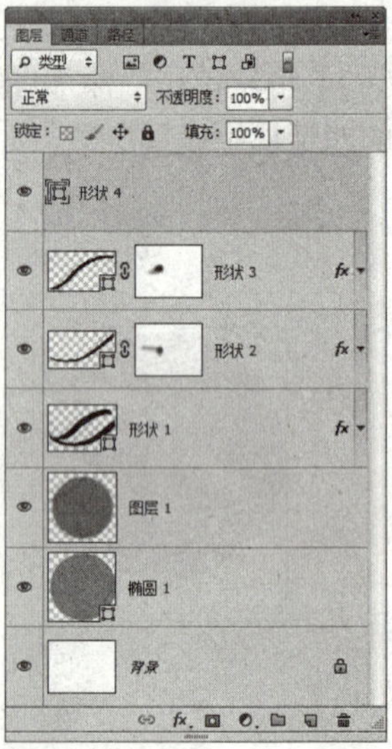

图 11.82
"图层"面板

13）新建图层，得到"图层 2"，将其拖至"图层 1"的上方。选择"椭圆选框工具" ，在圆形的中间位置绘制椭圆选区，效果如图 11.83 所示，按【Shift+F6】键执行"羽化选区"操作，在弹出的对话框中设置"羽化半径"为 18 像素，单击"确定"按钮。

14）保持选区，设置前景色为白色，按【Alt+Delete】键用前景色填充选区，按【Ctrl+D】键取消选区，得到如图 11.84 所示的效果。

15）任意设置前景色的颜色值，选择"钢笔工具" ，在工具选项栏中选择"形状"选项，在金属条的中间位置绘制形状，效果如图 11.85 所示，同时得到图层"形状 5"。

16）在"图层"面板底部单击"添加图层样式"按钮 ，在弹出的菜单中选择"渐变叠加"命令，在弹出的对话框中设置参数，如图 11.86 所示；在该对话框中选择"内阴影"命令，设置其参数，如图 11.87 所示，单击"确定"按钮，得到如图 11.88 所示的效果。

图 11.83
绘制椭圆选区

图 11.84
填充前景色后的效果

图 11.85
绘制形状

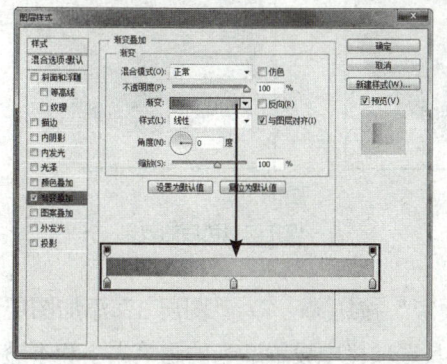

图 11.86
"渐变叠加"图层样式参数设置

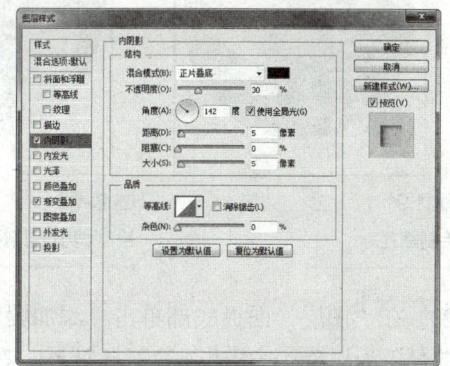

图 11.87
"内阴影"图层样式参数设置

> **提 示**
>
> 在"渐变叠加"图层样式参数设置中，设置渐变各色标的颜色值从左至右分别为 ff4206、ffc30c 和 feb706。下面绘制形状及添加亮面效果。

17）设置前景色为白色，选择"钢笔工具" ，在工具选项栏中选择"形状"选项，在圆形的左侧绘制形状，效果如图 11.89 所示，同时得到图层"形状 6"，设置其"不透明度"为 10%，得到如图 11.90 所示的效果。

图 11.88
应用图层样式后的效果

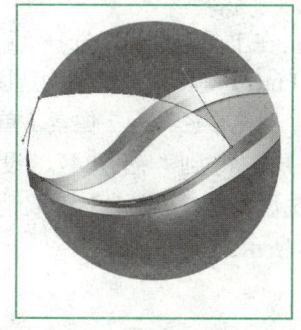

图 11.89
绘制形状

图 11.90
设置图层属性后的效果

18）选择"椭圆工具" ，在工具选项栏中选择"路径"选项，在圆形中绘制椭圆路径，效果如图11.91所示；在工具选项栏中选择"减去顶层形状"选项 ，再绘制稍小的椭圆路径，效果如图11.92所示。

19）按【Ctrl+Enter】键将路径转换为选区，按【Shift+F6】键执行"羽化选区"操作，在弹出的对话框中设置"羽化半径"为7像素，单击"确定"按钮。新建图层，得到"图层3"。设置前景色的颜色值为ffee03，按【Alt+Delete】键用前景色填充选区，按【Ctrl+D】键取消选区，得到如图11.93所示的效果。

图 11.91
绘制路径

图 11.92
绘制稍小的路径

图 11.93
填充前景色后的效果

20）在"图层"面板底部单击"添加图层蒙版"按钮 ，为"图层3"添加图层蒙版。设置前景色为黑色，选择"画笔工具" ，在工具选项栏中设置适当的画笔大小和不透明度，对图像的边缘进行涂抹以将其虚化，得到如图11.94所示的效果及图层蒙版中的状态。

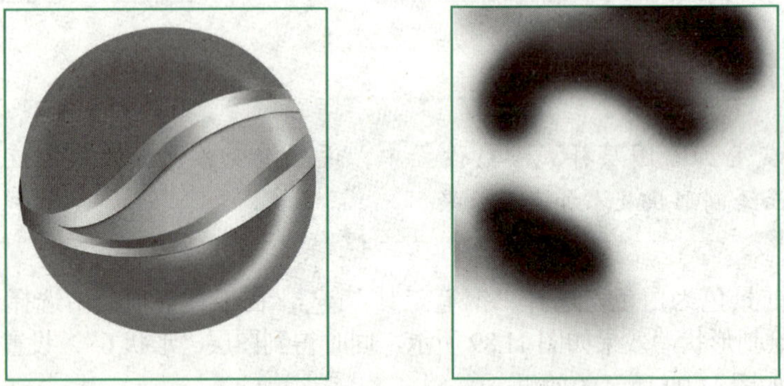

图 11.94
添加图层蒙版并进行涂抹后的效果及图层蒙版中的状态

21）选择"钢笔工具" ，在工具选项栏中选择"路径"选项，在圆形的上方绘制路径，效果如图11.95所示。按【Ctrl+Enter】键将路径转换为选区，按【Shift+F6】键执行"羽化选区"操作，在弹出的对话框中设置"羽化半径"为2像素，单击"确定"按钮。

22）保持选区，新建图层，得到"图层4"。设置前景色的颜色值为ffc407，按【Alt+Delete】键用前景色填充选区，按【Ctrl+D】键取消选区，得到如图11.96所示的效果，此时的"图层"面板如图11.97所示。

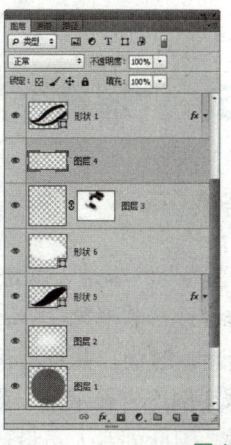

图 11.95 绘制路径　　图 11.96 填充前景色后的效果　　图 11.97 "图层"面板

23）选择最上方的图层作为当前的工作图层，设置前景色的颜色值为 ff0000，选择"横排文字工具" 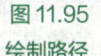，在工具选项栏中设置适当的字体与字号，在圆形的下方输入文字，效果如图 11.98 所示，得到相应的文字图层。在文字图层的图层名称上单击鼠标右键，在弹出的菜单中选择"转换为形状"命令，将得到的图层重命名为"类型形状"。

提 示

对文字执行"转换为形状"命令，是为了下面对文字的形态进行编辑。

24）使用"直接选择工具"，选择字母"A"中的一横并将其删除，然后调整路径，按【Esc】键退出对图层"类型形状"的编辑状态。设置前景色为黑色，选择"钢笔工具"，在工具选项栏中选择"形状"选项，在字母"A"的下方绘制三角形形状，效果如图 11.99 所示，同时得到图层"形状 7"。

25）设置前景色的颜色值为 bebebe，选择"横排文字工具"，在主题文字的下方输入相关的文字，得到如图 11.100 所示的最终效果，此时的"图层"面板如图 11.101 所示。

图 11.98 输入文字　　图 11.99 编辑文字形态及绘制形状后的效果

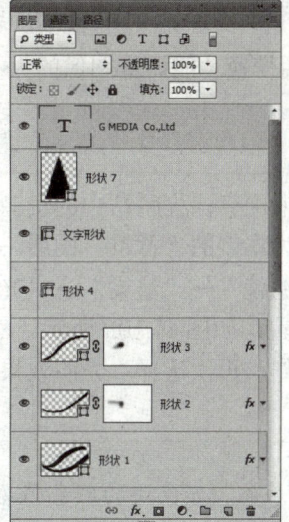

图 11.100 最终效果　　图 11.101 "图层"面板

11.5 "遥客"汽车主题广告

例前导读：

"遥客"汽车是一款定位于年轻人的汽车，有美观的外形与时尚的内饰，广告主希望针对夏季设计一款形象广告，要感性诉求为主，体现该汽车具有的休闲、娱乐特质，要求设计风格清新、时尚，并且具有夏季休闲的感觉。

本案例广告展示了一款定位于年轻人的休闲汽车的创意制作过程。由于汽车广告发布时值夏季，因此创意人员设计了一款具有热带风情的广告，广告最大的亮点是大量运用了矢量图形，这些围绕汽车的颜色鲜艳、动感十足、造型简洁的浪花、椰树、沙滩矢量图形不仅在颜色与造型方面极符合当下年轻人的审美倾向，而且具体内涵也贴近他们对假日的期望，无形之中使他们对广告主角——汽车产生了好感。

核心技能：

- 利用"光照效果"命令，制作图像的光照效果。
- 利用添加图层蒙版功能隐藏不需要的图像。
- 应用"色彩平衡"命令调整图像的色彩。
- 利用创建剪贴蒙版功能限制图像的显示范围。
- 通过设置图层的属性融合图像。
- 利用加深工具 及减淡工具 ，加深及提亮图像。
- 利用"盖印"命令合并可见图层中的图像。
- 应用形状工具绘制形状。
- 应用钢笔工具 绘制路径。
- 应用"外发光"添加图层样式制作图像的发光效果。
- 应用变换功能调整图像的大小、角度及位置。

操作步骤：

- 打开本书配套课程网站中的资源文件"第 11 章\11.5- 素材 1.psd"，如图 11.102 所示。将其作为本例的"背景"图层。
- 选择"滤镜"→"渲染"→"光照效果"命令，在面板中设置参数并在画布中移动光圈的位置，如图 11.103 所示。然后在工具选项栏中单击"确定"按钮退出。重复本步的操作，再次选择"光照效果"命令，设置如图 11.104 所示。

> **提示**
> 在"光照效果"面板中，"着色"颜色块的颜色值为 #F6F796。

图 11.102
素材图像

图 11.103
"光照效果"面板及光圈位置 2

> **提 示**
> 下面结合素材图像，通过设置图层属性以及添加蒙版等功能，制作左侧光线效果。

- 打开本书配套课程网站中的资源文件"第 11 章\11.5- 素材 2.psd"，使用移动工具，将其拖至刚制作文件中，得到"图层 1"。按【Ctrl+T】键调出自由变换控制框，按住【Shift】键向内拖动控制句柄以缩小图像、角度（-11°）及移动位置，按【Enter】键确认操作，得到的效果如图 11.105 所示。

- 按住【Alt】键单击"添加图层蒙版"按钮 为"图层 1"添加蒙版，选择钢笔工具，在工具选项栏上选择"路径"选项，在汽车的顶部绘制如图 11.106 所示的路径。按【Ctrl+Enter】键将路径转换为选区，按【Ctrl+Shift+I】键执行"反向"操作，以反向选择当前的选区。设置前景色为白色，按【Alt+Delete】键以填充前景色，接着按【Ctrl+D】键取消选区，此时得到的效果如图 11.107 所示。

图 11.104
"光照效果"面板及光圈位置 1

图 11.105
调整图像

图 11.106
绘制路径

- 接着，设置前景色为黑色，选择画笔工具，并在其工具选项栏中设置适当的画笔大小及不透明度，在蒙版中涂抹，以将光线以外的部分图像隐藏，直至得到如图 11.108 所示的效果。此时蒙版中的状态如图 11.109 所示。

> **提 示**
> 用画笔在涂抹蒙版时，如果需要规则的区域，可以配合【Shift】键进行涂抹，这样可以涂抹出直线，方法是在开始位置处单击鼠标，然后将鼠标移至另一处，按住【Shift】键单击即可。

笔记

图 11.107
添加图层蒙版后的效果

图 11.108
继续编辑蒙版后的效果

图 11.109
图层蒙版中的状态

⑥ 调整图像的色彩。单击"创建新的填充或调整图层"按钮，在弹出的菜单中选择"色彩平衡"命令，得到"色彩平衡 1"，设置弹出的面板（图 11.110 和图 11.111），同时得到如图 11.112 所示的效果。

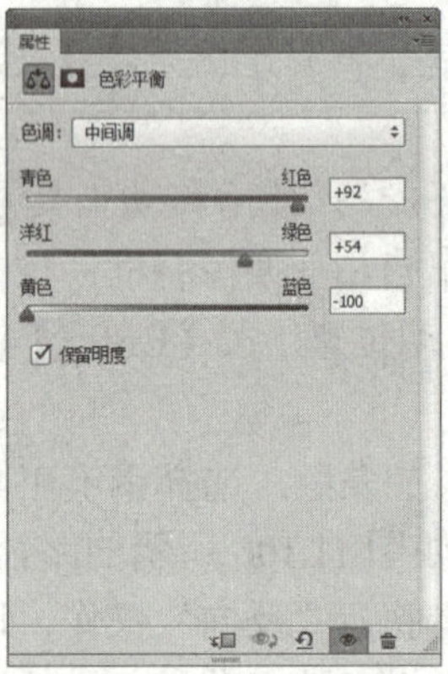

图 11.110
"色彩平衡"面板"中间调"选项

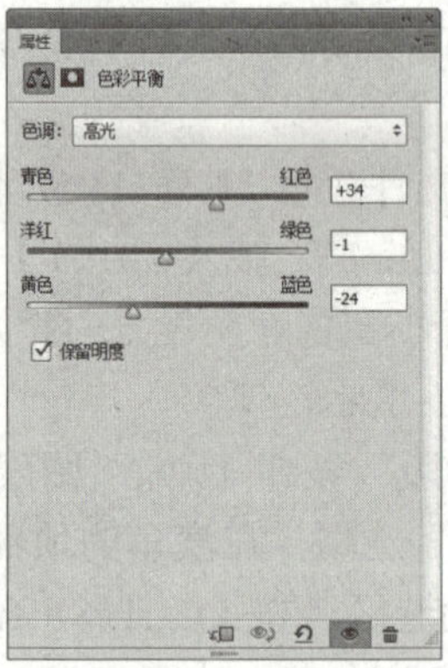

图 11.111
"色彩平衡"面板"高光"选项

图 11.112
应用"色彩平衡"后的效果

⑦ 按住【Alt】键将"图层 1"拖至所有图层上方，得到"图层 1 拷贝"，结合自由变换控制框调整图像角度（+13°），并移至文件左上方位置，如图 1.113 所示。

⑧ 激活"图层 1 拷贝"图层蒙版缩览图，设置前景色为黑色，选择画笔工具，并在其工具选项栏中设置适当的画笔大小及不透明度，在蒙版中涂抹，以将车顶上方的部分图像隐藏，得到的效果如图 11.114 所示。此时蒙版中的状态如图 11.115 所示。设置当前图层的混合模式为"点光"，得到的效果如图 11.116 所示。"图层"面板如图 11.117 所示。

图 11.113
复制及调整图像

图 11.114
继续编辑蒙版后的效果

图 11.115
图层蒙版中的状态

  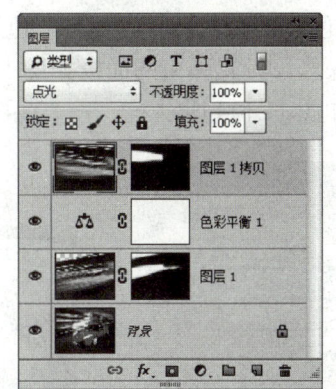

图 11.116 设置混合模式后的效果

图 11.117 "图层"面板

⑨ 选中"图层 1"～"图层 1 拷贝",按【Ctrl+G】键执行"图层编组"操作,得到"组 1",并将其重命名为"左侧光线"。

> **提 示**
> 下面制作汽车图像的光线效果。

⑩ 按住【Alt】键将"图层 1 拷贝"拖至所有图层上方,得到"图层 1 拷贝 2",选择其图层蒙版缩览图,单击右键,在弹出的菜单中选择"应用图层蒙版"命令,结合自由变换控制框调整图像的大小、角度(-72°),并移至汽车的前方,如图 11.118 所示。

⑪ 单击"添加图层蒙版"按钮 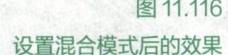 为"图层 1 拷贝 2"添加蒙版,设置前景色为黑色,选择画笔工具,在其工具选项栏中设置适当的画笔大小及不透明度,在图层蒙版中进行涂抹,将除前盖侧面以外的图像隐藏起来,直至得到如图 11.119 所示的效果。更改当前图层的混合模式为"颜色减淡",得到的效果如图 11.120 所示。

⑫ 制作汽车前盖上面的光线效果。按照第⑩步～第⑪步的操作方法,结合复制图层,应用图层蒙版,添加图层蒙版,设置图层混合模式等功能,制作汽车前盖上面的光线效果,得到如图 11.121 所示效果。同时得到"图层 1 拷贝 3"。

> **提 示**
> 本步骤设置了"图层 1 拷贝 3"的混合模式为"变亮"。

图 11.118 复制及调整图像

图 11.119 添加图层蒙版后的效果

图 11.120 设置混合模式后的效果

图 11.121 制作前壳上面的光线效果

⑬ 调整图像的色彩。单击"创建新的填充或调整图层"按钮,在弹出的菜单中选择

> **笔记**

"色彩平衡"命令,得到"色彩平衡 2",按【Ctrl+Alt+G】键执行"创建剪贴蒙版"操作,设置弹出的面板如图 11.122 所示,得到如图 11.123 所示的效果。"图层"面板如图 11.124 所示。

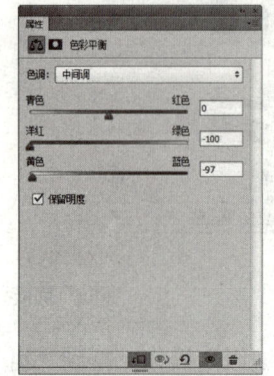
图 11.122
"色彩平衡"面板
"中间调"选项

图 11.123
应用"色彩平衡"后的效果

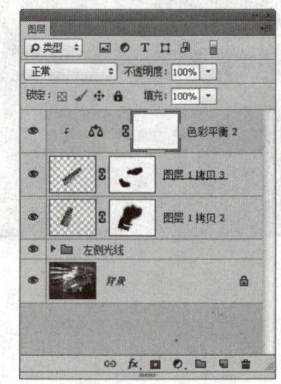
图 11.124
"图层"面板

- 结合复制图层、应用图层蒙版、添加图层蒙版等功能,制作挡风玻璃上面的光线效果,如图 11.125 所示。同时得到"图层 1 拷贝 4"。"图层"面板如图 11.126 所示。

> **提 示**
> 至此,汽车图像的光线效果已制作完成。下面制作图像的暗调及高光效果。

- 按【Ctrl+Alt+Shift+E】键执行"盖印"操作,从而将当前所有可见的图像合并至一个新图层中,得到"图层 2"。
- 选择加深工具,设置其工具选项栏为。在图像中进行涂抹,以加深四周的图像,直至得到类似如图 11.127 所示的效果。图 11.128 所示为涂抹前状态。

图 11.125
制作挡风玻璃上面的光线效果

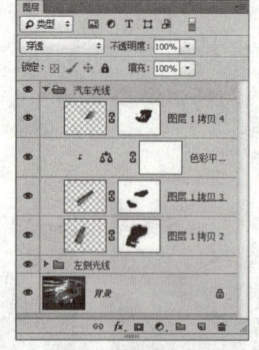
图 11.126
"图层"面板

图 11.127
涂抹效果

> **提 示**
> 在应用加深工具涂抹的过程中,要不断地改变画笔的大小及不透明度,以得到所需的图像。下面应用减淡工具涂抹时也是如此。

⑰ 选择减淡工具，设置其工具选项栏为：　　　　　　　。在图像中进行涂抹，以提亮光线及汽车两侧地面的图像，如图 11.129 所示。

⑱ 结合素材图像，利用设置图层混合模式以及添加图层蒙版等功能，制作文件上方的装饰图像，如图 11.130 所示。同时得到"图层 3"和"图层 3 拷贝"。"图层"面板如图 11.131 所示。

图 11.128　涂抹前状态　　　　图 11.129　涂抹效果　　　　图 11.130　制作装饰图像

提 示

本步骤所应用到的素材图像为本书配套课程网站中的资源文件"第 11 章\11.5- 素材 3.psd"，设置了"图层 3"的混合模式为"颜色"，设置了"图层 3 拷贝"的混合模式为"线性减淡（添加）"。

⑲ 设置前景色的颜色值为白色，选择钢笔工具，在工具选项栏上选择"形状"选项，在文件上方绘制如图 11.132 所示的形状，得到"形状 1"。

⑳ 制作图像的发光效果。单击"添加图层样式"按钮　，在弹出的菜单中选择"外发光"命令，设置弹出的对话框如图 11.133 所示，得到如图 11.134 所示的效果。

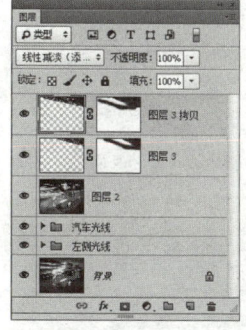

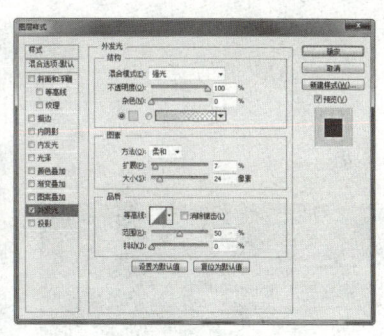

图 11.131　"图层"面板　　　　图 11.132　绘制形状　　　　图 11.133　"图层样式"对话框"外发光"选项

提 示

在"外发光"对话框中，颜色块的颜色值为 #FFD200。

㉑ 复制"形状 1"得到"形状 1 拷贝"，结合自由变换控制框调整图像的角度（-5°），并向下方移动位置，双击"外发光"图层效果名称，设置弹出的对话框，如图 11.135 所示，得到如图 11.136 所示的效果。

图 11.134
添加图层样式后的效果

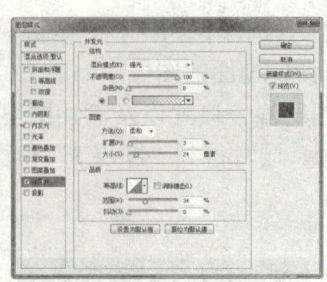
图 11.135
"图层样式"对话框"外发光"选项

图 11.136
更改图层样式后的效果

> **提 示**
> 在"外发光"对话框中，颜色块的颜色值为 # C8D500。

② 结合形状工具，利用复制图层、添加图层样式以及添加图层蒙版等功能，完成左上方的光条效果，如图 11.137 所示。"图层"面板如图 11.138 所示。图 11.139 为单独显示光线图像的状态。

> **提 示**
> 在本步骤操作过程中，读者可依自己的审美进行颜色搭配。更改图像颜色的方法为：双击图层缩览图，在弹出的对话框中更改颜色值即可。关于"外发光"图层样式的参数设置，请参考最终效果源文件。注意图层顺序。下面制作文字及装饰图像效果。

笔 记

图 11.137
制作其他光线效果

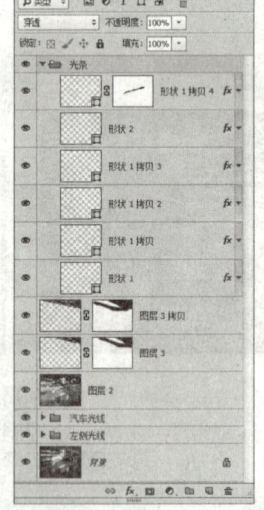
图 11.138
"图层"面板

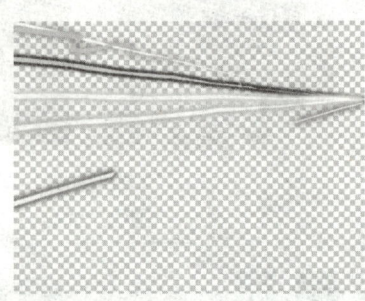
图 11.139
单独显示光线图像的状态

② 打开本书配套课程网站中的资源文件"第 11 章 \11.5- 素材 4.psd"，使用移动工具拖至刚制作文件中，并分布在文件的上下方，得到最终效果如图 11.140 所示。"图层"面板如图 11.141 所示。

11.6 倍柔雅化妆品广告设计

图 11.140 最终效果

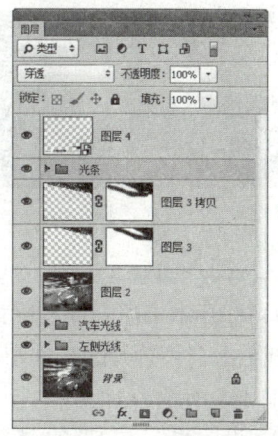

图 11.141 "图层"面板

例前导读：

本例是为倍柔雅补水系列化妆品设计的广告。为突出其补水的概念，设计师以水为主体进行了整体的设计，人手中的产品与背景中的太极形水图像相重合，使得产品的视觉焦点更为突出。在制作过程中，将通过对多幅水图像进行合成处理，尤其要注意的是，应保持画面整体的干净、清新、清爽的感觉，使观者能够产生良好的心理反应，进而达到在推广产品的同时，提高企业形象的作用。

核心技能：

- 使用变换功能调整图像的大小及角度。
- 使用图层混合模式融合图像。
- 使用图层蒙版功能隐藏多余图像。
- 使用调整图层优化图像色彩。

操作步骤：

1）打开本书配套课程网站中的资源文件"第 11 章 \11.6- 素材 1.psd"，如图 11.142 所示。将其作为本例的背景图像。

> **提 示**
> 下面制作从水中溅起的水珠图像。

2）打开本书配套课程网站中的资源文件"第 11 章 \11.6- 素材 2.psd"，使用移动工具将其拖至上一步打开的文件中，得到"图层 1"。按【Ctrl+T】键调出自由变换控制框，按【Shift】键向内拖动控制句柄以缩小图像及移动位置，按【Enter】键确认操作。得到的效果如图 11.143 所示。

3）设置"图层 1"的混合模式为"线性加深"，以混合图像，得到的效果如图 11.144 所示。

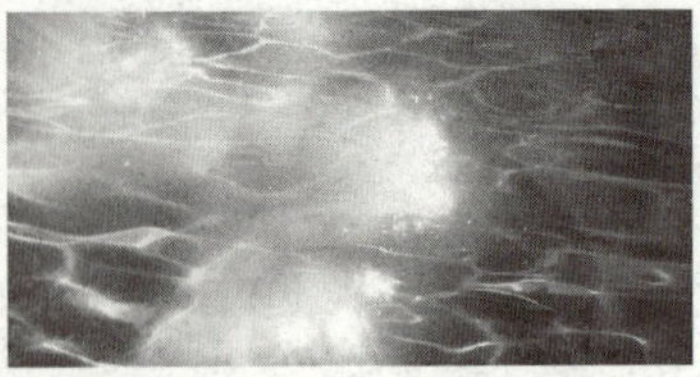

图 11.142 素材图像

图 11.143 调整图像

图 11.144 设置混合模式后的效果

4）打开本书配套课程网站中的资源文件"第 11 章\11.6-素材 3.psd"，使用移动工具将其拖至上一步打开的文件中，得到"图层 2"。利用自由变换控制框调整图像的大小及位置，如图 11.145 所示。

5）设置"图层 2"的混合模式为"滤色"，不透明度为 90%，以混合图像，得到的效果如图 11.146 所示。

6）单击添加图层蒙版按钮  为"图层 2"添加蒙版，设置前景色为黑色，选择画笔工具 ，在其工具选项栏中设置适当的画笔大小及不透明度，在图层蒙版中进行涂抹，以将下方大块水珠区域以外的水纹隐藏起来，直至得到如图 11.147 所示的效果，此时蒙版中的状态如图 11.148 所示。

图 11.145 调整图像

图 11.146 设置图层属性后的效果

图 11.147 添加图层蒙版后的效果

7）按照第 4）步~第 6）步的操作方法，利用本书配套课程网站中的资源文件"第 11 章\11.6-素材 4.psd"和"素材 5.psd"，结合变换、图层属性以及图层蒙版等功能，制作水珠图像上、下方的光线效果，如图 11.149 所示。同时得到"图层 3"和"图层 4"。"图层"面板如图 11.150 所示。

图 11.148 蒙版中的状态

图 11.149 制作光线效果

> **提 示**
>
> 本步中设置了"图层 3"的混合模式为"强光"；"图层 4"的混合模式为"颜色减淡"。下面制作画面中的高光、阴影以及水纹效果。

8）复制"图层 4"得到"图层 4 拷贝"，以加深水珠下方的光线效果，如图 11.151 所示。

11.6 倍柔雅化妆品广告设计

新建"图层5",设置前景色为00a7e7,选择画笔工具,并在其工具选项栏中设置画笔为"柔角150像素",不透明度为30%,在左侧的水珠图像上进行涂抹,得到的效果如图11.152所示。

笔 记

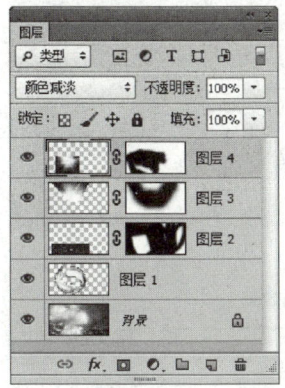
图 11.150
"图层"面板

图 11.151
复制图层后的效果

图 11.152
涂抹后的效果

9)根据前面所讲解的操作方法,结合画笔工具、图层属性以及图层蒙版等功能,制作画面中的阴影、高光以及水纹效果,如图11.153所示。如图11.154所示为单独显示上一步至本步的图像状态。"图层"面板如图11.155所示。

图 11.153
制作阴影、高光以及水纹图像

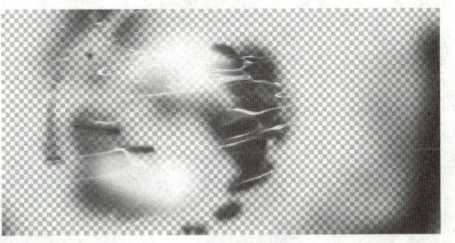
图 11.154
单独显示图像状态

提 示

1. 本步中关于图像颜色值以及图层属性的设置请参考最终效果源文件。下面若有类似的操作,笔者不再做相关的提示。另外,在制作的过程中,还需要注意各个图层间的顺序。

2. 本步中为了方便图层的管理,在此将制作水珠的图层选中,按【Ctrl+G】键执行"图层编组"操作得到"组1",并将其重命名为"水珠"。在下面的操作中,笔者也对各部分进行了编组的操作,在步骤中不再叙述。下面调整水纹图像的色相。

10)选择"图层2拷贝2"作为当前的工作层,单击创建新的填充或调整图层按钮,在弹出的菜单中选择"色相/饱和度"命令,得到图层"色相/饱和度1",按【Ctrl+Alt+G】键执行"创建剪贴蒙版"操作,设置弹出的面板如图11.156所示,得到如图11.157所示的效果。

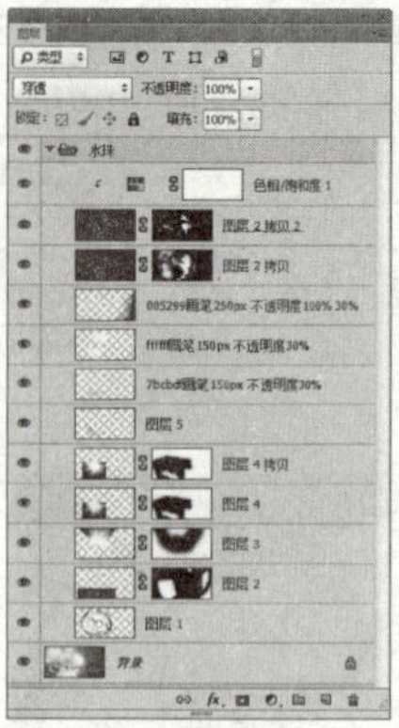

图 11.155　"图层"面板
图 11.156　"属性"面板 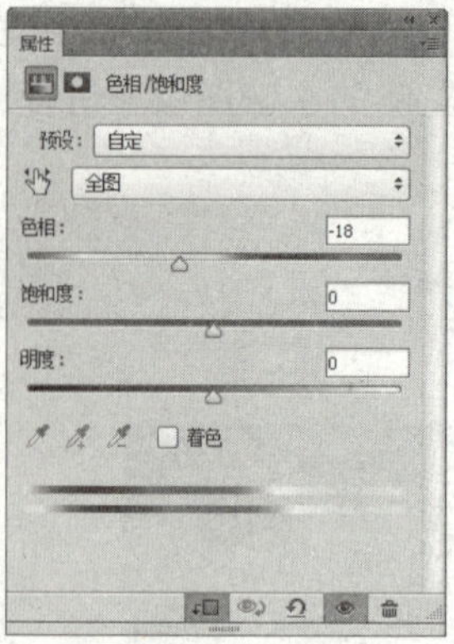
图 11.157　调色后的效果

> **提　示**
> 至此，水珠图像已制作完成。下面制作光效果。

11）选择"背景"图层作为当前的工作层，利用本书配套课程网站中的资源文件"第 11 章 \11.6- 素材 6.psd、素材 7.psd"，结合变换、图层属性以及图层蒙版等功能，制作水珠与背景之间的光感，以增强一种层次感。如图 11.158 所示。"图层"面板如图 11.159 所示。

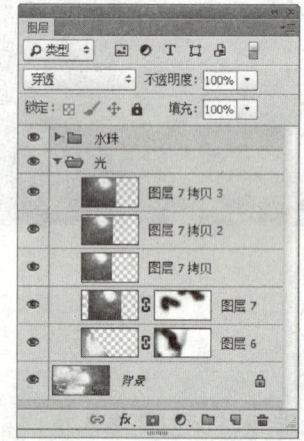

图 11.158　制作光感效果
图 11.159　"图层"面板

> **提　示**
> 另外说明一点，本步还设置了组"光"的不透明度为 80%。下面制作产品、人物以及文字图像，完成制作。

12）选择组"水珠"作为当前的操作对象，打开本书配套课程网站中的文件"第 11 章 \11.6- 素材 8.psd"，按【Shift】键使用移动工具将其拖至上一步制作的文件中，得到的最终效果如图 11.160 所示。"图层"面板如图 11.161 所示。

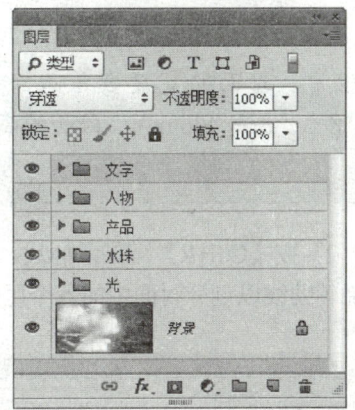

图 11.160 最终效果　　　　图 11.161 "图层"面板

> **提　示**
>
> 本步笔者是以组的形式给的素材，由于其操作非常简单，在叙述上略显繁琐，读者可以参考最终效果源文件进行参数设置，展开组即可观看到操作的过程。

11.7　IT图书封面设计

例前导读：

本例设计的一本 IT 类图书的封面，单纯从设计角度来看，并没有采取大多数 IT 图书以精美插图作为封面主要视觉元素的方法，而是使用了精美的边框来配合大段的说明文字。

核心技能：

- 结合标尺及辅助线划分封面中的各个区域。
- 使用形状工具绘制形状。
- 利用图层蒙版功能隐藏不需要的图像。
- 通过添加图层样式，制作图像的立体、投影等效果。
- 应用"变形文字"的功能，制作变形的文字效果。
- 通过设置图层属性以混合图像。

资源文件：
11.7 素材文件

操作步骤：

1）按【Ctrl+N】键新建一个文件，设置弹出的对话框如图 11.162 所示，单击"确定"按钮退出对话框，以创建一个新的空白文件。设置前景色为 fedb9d，按【Alt+Delete】键以前景色填充"背景"图层。

> **提示**
>
> 在"新建"对话框中，封面的宽度数值为正封宽度（185 mm）+ 书脊宽度（30 mm）+ 封底宽度（185 mm）+ 左右出血（各 3 mm）=406 mm，封面的高度数值为上下出血（各 3 mm）+ 封面的高度（260 mm）=266 mm。

2）按【Ctrl+R】键显示标尺，按【Ctrl+;】键调出辅助线，按照上面的提示内容在画布中添加辅助线以划分封面中的各个区域，如图 11.163 所示。按【Ctrl+R】键隐藏标尺。

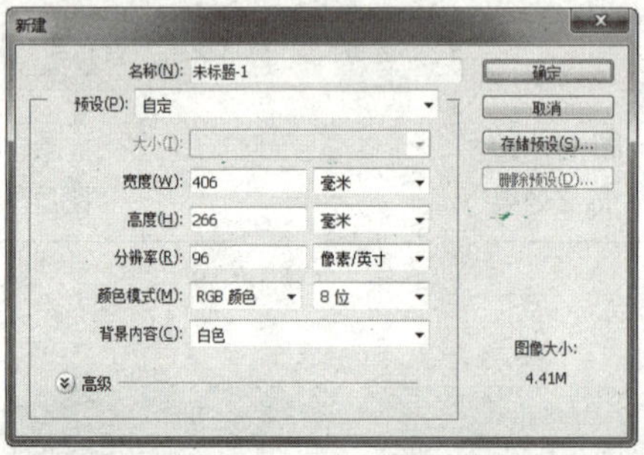

图 11.162 "新建"对话框

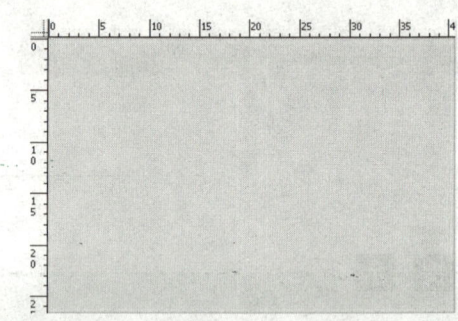

图 11.163 划分区域

> **提示**
>
> 下面结合素材图像、自定形状工具 以及图层蒙版等功能制作正封中的图像。

3）打开本书配套课程网站中的文件"第 11 章 \11.7- 素材 1.psd"，使用"移动工具" 将其拖至上一步制作的文件中，并与正封区域相吻合，得到的效果如图 11.164 所示。同时得到"图层 1"。

4）选择"背景"图层作为当前的工作层，设置前景色为 ee1c24，选择"矩形工具" ，在工具选项栏上选择"形状"选项，在正封的上方绘制如图 11.165 所示的红色矩形，得到"形状 1"。

5）打开本书配套课程网站中的文件"第 11 章 \11.7- 素材 2.psd"，使用"移动工具" 将其拖至上一步制作的文件中，并置于红色图像的下方，如图 11.166 所示。同时得到"图层 2"。

图 11.164 摆放图像

图 11.165 绘制形状

图 11.166 调整图像

6）打开本书配套课程网站中的资源文件"第 11 章\11.7- 素材 3.psd"，使用"移动工具"，将其拖至上一步制作的文件中，得到"图层 3"。按【Ctrl+T】键调出自由变换控制框，在控制框内单击右键在弹出的菜单中选择"垂直翻转"命令，按【Shift】键向内拖动控制句柄以缩小图像及移动位置（红色图像的上方），按【Enter】键确认操作。得到的效果如图 11.167 所示。

7）单击"添加图层蒙版"按钮 为"图层 3"添加蒙版，设置前景色为黑色，选择"画笔工具" ，在其工具选项栏中设置适当的画笔大小及不透明度，在图层蒙版中进行涂抹，以将左侧及中间凸起的部分图像隐藏起来，直至得到如图 11.168 所示的效果。

> **提 示**
>
> 下面利用图层样式的功能制作红色图像与其上、下方图像间的层次感。

8）选择"形状 1"作为当前的工作层，单击"添加图层样式"按钮 ，在弹出的菜单中选择"内阴影"命令，设置弹出的对话框如图 11.169 所示，得到的效果如图 11.170 所示。

图 11.167
调整图像

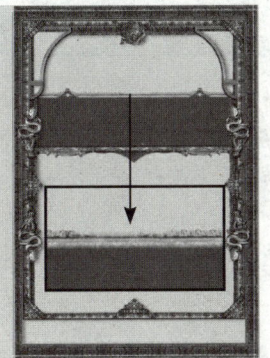
图 11.168
添加图层蒙版后的效果

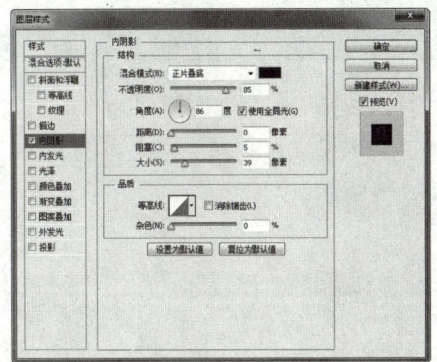
图 11.169
"内阴影"对话框

> **提 示**
>
> 在"内阴影"对话框中，颜色块的颜色值为 3c0000。下面来制作主题文字图像。

9）选择"图层 3"作为当前的工作层，选择"横排文字工具" ，设置前景色的颜色值为白色，并在其工具选项栏上设置适当的字体和字号，在红色图像内输入文字，如图 11.171 所示。并得到相应的文字图层。

10）结合文字工具 及图层样式的功能，制作主题文字左侧的相关说明文字，如图 11.172 所示。同时得到相应的文字图层，"图层"面板如图 11.173 所示。

> **提 示**
>
> 本步中为了方便图层的管理，在此将制作书名的图层选中，按【Ctrl+G】键执行"图层编组"操作得到"组 1"，并将其重命名为"书名"。在下面的操作中，笔者也对各部分进行了编组的操作，在步骤中不再叙述。

图 11.170
添加图层样式后的效果

图 11.171
输入文字

图 11.172
输入其他文字

> **提 示**
> 本步中关于图层样式对话框中的参数设置请参考最终效果源文件。在下面的操作中，有关图层样式的操作，笔者不再加以提示。下面制作装饰及光盘图像。

11）选择"背景"图层作为当前的工作层。结合素材图像以及图层蒙版等功能，制作正封中的装饰条以及主题文字上方的装饰花纹及光盘图像，如图 11.174 所示。"图层"面板如图 11.175 所示。

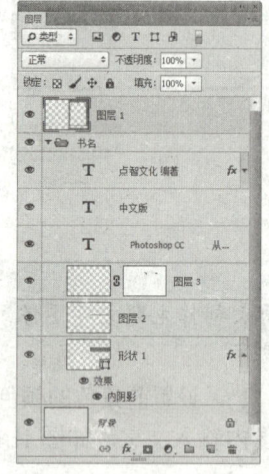
图 11.173
"图层"面板 1

图 11.174
制作装饰图像

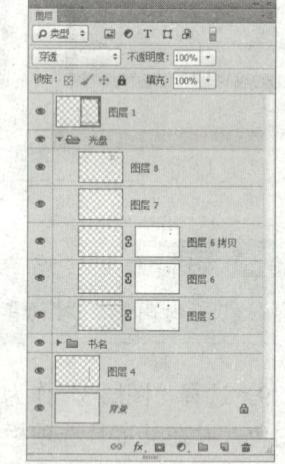
图 11.175
"图层"面板 2

> **提 示**
> 本步所应用到的素材图像为本书配套课程网站中的资源文件"第 11 章\11.7- 素材 4.psd ～ 11.7- 素材 8.psd"。另外，在制作的过程中，还需要注意各个图层间的顺序。下面制作光盘及正封中的文字图像。

12）选择组"光盘"，选择"钢笔工具"，在工具选项栏上选择"路径"选项，在光盘图像中绘制如图 11.176 所示的路径，选择"横排文字工具"，设置前景色的颜色值为 ca0108，并在其工具选项栏上设置适当的字体和字号，将光标置于路径的左侧当成 状态时单击并输入文字，如图 11.177 所示。

13）选择"图层 1"作为当前的工作层。打开本书配套课程网站中的资源文件"第 11 章\11.7-7 素材 9.psd"，按【Shift】键使用"移动工具"将其拖至上一步制作的文件中，得到的效果如图 11.178 所示。同时得到组"类型"。

图 11.176
绘制路径

图 11.177
输入文字

图 11.178
拖入图像

> **提 示**
> 本步笔者是以组的形式给的素材，由于其操作非常简单，在叙述上略显繁琐，读者可以参考最终效果源文件进行参数设置，展开组即可观看到操作的过程。下面制作正封中右上方的说明文字。

14）选择组"类型"，设置前景色为 f60000，选择"钢笔工具"，在工具选项栏上选择"形状"选项，在正封中的左上方绘制形状，如图 11.179 所示。同时得到"形状 2"。

15）选择"横排文字工具"，设置前景色的颜色值为 ed9d00，并在其工具选项栏上设置适当的字体和字号，在上一步绘制的形状上输入文字，并利用自由变换控制框调整文字的角度及位置，得到的效果如图 11.180 所示。

16）在文字工具选项条中单击"创建文字变形"按钮，设置弹出的对话框如图 11.181 所示，得到的效果如图 11.182 所示。

图 11.179
绘制形状

图 11.180
输入及调整文字

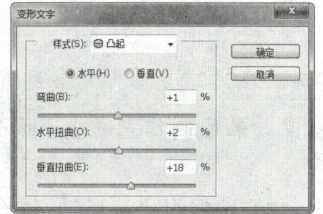
图 11.181
"变形文字"对话框

17）单击"添加图层样式"按钮，在弹出的菜单中选择"投影"命令，设置弹出的对话框如图 11.183 所示，然后在"图层样式"对话框中继续选择"斜面和浮雕"选项，设置其对话框如图 11.184 所示，得到如图 11.185 所示的效果。

图 11.182
变形后的文字效果

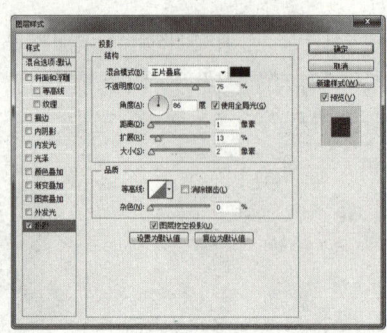

图 11.183
"投影"对话框

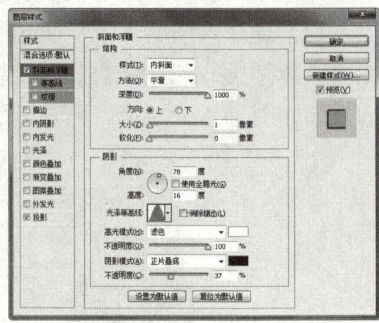

图 11.184
"斜面和浮雕"对话框

> **提　示**
>
> 在"投影"对话框中，颜色块的颜色值为 541600；在"斜面和浮雕"对话框中，"光泽等高线"后的等高线设置如图 11.186 所示，"阴影模式"后颜色块的颜色值为 231815。

18）应用文字工具 T 在正封的下方输入出版社名称及网址，如图 11.187 所示。"图层"面板如图 11.188 所示。

图 11.185
添加图层样式后的效果

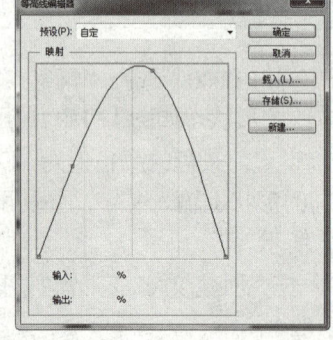

图 11.186
"等高线编辑器"对话框

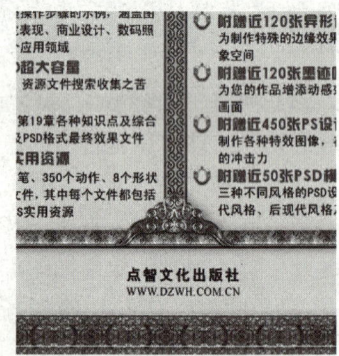

图 11.187
输入文字

> **提　示**
>
> 至此，正封中的图像效果已制作完成。下面制作书脊中的文字及图像效果。

19）选择组"正封"，结合文字工具 T、图层样式以及自定形状工具 等功能，制作书脊中的文字及图像效果，如图 11.189 所示。"图层"面板如图 11.190 所示。

11.7 IT 图书封面设计　327

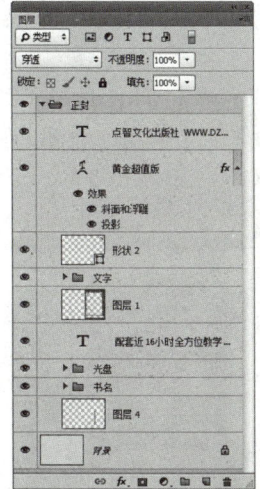

图 11.188
"图层"面板 1

图 11.189
制作书脊中的文字及图像效果

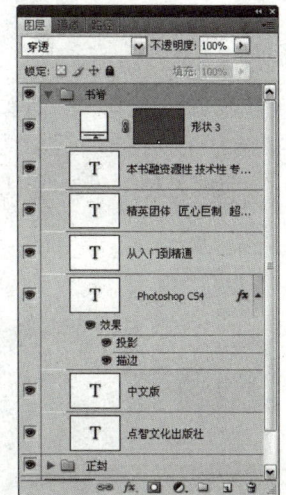

图 11.190
"图层"面板 2

> **提　示**
>
> 　　在本步操作过程中，笔者没有给出图像的颜色值，读者可依自己的审美进行颜色搭配。下面制作封底中的图像效果，完成制作。

　　20）选择组"书脊"，单击"创建新的填充或调整图层"按钮 ，在弹出的菜单中选择"图案"命令，设置弹出的对话框如图 11.191 所示，得到如图 11.192 所示的效果，同时得到图层"图案填充 1"。

> **提　示**
>
> 　　在"图案填充"对话框中，所选择的图案是通过单击"图案"显示框后的"三角"按钮 ，在弹出的图案显示框中单击"右上角三角"按钮 ，在弹出的菜单中选择"载入图案"选项，在弹出的对话框中打开本书配套课程网站中的资源文件"第 11 章\11.7- 素材 10.pat"，按"载入"按钮退出对话框，然后在图案显示框中即可找到本步所选择的图案。

　　21）选择"矩形选框工具" ，将封底区域框选如图 11.193 所示，按【Ctrl+Shift+I】键执行"反向"操作，以反向选择当前的选区，在"图案填充 1"图层蒙版激活的状态下，设置前景色为黑色，按【Alt+Delete】键以前景色填充选区，按【Ctrl+D】键取消选区，得到的效果如图 11.194 所示。

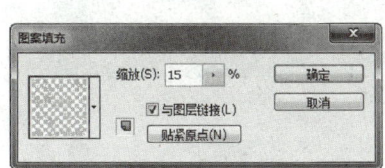

图 11.191
"图案填充"对话框

图 11.192
应用"图案填充"后的效果

图 11.193
绘制选区

22）设置"图案填充 1"的混合模式为"正片叠底"，不透明度为 25%，以混合图像，得到的效果如图 11.195 所示。

23）最后，结合本书配套课程网站中的资源文件"第 11 章 \11.7- 素材 11.psd ～ 11.7- 素材 12.psd"以及文字工具 T ，制作封底中的花纹边框、图片以及相关文字信息，如图 11.196 所示。最终整体效果如图 11.197 所示，"图层"面板如图 11.198 所示。

图 11.194
编辑图层蒙版后的效果

图 11.195
设置混合模式后的效果

图 11.196
制作封低中的文字及图像效果

图 11.197
最终整体效果

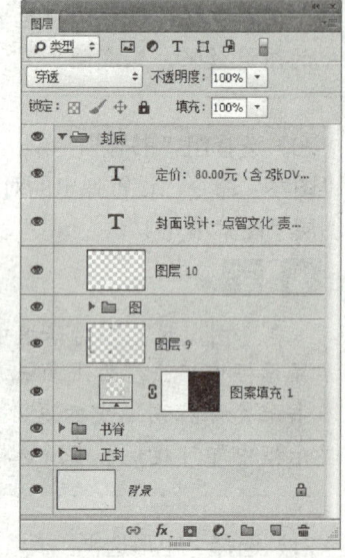

图 11.198
"图层"面板

> **提 示**
> 本章所用到的素材及效果文件位于本书配套课程网站"第 11 章"的资源文件内，其文件名与章节号对应。

附录 选择题参考答案

第1章 选择题参考答案

1. ABCD 2. A 3. ABC 4. ABCD 5. ABC 6. AD 7. ABCD 8. C

第2章 选择题参考答案

1. ABD 2. ABCD 3. A 4. C 5. B 6. AB

第3章 选择题参考答案

1. BCD 2. ABCD 3. AC 4. CD 5. AB 6. C 7. ABCD 8. B 9. ABCD

第4章 选择题参考答案

1. AD 2. D 3. ACD 4. ABCD 5. ABC 6. AB 7. BC 8. ABC

第5章 选择题参考答案

1. A 2. D 3. ABD 4. C 5. D 6. ABCD

第6章 选择题参考答案

1. AB 2. ACD 3. ABC 4. ABCD 5. ABCD 6. D 7. AC

第7章 选择题参考答案

1. D 2. AB 3. ABCD 4. A

第8章 选择题参考答案

1. A 2. ABCD 3. CD 4. BD 5. ACD

第9章 选择题参考答案

1. BC 2. D 3. ABC 4. ABCD 5. A 6. C

第10章 选择题参考答案

1. AD 2. D 3. C 4. AD 5. A

郑重声明

高等教育出版社依法对本书享有专有出版权。任何未经许可的复制、销售行为均违反《中华人民共和国著作权法》,其行为人将承担相应的民事责任和行政责任;构成犯罪的,将被依法追究刑事责任。为了维护市场秩序,保护读者的合法权益,避免读者误用盗版书造成不良后果,我社将配合行政执法部门和司法机关对违法犯罪的单位和个人进行严厉打击。社会各界人士如发现上述侵权行为,希望及时举报,本社将奖励举报有功人员。

反盗版举报电话　(010) 58581999　58582371　58582488
反盗版举报传真　(010) 82086060
反盗版举报邮箱　dd@hep.com.cn
通信地址　北京市西城区德外大街 4 号
　　　　　高等教育出版社法律事务与版权管理部
邮政编码　100120

防伪查询说明

用户购书后刮开封底防伪涂层,利用手机微信等软件扫描二维码,会跳转至防伪查询网页,获得所购图书详细信息。也可将防伪二维码下的 20 位密码按从左到右、从上到下的顺序发送短信至 106695881280,免费查询所购图书真伪。

反盗版短信举报

编辑短信"JB,图书名称,出版社,购买地点"发送至 10669588128

防伪客服电话

(010) 58582300